당쟁의 상처를 딛고 조선 팔도를 누비다

택리지

택리지

당쟁의 상처를 딛고 조선 팔도를 누비다

초판 1쇄 발행 2007년 7월 30일 ＼**초판 4쇄 발행** 2018년 1월 20일
지은이 이중환 ＼**옮긴이** 허경진 ＼**펴낸이** 이영선 ＼**편집 이사** 강영선 김선정
주간 김문정 ＼**편집장** 임경훈 ＼**편집** 김종훈 이현정 ＼**디자인** 정경아
독자본부 김일신 이호석 김연수 박정래 손미경 김동욱

펴낸곳 서해문집 ＼**출판등록** 1989년 3월 16일(제406-2005-000047호)
주소 경기도 파주시 광인사길 217(파주출판도시) ＼**전화** (031)955-7470 ＼**팩스** (031)955-7469
홈페이지 www.booksea.co.kr ＼**이메일** shmj21@hanmail.net

ISBN 978-89-7483-320-6 03900
값 9,500원

오래된 책방 13

당쟁의 상처를 딛고 조선 팔도를 누비다

택리지

이중환 지음·허경진 옮김

四松亭

서해문집

'우리 조상들은 어떻게 살았을까' 하는 의문을 풀기 위해 나는 우리나라의 고전을 읽기 시작했다. 그런데 그들이 이 땅에 살고 생각하며 지은 글들은 대부분 한문으로 쓰여 있었다. 아주 오랫동안 한문이 우리 글이었기 때문이다. 현대문학을 전공하려고 대학원에 입학한 나는 이 땅에 사는 우리의 생존이 결국 이 땅에서 이루어진 모든 옛 문화와 연결되어 있고, 그 바탕 위에서 오늘의 문화가 만들어졌다는 생각을 하게 되었다. 우리의 옛글을 읽기 위해서 현대문학이라는 전공과는 관계없이 자연스럽게 한문 공부를 계속 했고, 결국 전공까지 한국한문학으로 바꾸었다.

　나는 원래 철저한 한글 전용주의자다. 이 땅에 태어나 한국 사람으로 살아가는 우리의 생각과 이야기는 모두 한글로 써야 된다는 생각은 지금도 변함이 없다. 한글 전용을 위해서라도 오래전에 한문으로 지어져서 지금은 도서관 고서 열람실에 쌓여 있는 저 많은 우리 고전들을 모두 요즘의 우리말로 옮겨야 한다는, 조금은 무모한 생각을 하게 되었다. 그래서 우리 한시와 산문을 요즘의 우리말로 옮기는 작업을 시작했는데, 그게 벌써 꼭 30년이 되었다.

10년 전 처음 펴낸 《택리지擇里志》를 다시 내는 이유는, 이 책이 이 땅에 살던 사람들이 어떠한 생각을 하며 살았는지 알 수 있게 해 주는 가장 기본적인 자료이기 때문이다. 조선 전기의 대표적인 지리서로 《동국여지승람》이 있지만, 그 방대한 업적에는 살아 숨 쉬는 사람들의 이야기가 실려 있지 않다. 정부의 명령에 따라 만든 책인지라, 사전식 나열에 그친 느낌이 있는 것이다. 그에 비하면 이중환의 《택리지》는 두 발로 온 나라를 걸어 다니며 기록한 체험적 지리서이며, 살아 숨 쉬는 책이다.

보통 《택리지》라는 이름을 고등학교 때부터 익히 듣지만, 정작 그 책을 지은 이중환에 대해서 아는 것은 너무나 적다. 실학자 성호 이익의 재종손이어서 실학적 기풍을 물려받았다는 것, 처가의 당쟁에 얽혀 평생 떠돌아다니게 되었다는 것 말고는 특별히 알려진 사실이 없다. 개인적으로야 행복한 삶이었다고 보기 어렵지만, 그러한 배경이 있었기에 그가 《택리지》를 지을 수 있었다.

고산자 김정호가 온 나라 안을 직접 걸어 다니며 측량해 《대동여지도》를 만들었다는 전설이 있거니와, 이중환도 온 나라를 돌아다니며 지리와 인심을 살펴 《택리지》를 지었다. 두 차례 겪은 유배에서 풀려난 뒤에도, 그는 벼슬 없는 사대부가 살 만한 곳을 찾느라 30년 동안이나 온 나라를 돌아다녔다. 남의 책이나 말을 따르기보다는 자신의 발과 눈으로 확인해 보고 싶었던 것이다. 다만 그 자신의 기록에 따르면 전라도와 평안도 땅은 밟아 본 적이 없다고 하는데, 어떤 선입관 때문에 이 지역에는 들어서지 않은 것 같다. 그는 평안도의 인심이 가장 좋고 전라도의 인심이 가장 나쁘다고 했으니, 자기가 가 보지 않은 두 고장을 극으로 삼았음을 알 수 있다.

그가 《택리지》의 〈팔도총론〉에서 우리나라의 인문·지리를 설명했지만, 진정한 본문은 〈복거총론〉이라고 할 수 있다. 〈팔도총론〉이 "사대부는 어떤 곳에 살아야 하는가?"라는 질문에 답하려고 모아 정리한 자료라면, 〈복거총론〉은 바로 그 대답이다. 지리·생리·인심·산수, 네 항목은 그때까지 다른 지리서에서 설명하지 못했던 부분이다. 지세가 좋고, 생업이 넉넉하며, 인심이 후하고, 경치도 빼어난 곳. 이런 곳은 그도 끝내 찾아내지 못했다. 그는 〈총론〉에서 다시 이 네 가지를 묶어 간단히 설명했다. 그런데 이것은 단순한 요약·설명이 아니다. 그는 〈복거총론〉 '인심' 부분에서 조선 후기에 사대부들이 겪은 당쟁을 설명하며, 당쟁이 없는 곳이 바로 사대부가 살 곳이라고 했다. 그런데 〈총론〉을 보면, 그가 당쟁을 사대부만 겪은 피해라고 여기지는 않았음을 알 수 있다. 당쟁이 300년 가까이 이어지면서, 사대부뿐만 아니라 모든 백성이 치우친 논의를 하게 되었다고 본 것이다. 그렇다면 그가 염원한 땅이 어떠한 곳인지 짐작할 수 있다. 사람들이 치우친 논의를 하지 않고 사는 곳이다. 그는 사대부가 제 사명을 다하지 못하면, 차라리 농·공·상으로 사는 것이 마음 편하다고 했다.

그는 벼슬하지 않는 사대부는 생계를 안정시키기 위해 장사를 해도 좋다고 생각했다. 장사하기에 좋은 곳으로 여러 군데를 추천했고, 어떤 장사를 어떻게 하는 것이 좋을지 분석하기도 했다. 물론 그 자신이 장사를 했다는 기록은 없다. 하지만 사대부가 남들에게 용납받지 못하게 되면 농·공·상보다 나을 것이 없다는 그의 견해를 보아, 허위와 명분으로 가득한 사대부보다는 실질을 중시하는 농·공·상을 그가 더 높게 여겼음을 알 수 있다.

그는 어떤 곳을 좋아했는가? 〈팔도총론〉에서 가장 살기 좋은 곳으로 판단한 곳은 공주 갑천 일대다. 그가 공주의 금강 언저리를 설명하면서 '사송정은 우리 집'이라고 한 것을 보면, 그는 결국 자기 고향을 가장 살기 좋은 곳으로 생각했다. 그러나 그는 고향에서 편하게 살지 못하고 두 차례나 유배 생활을 했으며, 그 뒤에는 별다른 벼슬도 못하고 온 나라 안을 30여 년 동안이나 떠돌아다녔다. 평생 동안 자기가 살 곳을 찾아보았지만 마땅한 곳이 없었다.

그가 지리서의 성격에 어울리지 않을 정도로 당쟁에 대해서 장황하게 기록한 이유는 그 자신이 누구보다도 당쟁의 폐해를 심하게 겪었기 때문이다. 그의 처가는 경종 때 신임사화를 계기로 당시의 왕세제였던 영조를 모함하면서 정권을 잡았지만, 뒷날 영조가 즉위하면서 몰락의 길을 걸었다. 처가와 운명을 함께할 수밖에 없으니, 문과에 급제해 병조의 정5품 벼슬인 정랑까지 올랐던 그가 집도 없이 떠돌아다니는 신세가 되었다. 그러니 그가 인심이 좋은 마을에 살아야 한다고 하면서 사대부들의 당쟁 탓에 온 나라 인심이 나빠졌다고 개탄할 수밖에 없었을 것이다. 영조 즉위의 소용돌이 속에 서 있었지만, 그는 마치 자신과 아무 관계 없는 일처럼 담담하게 탕평책이 나오게 된 배경을 설명했다. 《택리지》에 그의 이야기는 들어 있지 않지만, 환갑을 넘겨 죽음을 눈앞에 두고서 그 부분을 기록한 그는 복잡한 심경이었을 것이다.

《택리지》는 오랫동안 출판되지 못했지만, 많은 호사자들이 필사한 것이 여기저기 돌아다녔다. 필사본의 종류가 여럿이고, 제목도 여러 가지로 붙었으며, 여러 사람의 발문이 덧붙어 전한다. 살기 좋은 땅에 관심이 많은 필사자는 《팔역지八域志》 또는 《팔역가거지八域可居志》라는 제목을 붙였고, 산수의 유람에 관심을 둔 필사자는 《동국산수록東國山水錄》 또는 《진승유람眞勝遊覽》이라는 제목을 붙였으며, 물산 및 교통을 중요하게 본 필사자는 《동국총화록東國總貨錄》이라는 제목을 붙였다. 심지어 야담집에도 《택리지》의 발문이나 본문의 일부가 들어 있다. 이것만 보아도 당시 사대부들이 이 책에 대해, 아니, 자신이 마음 놓고 살 땅에 대해 얼마나 관심이 많았는지를 알 수 있다. 결국 이 책의 가치는 풍수지리에만 빠지지 않고, 우리 땅에 어울려 살던 사람들의 삶을 설명해 준 데 있다. 그리고 수백 년 동안 독자들이 그 가치를 알아보았다.

이 책은 최남선이 교열해 〈광문회〉에서 출판한 활자본을 번역 대본으로 삼았다. 따라서 독자는 최남선이 자기 나름대로 편집한 또 하나의 《택리지》, 즉 최남선이 읽은 《택리지》를 보는 것이다. 한편 독자들의 이해를 돕기 위해 원문에 없는 글을 넣을 때는 괄호로 묶어 두었다. 그리고 공주대 이문종 교수님과 유도회 한문연수원 조기영 교수님이 《택리지》를 입체적으로 이해하는 데 도움이 될 만한 글을 별면에 싣게 해 주셨다. 고마운 일이다.

필자뿐만 아니라 여러 사람이 힘을 모아 만들어 낸 이 책이 우리 조상과 우리 땅을 이해하는 데 조금이라도 도움이 되길 바란다.

2007년 7월

허경진

차례

일러두기

1. 중국의 인명과 지명은 우리 한자음으로 표기했다.
2. 본문 중 괄호로 묶인 부분은 옮긴이가 독자의 이해를 돕기 위해 넣은 글이다.

사민총론 四民總論

옛날에는 사대부士大夫가 (따로) 없고, 모두 백성이었다. 백성에는 네 가지가 있었는데, 선비가 어질고 덕이 있으면 임금이 벼슬을 주었고, 벼슬을 얻지 못한 자는 농부가 되거나 장인이 되거나 장사꾼이 되었다.

옛날에 순舜◦임금은 역산歷山◦에서 밭을 갈다가, 하빈河濱◦에서 질그릇을 구웠으며, 뇌택雷澤◦에서 고기를 잡았다. 밭을 간 것은 농부의 일이고, 질그릇을 구운 것은 장인의 일이며, 고기를 잡은 것은 장사꾼의 일이다. 그러므로 벼슬하지 않으면 농·공·상의 백성이 되는 것이 당연하다.

순임금은 아주 오래 전부터 백성의 본보기다. 나라를 아주 잘 다스리면 너도나도 모두 백성이 되어 우물 파서 마시고 밭 갈아 먹으며 유유히 즐거워하니, 어찌 등급과 명호名號의 차

순 태평 시대를 이루었다는, 고대 중국의 전설 속 임금. 보통 요임금과 함께 이상적인 군주로 꼽힌다.

역산 중국 산동성 제남시濟南市 교외에 있는데, 순임금이 농사를 지었다는 뜻에서 순경산舜耕山이라고도 한다.

하빈 황하 강가다.

뇌택 산동성 복현濮縣 동남쪽에 있는 못이다.

14

이가 있겠는가.

그러나 세상이 생긴 지 오래되자, 예절이 번거롭게 뒤섞여 어수선해지면서 명호가 달라졌고, 명호가 달라지면서 등급도 많아졌다. 성인聖人의 의장儀章●과 도수度數●도 지극히 많아졌다. 삼대三代● 때는 제후가 많아서, 그들에게 딸려 대를 잇던 경卿과 대부大夫들도 각자 예를 지키며 부귀를 누렸다. 선비로서 벼슬하지 못한 자는, 비록 귀하게 되지 못했어도 옛 성인의 법을 지켰다. 자기 집안을 다스리고 몸을 닦는 데 참으로 힘이 미치고 분수에 넘치는 일이 없으면 경대부와 같은 신분이었다. 그들은 《시경》과 《서경》을 외웠고, 인의仁義와 예악禮樂을 행했다. 그래서 사대부라는 이름이 생겼으며, 이름이 생기자 지향하는 바도 달라졌다. 농·공·상은 드디어 천해졌고, 사대부라는 이름은 더욱 높아졌다.

진秦● 나라가 제후들을 멸망시킨 뒤부터 천자天子● 한 사람 말고는 벼슬하는 자와 벼슬하지 않고 초야에 있는 자를 막론하고, 그 사람이 참으로 선비의 도리를 따르면 모두 사대부라고 부르게 되어, 그 수가 더욱 많아졌다. 그러나 이것은 아주 먼 옛날의 제도가 아니다.

순임금은 요임금 때 사대부였지만, 농·공·상의 일을 하고도 부끄럽게 여기지 않았다. 그런데 후세 사람들은 무엇 때문에 꺼리게 되었는가. 혹시 사대부가 농·공·상을 업신여기거나, 농·공·상이 사대부를 부러워한다면, 이는 모두 그 근본을 모르는 자들이다.

성인의 법을 어찌 사대부만 실천할 수 있겠는가. 농·공·상도 실천할 수 있다. 그렇다면 (사대부와 농·공·상 사이에) 다

의장 의례적인 문장을 가리킨다.

도수 관작·등급의 높낮이를 말한다.

삼대 중국 고대의 하夏·은殷·주周, 세 나라를 가리킨다. 이 세 나라에 훌륭한 임금이 많아, 후대 중국 정치의 모범이 되었다.

진 중국을 처음 통일한 왕조다.

천자 하늘의 뜻을 받아 하늘을 대신해 천하를 다스리는 사람, 즉 군주 국가의 최고 통치자를 가리킨다.

사대부와 농·공·상

"사대부는 어떤 곳에 살아야 하는가?"라는 질문에 답하려는 이중환의 노력이 조선 시대 최고의 인문 지리서로 꼽히는 《택리지》를 만들었다. 그러나 사대부와 농·공·상이 갈린 역사적 배경을 먼저 밝힌 이중환은, 사대부가 농·공·상을 업신여기거나 농·공·상이 사대부를 부러워하는 것은 그 근본을 모르기 때문이라고 했다. 갈등 관계에 있기 쉬운 마름과 소작인을 화폭에 함께 담았는데도 긴장이 아닌 여유와 해학을 보여 주는 이 그림의 메시지도 사·농·공·상의 근본이 평등하다는 것이 아닌지 생각해 본다.
김홍도│국립중앙박물관 소장

른 점이 과연 있는가. 비록 그렇지는 않지만, 후세에 와서는 사람들의 품성이 예전만 못해 기품에도 어짊과 어리석음이 생기고, 술업術業˙에도 통하고 막힘이 생겼다. 그래서 사대부가 농·공·상의 일을 할 수는 있어도, 농·공·상을 본업으로 하던 자가 사대부의 일을 하지는 못하게 되었다. 이에 어쩔 수 없이 사대부를 중히 여기게 되었으니, 이것이 후세의 자연스러운 추세였다.

그러므로 사대부가 된 자는 자기 의견을 내세워 돌아다니면서 한 세상의 권세에 절충하기도 하고, 고답적인 기개로 만승萬乘˙의 존귀한 천자에게 곧바로 대항하기도 했다. 혹은 농

술업 생계를 위해 하는 일, 즉 직업을 가리킨다.

만승 전쟁할 때 쓰는 수레가 만 대라는 뜻인데, 그만한 병력을 갖춘 자는 곧 천자다.

경·목축·채포菜圃*·도공陶工이나 숯장수·약장수의 무리에
도 섞여, 통하지 않는 데가 없었다. 귀하고 천한 것을 뜻대로
하고 높고 낮은 것도 마음대로 하니, 세상을 깔보아도 누가
감히 막겠는가. 그러니 천하의 가장 아름답고 좋은 것이 바로
사대부라는 이름이다.

사대부라는 이름이 없어지지 않는 것은 옛 성인의 법을 지
키기 때문이다. 그러므로 사·농·공·상을 막론하고, 사대부
의 행실을 한결같이 닦는 것이 마땅하다. 이는 예로써 하지
않으면 안 되고, 예는 부유하지 않으면 이루어지지 않는다.

그러므로 (사대부는) 가정을 꾸리고 생업을 마련해, 사례四
禮*로써 위로는 부모를 섬기고 아래로는 처자를 거느리며, 집
안을 온전하게 보호해 유지할 계책을 세우지 않을 수 없다.
따라서 사대부는 살 만한 곳을 만든다. 그런데 시세에 이로움
과 불리함이 있고, 지역에 좋고 나쁨이 있으며, 인사人事에 진
퇴와 출처出處의 다름이 있다.

채포 전문적으로 채소
를 심어 가꾸는 규모가
큰 밭이다.

사례 관冠·혼婚·상
喪·제祭의 중요한 예법
이다.

이중환의 생애[*]

이문종 공주대학교 지리학과 교수

청담淸潭 이중환李重煥(1690~1756)은 여주驪州 이씨李氏다. 여주 이씨는 본래 시조를 달리하는 세 파가 있는데, 이중환은 고려 때 정9품 무관 벼슬인 인용 교위仁勇校尉를 지낸 인덕仁德을 시조로 하는 파에 속한다. 이 가문은 조선조 때 많은 문신과 학자를 배출했다. 실학의 거두 성호星湖 이익李瀷(1681~1763) 도 바로 이 인덕계 여주 이씨다.

실학자 이익의 영향을 받다

여주 이씨는 중국에서 건너와 여주에 정착한 것으로 보이며, 고려조에는 가문 의 존재가 미미했다고 한다. 그러다가 조선 성종 때 함경도 관찰사를 지낸 경 헌공敬憲公 이계손李繼孫(1423~1484)에 이르러 학문으로 집안이 크게 일어났 고, 광해군 때 좌찬성을 지낸 소릉공少陵公 이상의李尚毅(1560~1624)와 그의 일곱 아들, 네 사위가 모두 현달하면서 명문거족이 되었다.

이중환은 《택리지》의 팔도총론 함경도 조에서 그의 8대조 경헌공 이계손의 공적에 대해 다음과 같이 언급하고 있다.

성종 때 경헌공 이계손이 감사로 와서 준수한 소년을 뽑아 관에서 먹이면서 경사

經史와 행의行誼를 가르쳤다. 이로부터 문학이 성하게 일어나서 과거에 합격한 자도 가끔 있었는데, 지방 사람들은 이것을 파천황破天荒이라 했다. 경헌공이 죽자 고을 사람들이 사당을 세우고 제사 지냈다.

한편 이익은 이중환보다 아홉 살 위고, 항렬로는 재종조再從祖이며, 촌수로 따지면 8촌간이다. 이런 관계를 볼 때 이중환의 이익의 영향을 많이 받았다고 판단된다. 이중환의 이름은 조선 시대 대과 급제자 명단인《국조방목國朝榜目》에서 확인할 수 있다.

이중환은 자가 휘조輝祖이고 경오년庚午年 생이며, 본관은 여주이고 아버지 이름은 진휴震休이며, 숙종 계사년癸巳年에 병과丙科로 합격해 병조정랑과 주서注書를 역임했다.

이중환은 어떤 사람이었는가? 어린 시절 그의 재능은 어떠했으며, 누구와 교우했고, 그의 부인이나 자녀 등 가족과의 관계는 어떠했는가? 안타깝게도 이런 문제에 대해서는 자료가 부족해 자세히 알 수가 없다. 그러나 이중환 자신이 쓴《택리지》나 이중환이 죽은 뒤 이익이 쓴 이중환의 묘갈명墓碣銘을 통해 이런 문제에 대해 단편적으로나마 짐작할 수 있다.

먼저 이익은 어릴 때 이중환의 재능에 대해, 타고난 명석함이 있고 근면해서 시문詩文의 세계에 점점 들어가 나이가 어려도 뛰어난 문장을 짓고 박학하기가 유례가 없었으며 가끔 사람을 놀라게 하는 말을 했다고 썼다. 묘갈명이 고인을 좋게 평가하는 경향이 있음을 감안해도, 이중환이 시문을 잘 짓고 박학한 소년이었다는 것은 사실인 듯하다.

아버지의 임지를 따라다니다

한편 이중환은 소년 시절부터 아버지의 관직이 바뀔 때마다 여러 지방을 가

볼 수 있었고, 그 과정에서 친우들과 시문으로 사귈 수 있었다. 그 행적을 《택리지》에서 찾아보면, 14세 때 아버지를 따라 강릉에 갔는데 이때 아버지 이진휴가 강릉대도호부사를 지냈고, 19세 때는 안동에서 단양을 거쳐 상경했는데 이때는 아버지 이진휴가 안동대도호부사를 맡았다. 이와 같이 아버지의 임지를 따라다닌 경험과 타고난 시문의 자질이 훗날 이중환이 《택리지》를 저술하는 데 은연중 바탕이 되었는지도 모른다.

이익은 이중환의 묘갈명에서 이중환의 부인인 사천 목씨泗川睦氏에 대해서도 다음과 같이 적고 있다.

> 중환의 처 사천 목씨는 대사헌을 지낸 목임일睦林—의 딸인데, 정숙하고 지조 있는 여인이었다. 계축년(1733)에 졸해, 이미 염殮을 했는데 그 염 위에서 빛이 마치 무지개나 달과 같이 일어나 하늘까지 뻗쳤다. 중환은 서광편瑞光篇을 지어 이를 슬퍼하고 연기현 소학동 자좌지원에 장사 지냈다. 2남 2녀를 두었는데 아들은 장보莊輔와 장익莊翼이고 큰딸은 심종악沈鍾岳에게 작은딸은 한복양韓復養에게 출가했다. 후취 부인 문화 유씨는 사인 유의익柳義益의 딸로, 딸 하나를 두었는데 이 묘갈명을 쓸 때는 아직 출가하지 않았다.

숙종에서 경종에 이르는 시기는 조선 시대 중 당쟁이 가장 극렬하던 시기다. 이 시기는 그 전의 당쟁과는 달리 당파 싸움에서 승리한 당은 실각한 당이 차지했던 관직을 모두 독차지하는, 이른바 '환국換局'의 형태가 반복되면서 정치가 운영되어 갔다. 이런 환국 형태의 정권교체를 순서대로 열거하면, 숙종 원년(1675)의 '갑인환국甲寅換局' (서인에서 남인의 집권), 숙종 6년(1680)의 '경신환국庚申換局' (남인에서 서인으로), 숙종 15년(1689)의 '기사환국己巳換局' (서인의 제거와 송시열의 죽음), 숙종 20년(1694)의 '갑술환국甲戌換局' (서인의 재집권)으로 이어졌다. 서인과 남인 간의 싸움인 갑술환국 이후 남인 세력은 완전히 무너졌는데, 이중환은 갑술환국이 일어나기 4년 전인 숙종 16년(1690)에

서울의 남인 집안에서 태어났다. 처가도 남인 집안이었고, 외가도 남인 집안이었다. 이중환은 24세가 되던 해인 숙종 39년(1713) 문과에 급제해 김천도찰방金泉道察訪을 거쳐 벼슬이 병조정랑兵曹正郎에까지 이르렀다. 한편 숙종이 승하하고 경종이 왕위에 올랐지만, 경종은 매우 병약했다. 이에 노론파老論派의 주장으로, 연잉군延礽君(후일 영조)을 왕세제王世弟로 삼아 대리청정代理聽政하도록 했다. 그런데 얼마 뒤 소론少論 김일경金一鏡의 사주를 받은 목호룡睦虎龍이 노론파가 왕(경종)을 시해弑害하려 한다고 고변告變해 노론파 사람들이 크게 희생되었다. 이 사건은 소론이 노론을 제거하기 위해 벌인 사건이었는데, 신축년(경종 원년)과 임인년(경종 2년)에 걸쳐 일어났으므로 신임옥사辛壬獄事라고 한다. 이 옥사가 일시적으로 성공해 목호룡은 부사공신扶社功臣이 되었다.

목호룡은 이중환의 처가인 사천 목씨 집안의 서족庶族이었는데 직업이 땅을 보러 다니는 지관地官이었다. 목호룡은 이중환과 더불어 묘자리를 보러 여러 날을 같이 다니기도 했고, 이중환이 김천도찰방으로 있을 때 역마驛馬를 빌려 타고는 잃어버렸다고 하면서 돌려보내지 않은 일도 있다(이 일을 '차마借馬의 사건'이라고 한다). 목호룡과 이중환의 이런 관계는 훗날 신임옥사가 무고 사건誣告事件이었음이 밝혀지면서 이중환이 불행한 길로 끌려 들어가는 실마리가 되었다.

당쟁 속에서 불행을 겪다

결국 경종 3년(1723) 2월에 이 무고 사건이 뒤집히면서 이중환도 목호룡과 함께 몰리게 되어 영조英祖 원년(1725) 2월부터 4월까지 혹독한 취조를 네 차례나 받았다. 그러나 이중환의 혐의를 끝내 밝혀내지 못해 영조 2년(1726) 12월에 절도絶島로 귀양을 보냈다. 그리고 영조 3년(1727) 10월에 풀려나왔으나, 12월에 사헌부의 논계論啓(신하가 임금의 잘못을 따져 아뢰는 것이다.)로 다시 먼 지역에 귀양을 가게 되었다. 이때 이중환의 나이 38세라는 한창때였다.

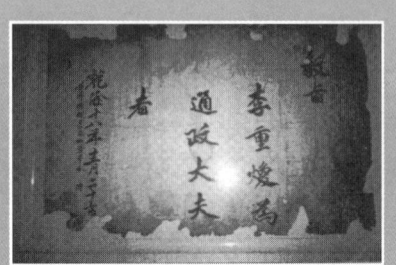
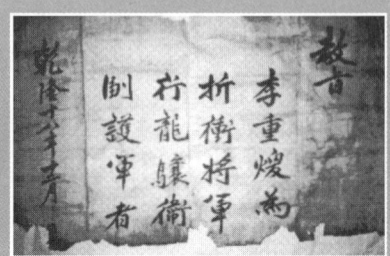

통정대부 교지   절충장군 교지

이중환이 처음 귀양 갔던 절도가 어디인지, 또 두 번째 귀양 갔던 먼 지역이 어디인지는 알 수 없다. 어쨌든 그 뒤 이중환은 30년 가까이 전국을 방랑하며 떠돌이 생활을 하게 되었다. 그러므로 이중환은 조선 시대 당쟁이 가장 격렬한 시대에 살면서 그 당쟁의 피해를 철저하게 경험한 사람이다. 《택리지》는 이런 방랑 생활의 결과로 나온 것이다.

최근의 문헌 발굴(졸고)에 의하면, 이중환은 영조 29년(1753)에 '통정대부 通政大夫'(문반文班 당상관 품계), '절충장군折衝將軍'(무반武班 당상관 품계)의 교지敎旨를 동시에 받음으로써 명예를 회복했다. 그러나 이는 이중환에게 중요한 일이 못 되었는지도 모른다. 교지를 받은 것이 그가 죽기 3년 전인 64세 때의 일이다. 이중환의 명예 회복은 그가 경종 3년(1723)에 이른바 '차마의 사건'으로 병조정랑의 직을 해임당한 후 실로 30년 만의 일이었다. 당쟁이 가져다 준, 이중환의 고난의 세월이 얼마나 길었는지를 말해 주는 것이다.

그런데 이중환이 당쟁에 휘말려 자신의 뜻을 펴지 못한 것은 안타까운 일이지만, 그가 평탄한 벼슬길을 갔다면 오늘날 우리 앞에 《택리지》는 없을지도 모른다. 결국 그는 고통을 통해 얻은 현실에 대한 깊은 통찰력을 바탕으로 지리서의 형식에 인문·역사를 새겨 넣었다고 볼 수 있다.

마지막으로《택리지》의 발문 중 한 문장을 보면서 그의 저술 동기를 되새겨
보자.

나의 이 글도 살 만한 곳을 고르려고 해도 살 만한 곳이 없음을 탄식한 것이다. 그
러니 이 글을 넓게 보는 사람은 문자 밖에서 (참뜻을) 구하는 것이 좋을 것이다.

✽ 이 글은 〈이중환의 생애와《택리지》의 성립〉《문화역사지리》제16권 제1호, 한국문화역사지리학회,
2004) 중 이중환의 생애에 관한 부분을 요약 · 수정한 것이다.

팔도총론 八道總論

곤륜산●의 한 가지가 대사막 남쪽으로 뻗어 동쪽에 이르자 의
무려산醫巫閭山●이 되고, 여기서 맥이 끊어져 요동평야가 되
었다. 이 평야를 지나면서 다시 솟아 백두산이 되었으니,《산
해경山海經》●에서 말한 불함산이 바로 이것이다.

　산의 정기가 북쪽으로 1000리를 달려가며 두 강 사이에 끼
었고, 남쪽을 향해 영고탑寧固搭●이 되었으며, 뒤쪽으로 한 가
지가 뻗어 조선 산맥의 머리가 되었다.

　(우리나라에는) 팔도가 있는데, 평안도는 심양瀋陽●과 이웃
했고, 함경도는 여진女眞과 이웃했으며, 강원도는 함경도와
이어졌다. 황해도는 평안도와 이어졌고, 경기도는 강원도와
황해도의 남쪽에 있다. 경기도 남쪽은 충청도와 전라도이며,
전라도의 동쪽은 경상도다.

곤륜산 중국 서쪽에 있
다는 전설상의 명산. 신
녀神女 또는 불사약을
가진 선녀라는 서왕모西
王母가 산다는 낙원이
다. 아름다운 옥이 나기
때문에 《천자문》에서는
'옥출곤강玉出崑岡'이
라고 했다.

의무려산 중국 요령성
북진현北鎭縣 서쪽에 있
는 산이다.

《산해경》 중국 하夏나라
의 우왕禹王 또는 백익伯
益이 지었다는 책이다.
산천·초목·조수에 대한
이상한 이야기들이 담겨
있다.

백두산

조선은 왕이 다스리는 나라였으니, 왕과 왕이 머무르던 서울을 세상의 중심으로 보기 쉬웠을 것이다. 그런데 이중환은 우리나라에 대한 글의 출발점을 백두산으로 정하고 당시에 주목받지 못했던 평안도에 대한 설명으로 팔도총론의 문을 열었다. 이런 시각이 바로 오늘날까지 이 책이 읽히는 이유 가운데 하나일 것이다.

영고탑 중국 길림성 영안현寧安縣에 있는 지명인데, 영고특寧古特이라고도 한다. 청나라 왕실의 발상지다. 영고는 '육六', 특은 '좌坐'를 뜻한다. 청나라 시조 6형제가 이곳에 살았기에 붙은 이름이다.

심양 중국 요령성에 있는 도시인데, 청나라 태조가 도읍을 요양에서 이곳으로 옮긴 뒤에는 성경盛京이라고 불렸다.

왕태조 고려의 시조 왕건을 가리킨다.

삼한 보통 삼한은 삼국시대 이전의 마한·진한·변한을 가리키지만, 삼국시대의 고구려·백제·신라, 또는 후삼국인 신라·후백제·태봉을 가리키기도 한다.

경상도는 옛날 변한과 진한 땅이고, 경기도·충청도·전라도는 바로 옛날 마한과 백제 땅이다. 함경도·평안도·황해도는 고조선과 고구려 땅이었으며, 강원도는 따로 예맥濊貊의 땅이었다.

이 나라들이 흥하고 망한 내력은 자세히 알 수 없지만, 당나라 말기에 왕태조王太祖*가 나서서 삼한*을 통합해 고려를 세웠고, 우리 조선이 그 뒤를 이었다.

(우리나라는) 동쪽과 남쪽과 서쪽이 모두 바다고, 북쪽 한길만 여진과 요동으로 통한다. 산이 많고 들이 적어서, 백성이 유순하고 공손하지만 기량器量이 작다.

(지역이) 길게 삼천리에 걸쳐 있지만, 동서로는 1000리도 못 된다. 바다를 건너 남쪽으로 가면 (중국) 절강성浙江省의 오

현吳縣•회계현會稽縣과 맞닿는다. 평안도 북쪽에 있는 의주는 국경에서 가장 큰 고을인데, 대략 중국 청주青州와 (위도가) 비슷하다. 우리나라는 대체로 일본과 중국 사이에 자리했다.

옛날 요임금 때 신인神人이 평안도 개천현 묘향산 박달나무 아래 석굴에서 태어났다. 이름을 단군檀君이라 하고, 구이九夷의 임금이 되었는데, 그 연대와 자손에 대해서는 기록할 수가 없다.

그 뒤 기자箕子•가 (은나라에서) 나와 조선에 봉해지면서 평양에 도읍했다. 그의 후손 기준箕準에 이르자, 연燕나라 사람 위만衛滿•에게 쫓겨났다. 그래서 바다를 건너 전라도 익산으로 도읍을 옮기고, 나라 이름을 마한이라고 했다. 기씨가 다스리던 지역이 역사책에 분명히 드러나지는 않지만, 진한•변한과 더불어 삼한이라고 했다.

혁거세는 한나라 선제宣帝 때 일어나 경상도를 모두 차지했다. 그리고 진한과 변한에게 항복받은 뒤 나라 이름을 신라라 하고, 경주에 도읍했다. 신라는 박씨•석씨•김씨가 번갈아 왕이 되었다.

위씨衛氏•는 한나라 무제 때 망했다. 그런데 한나라에서 백성만 옮기고 땅은 버리자 주몽이 말갈에서 일어나 평양을 차

단군 사당
중국 전한 때 철학서인 《회남자淮南子》의 주석에 '동방 이족夷族에 아홉 종류가 있다'고 했으며, 중국 송나라 때 나온 《논어정의》에서는 '구이'를 현도•낙랑•고구려•만식滿飾•부유凫臾•소가素家•동도東屠•왜倭•천비天鄙라고 했다. 이중환은 구이의 임금이 바로 단군이라고 했다.

오현 오현이 행정적으로는 강소성에 속해 있지만, 강소성 남부와 절강성 북부를 아울러 오현이라고 부르기도 한다.

기자 은나라 주왕紂王의 숙부로, 미자微子•비간比干과 함께 은나라 삼인三仁으로 꼽힌다. 이름은 서여胥餘인데, 자子의 작爵을 받아 기箕 땅에 봉해졌으므로 '기자'라고 부른다. 그런데 은나라가 망한 뒤 주나라 무왕이 기자를 봉했다는 조선의 위치는 확실치 않다.

위만 《삼국유사》〈위만조선〉의 기록을 보면, 중국 한나라의 속국이던 연나라의 왕이 한나라에 반기를 들고 흉노에게 들어갔다. 그러자 연나라 사람 위만이 그 뜻을 따르지 않으려고 무리 1000여 명을 모아서 동쪽으로 달아나 고조선 땅에 들어섰다. 차츰 그 땅에 살던 사람들과 옛 연나라•제나라에서 망명 온 이들을 함께 부려 임금이 되고, 왕검에 도읍했다.

위씨 위만조선을 가리키는 말이다.

경상 임금을 도와 나랏일을 하던 대신이다.

주몽이 죽자 그의 둘째 아들 온조가 한강 이남 땅을 차지해 마한을 멸망시킨 뒤 나라 이름을 백제라 하고 부여에 도읍했다.

고구려와 백제는 모두 당나라 고종高宗 때 멸망했다. (당나라가) 그 땅을 버리고 군사를 거둬 돌아가자, 두 나라의 땅이 모두 신라 영역으로 들어왔다. 신라 말기에 궁예와 견훤이 (이 땅을) 나눠 차지했는데, 고려가 이를 통일했다. 이것이 우리나라가 세워진 내력의 대략이다. 신라 이전에는 세 나라 사이에 전쟁이 그치지 않았다. 그래서 남은 기록이 적으므로, 고려 시대부터야 역사를 기록할 수 있다.

고려 때는 사대부라는 이름이 아직 뚜렷하게 자리 잡지 않아서, 하급 관리 출신 가운데 경상卿相*이 된 자가 많았다. 한 번 경상이 되면 그의 아들과 손자도 사대부가 되어, 모두 서울*에 집을 두게 되니, 서울은 드디어 사대부들의 못과 숲이 되었다.

지방 사람 가운데 조정에서 벼슬한 자는 드물었는데, 쌍기雙冀*가 과거제도를 만들어 선비를 뽑게 되자, 지방 사람들도 차츰 조정에서 높은 벼슬을 하게 되었다. 서북 지방에서는 무신武臣이, 동남 지방에는 문사文士가 많이 나왔다. (고려) 말기에는 문풍을 크게 떨쳐 이따금 중국 과거*에서 합격한 자들도 있었는데, 이것은 원나라와 교류한 효과다.

오늘날 큰 집안이라고 세상에서 일컫는 가문의 사람들 가운데 고려 시대 경상의 후예가 많다. 그러니 사대부의 갈래도 고려 시대부터 비로소 기록할 수 있다.

서울 개성이다.

쌍기 본래 중국 후주後周 사람인데, 고려 광종 7년(956)에 봉책사封册使(황제의 명에 따라 제후국의 임금이나 왕비 등을 책봉하기 위해 파견되는 사신.) 설문우薛文遇를 따라 고려에 왔다가 광종이 그의 재주를 사랑해 귀화했다. 원보한림학사元甫翰林學士에 임명된 뒤, 958년에 과거제도를 두자고 건의했다.

중국 과거 빈공과賓貢科를 가리킨다. 중국은 천하의 종주국을 자처했으므로, 외국인들에게도 과거를 개방했다. 고려 충숙왕 때 학자인 최해崔瀣의 기록을 보면, 당나라 빈공과에 급제한 신라인이 58명이었으며, 후삼국 시대의 대표적 지식인이던 최치원·최승우·최언위가 바로 빈공과 급제자다. 송나라 빈공과에도 고려 과거에 급제한 자들이 많이 진출해 급제했으며, 이들은 귀국한 뒤 많은 활동을 했다. 여기서 말한 고려 말기의 중국 과거는 원나라의 빈공과를 가리키는데, 최해·안축·이곡·이색·이인복 등이 대표적인 급제자다. 명나라 과거에는 김도金濤 한 사람만 급제했는데, 명나라가 빈공과를 곧 폐지했기 때문이다.

평안도

평안도는 압록강 남쪽, 패수浿水 북쪽에 자리하고 있으며, (주나라가) 기자를 봉한 지역이다. 옛 경계는 압록강을 지나 청석령靑石嶺까지인데, 당나라 역사에서 말한 안시성安市城과 백암성白巖城이 이 지역에 있었다. 그런데 고려 초부터 거란에게 차츰 빼앗겨, 압록강이 경계가 되었다.

평양부

평양은 감사가 다스리는 곳으로, 패수 위에 있으며, 기자가 도읍했던 곳이다. 그래서 구이九夷 가운데 풍속이 가장 먼저 개명했다. 기씨가 1000년, 위씨와 고씨가 800년 넘게 도읍했

패수 대동강의 옛 이름이다.

안시성 고구려 보장왕 4년(645)에 당나라 태종이 침략하자 성주 양만춘楊萬春이 막아 낸 곳으로, 지금의 만주 영성 자산성英城子山城이라는 설이 있다. 668년에 고구려가 망하자 고구려를 부흥시키려는 운동의 중심지가 되기도 했는데, 671년 7월 당나라 군대에게 함락되었다.

백암성 중국 요령성 요양 동남쪽에 있던 성인데, 고구려 양원왕이 개축했다고 한다. 당나라 태종이 요동성을 함락한 뒤에 백암성을 공격하자, 성주 손대음孫大音이 항복하고 성을 내주었다. 그 뒤 태종이 안시성 싸움에 패하고 귀국했지만, 백암성을 비롯한 성 열 곳이 당나라 영토에 들어갔다.

으며, 나라의 중요한 진鎭이 된 지도 1000년이 넘었다.

이 지방에는 아직도 기자가 만든 정전井田*의 터와 그의 묘*가 있다. 나라에서는 기자묘 곁에 숭인전崇仁殿을 짓고, 선우씨鮮于氏가 기자의 자손이라고 해 대대로 전관殿官으로서 제사를 받들도록 했다. 중국 곡부의 공씨孔氏*와 마찬가지다.

또 강산이 아름답고 주몽 시대의 자취가 매우 많지만, 전하는 말에는 거짓이 많아 믿을 수가 없다. 성은 강가에 있고, 절벽 위에는 연광정練光亭이 있다. 강 건너 먼 산이 넓은 들판과 긴 숲 너머로 둘러서 있어, 말로 표현할 수 없을 정도로 빼어나게 아름답다.

고려 때 시인 김황원金黃元이 연광정에 올랐다가 (벽에 걸려 있는 시들이 모두 마음에 안 든다며 떼어 버린 뒤에) 하루 내내 깊이 생각했지만, 다음과 같은 시구를 지었을 뿐이다.

정전 기자가 조선에 와서 주나라의 정전제井田制를 실시했다고 하며, 그 자취가 평양 외성 함구문과 정양문 사이에 남아 있었다. 그러나 이 밭이 고구려 도시계획의 흔적이었다는 학설, 고구려가 멸망한 뒤에 주둔했던 당나라 군사가 설치한 둔전屯田의 자취였다는 설명도 있다.

기자의 묘 기자가 조선으로 건너와 기자조선을 세웠다는 기자동래설箕子東來說은 현재 학계에서 허구로 본다. 중국의 《사기》〈송세가宋世家〉 두예 조杜預의 주석에 기자총箕子塚이 중국 하남성에 있었다고 쓰여 있으니 기자동래설의 허구성을 뒷받침한다.

곡부의 공씨 중국 산동성 곡부는 공자가 태어난 곳이다. 그래서 그곳에 있는 공자의 묘와 사당을 공자의 후손들이 관리했다.

연광정
대동강을 내려다볼 수 있는 자리에 있으며 관서팔경 중 하나로 꼽힌다.

긴 성 한쪽에는 넘실넘실 물이 흐르고,
큰 들판 동쪽에는 점점이 산이로다.

(그는) 시상이 막혀 더는 짓지 못하고 통곡하며 내려갔다.
우스운 일인 데다 시 또한 아름답지 못하다.

명나라 때 주지번朱之蕃이 (조선에) 사신으로 왔다가 연광
정에 올라 상쾌하다고 부르짖으며, '천하 제일 강산天下第一江
山'이라는 여섯 글자를 제 손으로 쓴 현판을 걸었다. 그런데
정축년(1637)에 청나라 황제가 (병자호란 뒤) 군사를 이끌고
돌아가던 날 이 현판을 보고, "중원에 금릉과 절강이 있는데,
여기가 어찌 제일이 될 수 있으랴." 하면서, 사람을 시켜 (그
현판을) 부숴 버리게 했다. 그러나 잠시 뒤 그 글씨가 훌륭한
것을 아깝게 여겨, (제일 강산이라는 글자는 남겨 두고) '천하'
두 글자만 톱질해서 없애 버리게 했다.

연광정을 따라 북쪽으로 가면 청류벽清流壁이 있고, 그 절
벽이 끝나는 곳에 부벽루浮碧樓가 있는데, 성 모퉁이 영명사永
明寺● 앞이다. 명종 때 아직 유생이던 하곡荷谷 허봉許篈●이 벗
들과 함께 부벽루에 놀러 갔다. 감사의 사위와 약속하고는,
부벽루 위에 기생과 풍악을 크게 벌였다. 그런데 감사 부인이
자기 사위가 기생을 끼고 즐기는 것을 노여워했다. 그래서 감
사에게 알려, 포졸들을 보내 그 기생들을 다 잡아 가뒀다. 하
곡은 낭패를 당하고 돌아와 〈춘유부벽루가春遊浮碧樓歌〉 한 편
을 지어 감사를 조롱했다. 이 글이 일시에 널리 전해지자, 감
사는 세상에서 버림받았다.

땅이 오곡과 목화 가꾸기에는 알맞지만, 둑과 개울이 적어

밭농사만 짓는다. 그러나 하류에 있는 벽지도碧只島는 강 가운데 자리해 강물이 줄면 진흙땅이 드러나므로, 지방 사람들이 그 안에 논을 만들었다. 1묘畝에 1종鐘[•]이나 거둔다.

강은 백두산 서남쪽에서 나와 300리를 내려오다가 영원군에 와서 물줄기가 커지고, 강동현에 이르러 양덕·맹산의 물과 만나며, 부벽루 앞에 와서 대동강이 된다. 강의 남쪽 언덕은 길이가 10리나 되는 숲이다. 관청에서 나무하는 것과 소에게 풀 먹이는 것을 금하므로, 기자 때부터 지금까지 무성하다. 해마다 봄여름에는 푸른 그늘이 우거져, 하늘이 보이지 않는다.

성천부

청류벽

청류벽에는 이런 전설이 있다. 아주 오래 전 대동강이 자주 범람해 피해가 컸다. 그런데 어느 해에 넘쳐난 대동강 물 때문에 재산을 다 잃은 설모라는 사람이 강가에서 큰 잉어 한 마리가 죽어 가는 것을 보았다. 설모는 잉어의 신세가 자기만큼이나 처량하게 느껴져 얼른 강에 넣어 주었다. 그날 밤 잉어가 설모 앞에 나타나 용궁으로 이끌었다. 설모가 살려 준 잉어가 바로 용왕의 아들이었던 것이다. 용왕은 보답의 뜻으로 설모에게 소원을 물었고, 설모는 대동강이 다시는 범람하지 않게 해 달라고 청했다. 그리고 이튿날 큰물을 막을 만큼 큰 바위가 갑자기 생겼는데, 이것이 바로 청류벽이다.

송양 부족 이름이자 나라 이름이며, 그 임금의 이름이기도 하다. 송양국은 압록강 중류 지방에 있던 작은 나라로 비류국·다물국이라고도 한다. 성천에 비류강이 흐르지만, 비류국의 위치도 성천이었는지는 확실치 않다.

평양 동쪽은 성천부成川府다. 송양왕松讓王[•]의 나라였는데, 주몽에게 합병되었다. 고을 관아는 강가에 있는데, 광해군이 임진왜란 때 종묘와 사직의 신주를 받들고 피란 와 있었다. 그러다가 즉위한 뒤에 부사 박엽朴燁을 시켜 객관 옆 강선루降仙樓를 크게 수리했다. 누각이 300여 칸이나 되고 지음새가 굉장해, 팔도의 누각 가운데 으뜸이다. 강선루 앞에 흘골산紇骨山 12봉[•]이 있지만, 돌빛이 우아하지 못하다. 강

물이 얕고 빠르며 들판 또한 비좁아, 평양보다는 훨씬 못하다.

광해군은 박엽이 능력 있다며 평안 감사로 발탁했다. 그때
(청나라의 전신인 후금이 세워져) 만주가 막혔으므로 서쪽 방면
에 일이 많았지만, 박엽이 재주와 슬기가 있었으므로 광해군
이 신임해 10년 동안이나 벼슬을 갈지 않았다.

박엽은 재물을 많이 써서 첩자를 잘 이용했다. 한번은 지
방을 순시하다가 구성龜城에 이르렀는데, 마침 청나라 병사들
이 성을 포위했다. 그런데 그날 밤 되놈 하나가 성을 넘어 박
엽의 침소로 들어와, 그의 귀에 무엇인가를 말하고 갔다. 이
튿날 아침 박엽이 사람을 시켜 술을 가지고 가서 청나라 병사
들을 먹이도록 했다. 쇠고기로 긴 꼬치를 만들어 청나라 군졸
들에게 나눠 주게 했는데, 남지도 모자라지도 않고 군사의 수
와 똑같았다. 청나라 장수가 크게 놀라고 괴이하게 여겨, 박
엽을 신이라고 하면서 곧 강화講和한 다음 포위를 풀고 가 버
렸다.

계해년(1623)에 박엽의 비장裨將﹡ 한 사람이 틈을 타서 말

했다.

"지금 조정은 장차 패할 텐데, 공은 주상이 총애하는 신하니 반드시 화를 당하게 될 것입니다. 그러니 청나라와 남몰래 결탁해 두는 것이 좋습니다. 만약 조정에 일이 일어나면 이 땅을 청나라에 바치고 일부는 떼어서 공이 차지하십시오. 그러면 (공이) 자신을 보존하기에 넉넉할 것입니다. 안 그러면 화를 면하기 어렵습니다."

그러자 박엽이 "나는 문관이다. 어찌 나라를 배반하는 신하가 되겠는가?" 하고는 듣지 않았다. 그 비장은 곧 박엽을 버리고 달아났다. 얼마 안 되어 인조반정이 일어나자, 조정에서 곧 사신을 보내 박엽을 임소에서 베어 죽였다.

안주목

흘골산 12봉 성천군 성천면 상부리에 흘골산 12봉이 있는데, 중국 익주의 무산巫山 12봉과 비슷하다고 이름났다. 일제 말기에 식량 증산을 목적으로 12봉의 허리를 끊어 비류강이 곧게 흐르게 되면서 아름다운 경치가 많이 손상되었다.

비장 조선 시대에 감사監司 · 유수留守 · 병사兵使 · 수사水使 등을 따라다니며 일을 돕던 무관 벼슬이다.

평양 서쪽 100여 리 되는 곳에 안주가 있는데, 청천강 가에 백상루百祥樓가 있고, 그 곁에 칠불사七佛寺가 있다. 고구려 때 수나라 군사가 쳐들어와 강가에 이르렀는데, 스님 일곱이 그 앞에서 물을 건넜다. 물은 무릎에도 차지 않았다. 수나라 군사들이 (스님들을) 따라서 몰려가다가, 선봉에 선 한 부대가 빠져 죽었다. 이에 군사를 후퇴시키자, 스님들도 곧 보이지 않았다. 지방 사람들이 이 소문을 듣고 (부처님의 은덕으로 여겨) 절을 세우고 제사를 모셨다.

영변부

안주 동북쪽은 영변부다. 산세를 따라 성을 쌓았는데, 가파르고 험해 철옹성이라 부른다. 평안도 일대에서 외적을 막을 만한 곳은 오직 여기뿐이다. 부의 북쪽은 검산령劍山嶺인데, 이곳이 바로 고구려의 환도성丸都城°이 있던 자리며, 성터가 아직도 남아 있다.

강계부

북쪽으로 큰 고개 둘을 넘으면 강계부江界府다. 부 동쪽에서 백두산까지는 500여 리인데, 그 사이가 폐사군廢四郡° 지역이다. 세종 때 강계부로 예속시켜 백성을 옮기고, 그 지역을 비워 버렸다. 지금은 나무가 하늘에 닿을 듯 깊은 두메가 되었다. 인삼이 많이 나서 해마다 봄가을에 백성들이 들어가 캐도록 허가하고 관청에 공물貢物°과 세금으로 바치도록 했다. 그래서 강계는 인삼의 산지로 나라 안에 유명해졌다.

　　강계부 서쪽은 위원 땅인데, 명나라 이성량李成樑의 조상무덤이 있다. 이성량의 아비는 위원 사람이었는데, 사람을 죽이고 달아나 (중국) 광녕廣寧 땅으로 들어가 살다가 이성량을 낳았다. (그래서 이성량의 아들) 이여송李如松°은 늘 '나는 본래 조선 사람'이라고 말했다.

환도성· 산상왕 13년(209)에 천도한 뒤부터 장수왕 15년(427)에 평양으로 천도하기까지 200년 동안 고구려의 수도였다고 하는데, 졸본에서 유리왕 22년에 천도해 왔다고 보면 400년 동안 수도였던 곳이다. 국내성과 같은 성이라고도 하고, 통구하를 사이에 두고 서로 마주 보고 있었다고도 한다. 학계에서는 대부분 중국 길림성 집안현에 있는 통구성을 국내성이라 보고, 그곳에서 2.5킬로미터 북쪽에 있는 산성자산성을 환도성이라고 본다.

폐사군 사군은 세종 때 서북 방면의 여진족을 막으려고 압록강 상류에 설치한 국방상의 요지인데, 이미 태조 때인 1416년에 여연군을 설치하고, 세종 때인 1433년에 자성군을 설치했으며, 1440년에 무창현을 설치하고, 1443년에 우예군을 설치했다. 이로써 함경도 북방의 6진과 더불어 우리나라의 북쪽 국경이 압록강과 두만강 상류에까지 미치게 되었다. 그러나 세종이 세상을 떠난 뒤에 북방 개척 사업이 제대로 추진되지 않고 사군을 유지하기 힘들게 되자, 단종 3년(1455)에 여연·무창·우예 등 세 군을 폐했으며, 세조 5년(1459)에 자성군마저 폐

의주목

위원 서쪽에 여섯 고을이 있는데, 그중 의주는 국경의 첫 고을이다. 심양으로 통하는 길목인데, 고을 관아는 압록강 가에 있다. 강 너머 오랑캐 땅 동북쪽에서 두 줄기 큰 물이 흘러와 하나가 되었다가, 고을 북쪽에 이르러 세 줄기 강으로 갈라진다. 해마다 장마에 물이 불어 넘치면 세 강이 합쳐져서 바다로 들어간다.

강물 한가운데 위화도威化島가 있다. 고려 말에 최영崔瑩이 우왕禑王에게 요동을 치라고 권하고, 우왕과 함께 평양에 와서 우리 태조대왕으로 하여금 6만 군사를 이끌고 이 섬에 머물게 했다. 그때는 한여름이었다. 태조는 군사들의 뜻에 따라 세 차례나 상소해 싸움을 그만두자고 청했지만, 최영이 듣지 않았다.

태조가 여러 장수들과 의논해 군사를 돌이키고 최영을 죽이자고 하자, 모든 군사가 기꺼이 따랐다. 드디어 군사를 돌이키자, 최영은 변이 난 것을 듣고 우왕과 함께 달아났다. 태조가 뒤따라가서 궁성을 포위해 최영을 잡아 죽이고, 우왕 부자를 폐했다. 공양왕을 세웠지만, 얼마 안 되어 왕위를 물려받았다.

지형 · 물산 · 인물

대개 청천강 이남을 청남淸南이라고 하는데, 지형이 동서로 좁다. 청천강 이북은 청북淸北이라고 하는데, 지형이 동서로

하고 주민들을 강계로 옮겼다. 그 뒤 이 일대는 폐사군이라 불렸는데, 영토를 포기한 것은 아니고 국경 방어선을 임시로 후퇴한 개념이었다. 18세기 후반에 들어서는 실학자들이 이 지역을 군사 방어의 거점으로 개발하자고 주장했다.

공물 조선 시대 농민의 부담은 토지 생산에 따른 전조田租, 지방 특산물을 나라에 바치는 공세貢稅, 노동력이나 군사력을 징발하는 신역身役 등이 있었다. 공세로 바치는 특산물이 바로 공물이다.

이여송 ?~1598. 명나라 신종 때의 장군이다. 임진왜란 때 방해어왜총병관防海禦倭總兵官이 되어 군사 4만을 이끌고 들어와, 왜군을 무찌르는 데 많은 공을 세웠다.

뻗쳐 있고 매우 넓다.

온 도가 동쪽으로는 등마루•와 가까워서 산이 많고 평지가
적으며, (논밭에) 댈 만한 냇물이나 못물이 모자란다. 그래서
논이 아주 적고, 들에는 모두 밭농사를 짓는다. 기자조선과
고구려가 한창이었을 때는 땅이 좁고 백성은 많아, 산을 깎아
개간한 곳이 많았다. 그러나 그 뒤 여러 차례 청나라 군사들
에게 쫓겨나 땅이 많이 황폐해졌다. 게다가 (고려) 왕씨가 통
일한 뒤에는 백성들이 삼남 지방으로 많이 내려가, 지금은 들
은 넓고 사람은 드물어졌다. 산에 농사짓는 곳이 적다.

서쪽으로는 바다와 가까운 여러 고을에서 조수를 막아 논
을 만든 곳이 많다. 그러나 밭보다는 적으므로, 온 도의 쌀값
이 삼남보다 늘 비싸다.

민간에서는 뽕과 마를 심어 베를 짠다. 생선과 소금은 아
주 귀해서, 비록 바닷가에 있는 고을이라도 소금을 굽는 곳이
많지 않다. 이 지방에서는 대나무·감·닥나무·모시가 나지
않는다. 청북은 지대가 높고 추우며 북쪽 국경과 가까워서 역
시 꽃과 과일이 없고 물산도 매우 적다. (그러므로) 백성들이
몹시 게으르고 구차하게 산다. 오직 평양과 안주 두 고을만
큰 도회지인데, 시장에 중국 물산이 많다. 장사치로서 사신을
따라 (중국에) 오가는 자들은 늘 큰 이익을 얻어, 부유하게 된
자들이 많다.

청남은 내지와 가까워서 문학을 숭상하는 풍속이 있지만,
청북은 풍속이 어리석어 무예를 숭상한다. 오직 정주에서만
과거에 오른 문사들이 많이 나왔다.

등마루 백두대간을 가
리킨다.

38

함경도

철령 함경남도 안변군 신고산면과 강원도 회양군 화북면 사이에 있는 큰 고개다. 이 고개의 북쪽을 관북 지방, 남쪽을 관동 지방, 서쪽을 관서 지방이라고 한다. 《증보문헌비고》에서는 대관령 동쪽을 관동이라고 했다. 1914년에 경원선이 개통되기 전까지는 관북 지방과 중부 지방을 잇는 중요한 교통로였다.

숙신 송화강 유역에 있던 부족으로, 읍루挹婁라고도 했다. 광개토왕 때 고구려에 병합되었다.

선춘령 윤관이 동북 여진을 내쫓고 새로 개척한 지역의 동북쪽 경계에 있던 고개인데, 위치가 확실치 않다.

평안도 동쪽에서 백두산의 큰 줄기가 남쪽으로 내려오다가 하늘을 자른 듯 끊어져서 영嶺이 되었다. 이 영의 동쪽이 바로 함경도인데, 옛 옥저沃沮의 땅이다. 남쪽은 철령鐵嶺*, 동북쪽은 두만강이 경계다. (남북의) 길이는 2000리가 넘지만, 동서로는 바다에 닿아 100리도 못 된다.

옛날에는 숙신肅愼*에 속했다가, 한나라 때는 현도玄菟에 속했다. 그 뒤 주몽이 차지했는데, (고구려가) 망하자 여진이 차지했다.

고려 때는 함흥 남쪽 정평부定平府를 (북쪽) 경계로 했다가, 중엽에 윤관尹瓘으로 하여금 군사를 거느리고 가서 여진을 쫓아 버리게 하고, 두만강 북쪽으로 700리를 지나 선춘령先春嶺*을 경계로 했다. 그 뒤 금나라에게 땅을 다시 돌려주고,

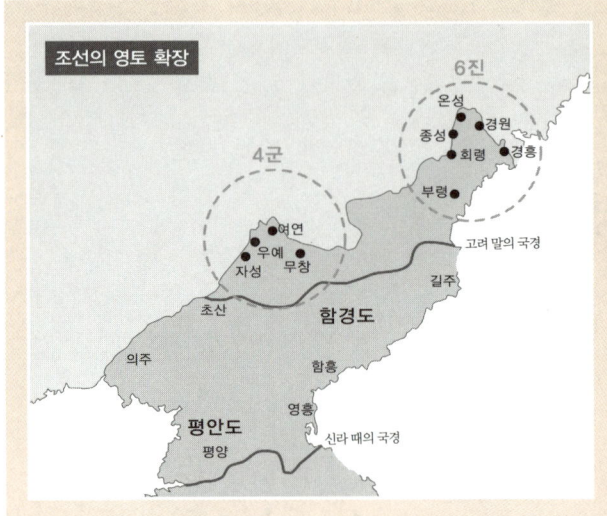

조선의 영토 확장

4군

6진
온성
종성 · 경원
회령 · 경흥
부령

고려 말의 국경

길주

함경도

함흥

영흥
신라 때의 국경

평안도

평양

의주

초산

여연
우예 · 무창
자성

6진
세종 때 동북 방면 여진족에 대비해 두만강 하류 남쪽에 설치한 국방상의 요충지, 즉 종성·온성·회령·경원·경흥·부령 등 여섯 진을 말한다. 고려 공민왕 5년(1356)에 쌍성총관부를 회복한 뒤, 이성계의 아버지인 이자춘이 이 방면을 개척하기 시작했다. 이성계도 이 지역에서 무공을 세워, 조선 초기에 이미 두만강 하류까지 조선의 영역이 되었다. 그러다가 세종 16년(1434)부터 6진을 설치하기 시작해, 우리나라의 북쪽 국경이 두만강과 압록강 남쪽 연안을 다 차지하게 되었다.

함흥을 경계로 삼았다.

우리나라 장헌대왕莊憲大王(세종) 때 김종서金宗瑞에게 북쪽으로 1000여 리 땅을 개척하고, 두만강 가에 6진과 병영을 설치하게 했다. (이때부터) 백두산 동남쪽에 있던 여진의 근거지가 모두 우리 판도에 들어왔다.

송나라 황제의 무덤

숙종 정유년(1717)에 (청나라) 강희황제康熙皇帝가 목극등穆克登에게 백두산에 올라 두 나라 경계를 살펴 정하라고 했다. 그가 두만강을 따라 회령 운두산성雲頭山城까지 왔다가 성 바깥 큰 언덕에 여러 무덤이 있는 것을 보았는데, 그 지방 사람들이 황제의 능이라고 했다. 목극등이 사람을 시켜 파헤치다가

김종서 1390~1453. 자는 국경國卿, 호는 절재節齋다. 태종 5년(1405) 문과에 급제하고 세종 15년(1433) 함길도 관찰사에 임명되어 6진을 개척한 충신으로 문무를 아울러 갖추었다. 문종 때 우의정에 오르고 단종 즉위년(1452)에 좌의정이 되어 단종을 보필하다가 수양대군에게 살해되었다. 수양대군이 야망을 실현하려고 그를 제거한 사건이 바로 계유정난이다.

운두산성 함경북도 회령군 보을면 운두산에 있던 산성인데, 흔히 오국산성이라고 한다. 송나라 황제가 머물렀다는 전설이 있다.

무덤 곁에서 작은 비석을 발견했는데, 그 비석에 '송제지묘宋
帝之墓'라는 네 글자가 쓰여 있었다. 목극등은 사람들을 시켜
흙을 높이 쌓아 올리고 갔다. 그제서야 비로소 금나라 사람이
말하던 오국성五國城이 바로 운두산성임을 알게 되었다. 그러
나 '송제宋帝'라고만 쓰여 있어서, 이 무덤이 휘종徽宗의 것인
지 흠종欽宗*의 것인지는 알 수 없다.

운두산성은 동해와 겨우 200리 떨어졌고, 고려와는 바닷길
로 아주 가깝다. 또 고려의 전라도와 (중국의) 항주杭州는 작은
바다 하나를 사이에 두고 있어, 바람만 잘 만나면 (뱃길로) 이
레 만에 오갈 수 있다. 만약 송나라 고종高宗*이 남몰래 고려
를 후하게 대접하고, 고려로 하여금 동해에 배를 띄우고 군사
1000명으로 운두산성을 습격케 해 휘종·흠종과 형후邢后*를
빼앗아 바닷길로 오다가 육지(고려 땅)에 올라, 다시 전라도에
서 배편으로 항주에 닿게 했다면, 이는 천하에 기이한 일이
되었을 것이다.

그렇지만 안타깝게도 고종은 아비를 염려하는 마음이 없
고 서호西湖*에서 노는 즐거움에만 빠졌으니, 그 불효한 죄는
하늘에 통했고, 이는 천고에 크게 한스러운 일이다. 그러나
고종은 죽은 지 100년이 못 되어 도둑 중에게 무덤이 파헤쳐
지는 화를 만났고, 휘종은 비록 타향에서 죽어 묻혔지만 지금
까지 무덤이 보존되고 있으니, 이를 보면 하늘의 이치가 어떻
게 돌아가는지는 참으로 알 수가 없다.

이 지방 사람들이 언덕 위에서 밭을 갈다가 오래된 제기祭
器·술항아리·솥·화로 따위를 자주 발견하는데, 이 언덕이
선화릉宣化陵*인 것 같다. 나머지는 궁인과 시종의 무덤인 듯

휘종·흠종 휘종은 송
나라 8대 임금이고, 흠
종은 9대 임금으로 휘종
의 맏아들이다.

고종 1127~1162. 휘
종의 아홉째 아들이다.
북송이 금나라에게 망
한 뒤, 남쪽으로 쫓겨서
1127년 항주에 다시 개
국한 남송의 초대 임금
이 되었다.

형후 송나라 7대 임금
신종神宗의 숙비淑妃 형
씨다.

서호 중국 절강성 항주
의 서쪽에 있는 호수로
전당호라고도 한다.

선화릉 원문의 화化 자
는 화和 자로 바꿔야 할
듯하다. 휘종의 연호가
선화宣和이므로, 휘종의
능을 선화릉이라고 한
것이다.

하다. 지방 사람들이 말하길 '두만강 북쪽 10여 리 되는 곳에도 황제의 능이 있다'고 하니, 이것은 흠종의 능인 듯하다. 그러나 분명히 알 수는 없다.

물산

함흥 이북은 산천이 험악하고 풍속이 사나우며 날씨가 춥고 땅이 메마르다. 곡식은 조와 보리뿐이며, 벼는 적고 면화는 없다. 사람들은 개가죽을 입어 추위를 막으며 굶주림을 견디는데, 이는 여진족과 똑같다.

산에서는 담비와 인삼이 많이 난다. 백성들은 그것들을 남쪽 장사꾼의 무명과 바꿔 바지를 입는다. 그러나 살림이 넉넉한 자가 아니면 그렇게 할 수 없다.

바다에서는 생선과 소금이 많이 난다. 그러나 바닷물이 맑고 사나우며 바다 밑에 바윗돌이 많아, 생선과 소금의 맛이 모두 서해 것만 못하다.

함흥부

함흥부는 감사가 다스리는 곳이다. 처음에는 온 도 백성들이 문학을 알지 못했는데, 성종 때 경헌공敬憲公 이계손李繼孫이 감사로 와서 준수한 소년들을 뽑아 관에서 먹이면서 경서經書와 역사와 올바른 행실을 가르쳤다. 이로부터 문학이 크게 일어나 과거에 합격하는 자도 가끔 있었는데, 지방 사람들이 이를 파천황破天荒●이라고 했다. 경헌공이 죽자, 지방 사람들이 사당을 세우고 제사를 지냈다.

함흥성은 군자강君子江 가에 있다. 강 위에는 만세교萬歲橋가 있는데, 그 길이가 5리다. 성 남문 위에 낙민루樂民樓가 있어서 온 고을의 경치를 다 차지하며, 평양 연광정과 서로 으뜸을 다툰다. 그러나 들판이 훵하게 뻗쳐 멀리 바다까지 닿고 풍토와 기운이 웅장하며 사나워, 평양의 아름답고 명랑한 모습에는 미치지 못한다.

들판 가운데 우리 태조가 왕이 되기 전에 살던 집이 있는데, 지금은 그 안에 태조의 화상畵像을 모셔 놓았다. 조정에서 관원을 보내 지키며 절기에 따라 제사를 지내, 우리나라 풍패분유豊沛枌楡●의 고을로 삼았다.

태조 정축년(1397)에 신덕왕후 강씨가 승하하자, 공정대왕恭定大王(태종)이 하륜河崙의 꾀를 받아들여 군사를 일으켜서

함흥본궁

함흥시 귀루동에는 이성계가 태어난 곳이라는 경기전慶基殿이 남아 있고, 경흥동에는 이성계가 왕이 되기 전에 살던 집 가운데 하나인 경흥전慶興殿이 있다. 현재 북한의 행정구역상 함흥시 사포구역 소나무동에 있는 함흥본궁은 이성계가 왕이 된 뒤에 자기 조상들이 살던 집터에 새로 집을 짓고, 4대 조상들의 신주를 모셔 제사 지내던 곳이다. 왕위에서 물러난 뒤에 이 건물을 본궁이라고 하면서 오랫동안 살았다. 현재 정전과 이성계 조상들의 위패를 모셔 두던 이안전, 2층 다락인 풍패루(사진)가 남아 있다. 사진은 대한불교조계종 총무원에서 펴낸 《북한의 건축문화재》에 실린 것이다.

정도전鄭道傳의 난을 평정했다. 세자 방석芳碩은 (세자의) 지위를 내놓았지만, 그의 형 방번芳蕃과 함께 목숨을 보전하지 못했다.*

(이에) 태조가 크게 노해 공정대왕恭靖大王(정종)에게 왕위를 물려주었다.**

공정대왕恭定大王이 왕위에 오르고 나서 (태조에게) 대궐로 돌아오기를 청하는 사신을 보냈는데, 태조는 사신이 오는 대로 죽였다. 이러기를 10년이나 했다. 왕이 걱정한 나머지 태조가 즉위하기 전에 한 동네 친구였던 박순朴淳*을 불러다 함흥에 사신으로 보냈다. 박순은 먼저 새끼 딸린 암말을 구해

* **1차 왕자의 난** 태조의 첫째 왕비인 한씨가 여섯 아들을 낳았고, 둘째 왕비 강씨가 두 아들을 낳았다. 그 중 한씨 소생의 다섯째 아들 방원芳遠이 조선을 세울 때 가장 큰 공을 세웠지만, 유신儒臣 중심의 집권체제를 강화하려는 정도전의 견제를 받아 개국공신으로 인정받지 못했고, 세자 책봉에서도 탈락되었다. 그런데 사병마저 혁파될 위기에 처하자, 방원이 사병을 동원해 정도전·남은 등을 습격해 죽이고, 세자 방석을 폐위해 귀양 보내는 도중에 죽였으며, 방석의 동복 형인 방번도 함께 죽였다. 이것이 1차 왕자의 난인데, 이때 실권을 잡은 조준·하륜 등이 방원을 세자로 책봉하려 했지만, 방원 자신이 사양해 동복 형 방과芳果가 책봉되었다. 그가 바로 조선 2대 임금 정종이다.

서, 망아지는 (태조가 있는) 궁문에서 바라보이는 곳에 매어 두고 어미 말만 타고 갔다. 궁문 밖에 이르러 말을 매어 놓은 뒤 들어가 (태조를) 뵈었다.

궁문은 그리 깊숙하지 않아, (둘이) 말하는 동안 망아지가 어미 말을 바라보며 울부짖는 소리가 들렸고, 어미 말도 날뛰면서 길게 울부짖어 그 소리가 매우 시끄러웠다. 태조가 괴이하게 여겨 (그 까닭을) 묻자, 박순이 곧 아뢰었다.

"신이 (새끼 딸린) 어미 말을 타고 오다가 망아지를 마을에 매어 놓았더니, 망아지는 어미 말을 생각해서 울고, 어미 말은 새끼를 그리워하며 저러는 것입니다. 지각없는 동물도 이와 같은데, 지극히 인자하신 전하께서 어찌 주상의 심정을 생각지 않으십니까?"

태조가 마음이 움직여, 한참 있다가 (돌아가라고) 허락했다. 그러고는 말했다.

"그대는 닭이 울기 전에 이곳을 떠나, 내일 오전 중으로 빨리 영흥永興 용흥강龍興江을 지나도록 하라. 그러지 않으면 죽음을 면치 못하리라."

박순은 그 말대로 그날 밤에 말을 달려 떠났다. 태조가 전날에도 여러 번 사자를 베어 죽였으므로, (함흥에서 태조를) 모신 여러 관원과 (공정대왕을 모시고) 조정에 있는 신하들은 서로 격렬한 상태였다. 이튿날 아침에 (태조를) 모신 관원들이 박순을 베어 죽이자고 청했는데, 태조가 허락하지 않았다. 그래도 여러 차례 고집하자, 태조는 박순이 이미 영흥을 지나갔을 것이라고 짐작하고는, (그를 죽이라고) 허락하면서 이렇게 말했다.

"만약에 이미 용흥강을 지났으면 죽이지 말고 돌아오라."

사자가 말을 빨리 달려 강가에 이르자, 박순이 마침 배에 오르고 있었다. 사자는 박순을 끌어내 뱃전에서 죽였다. 박순이 형을 받으면서 사자에게 말했다.

"신은 비록 죽지만, 성상께서는 식언하지 마시기를 바랍니다."

태조가 그의 뜻을 불쌍히 여겨, 곧 서울로 돌아가자고 명령했다. 공정대왕은 그를 의롭게 여겨, 그의 충성을 표창°하고 그의 자손에게 특별히 벼슬을 내렸다.

무학

1327~1405. 고려 말기에서 조선 초기의 중으로, 속성은 박차이고 이름은 자초自超다. 이성계의 스승으로서 새 왕조인 조선의 수도를 정하기 위해 계룡산과 한양을 오가며 땅의 길흉을 살폈다. 그가 지금의 왕십리 부근에서 지형을 살필 때 소를 타고 지나가던 한 노인이 채찍으로 소를 때리면서 "이 소가 꼭 무학처럼 미련하구나. 바른 곳을 두고 엉뚱한 곳을 보다니……" 하는 말을 듣고 노인에게 예를 갖추어 도읍지의 자리를 물었더니 서북쪽으로 10리를 더 가라고 했다는 전설이 있다. 노인이 가리킨 자리에 오늘날 경복궁이 있다.

안변부

영흥 남쪽 100여 리 되는 곳이 안변부安邊府로 철령 북쪽에 있다. 고을 관아 서북쪽에는 석왕사釋王寺가 있다. 태조가 등극하기 전에 꿈을 꾸었다. 서까래 세 개를 등에 짊어지고 있는데 꽃이 날리고 거울이 깨지는 꿈이었다. 무학無學 스님에게 물으니, 이렇게 대답했다.

"등에 서까래 세 개를 짊어진 것은 왕王 자입니다. 꽃이 떨어졌으니 마침내 열매를 맺을 것이고, 거울이 깨졌으니 어찌 소리가 없겠습니까?"

태조가 크게 기뻐했다. (임금이 된) 뒤에 절을 세우고, '석왕사'라고 했다. 이틀간 수륙도량水陸道場●을 크게 베풀자, 500나한●이 공중에 형태를 나타내는 감응이 있었다.

안변 서북쪽 덕원德源 경계 바닷가에 있는 원산촌元山村에는 어민들이 모여 살며 고기 잡고 해초 캐는 것을 업으로 한다. 동북쪽 바닷길로 6진과 통하므로, 6진 및 바닷가 여러 고을의 장삿배들이 모두 여기에 머문다. 여러 가지 생선과 소금 · 해초 · 포목 · 다리● · 담비 · 인삼 · 널 재목 등이 모두 여기에 나와 팔린다. 그러므로 강원 · 황해 · 평안 · 서울에서 여러 장사치들이 모여들며 물자가 쌓여 큰 도회지가 되었다. 백성 가운데 상업으로 부유해진 자들이 많다.

나라에서 이곳에 창고를 설치하고 경상도 곡식을 바닷길로 운반해 쌓아 두었다가, 북도에 흉년이 들면 알맞은 시기에 배편으로 여러 고을에 보내 백성을 도와주는 밑천으로 삼았다.

안변 동남쪽에 황룡산이 있는데, 산 위에 용추龍湫●가 있어서 경치가 아주 훌륭하다. 이곳이 함경도와 강원도의 경계가 되는 곳이며, 산 남쪽은 흡곡현歙谷縣이다.

서북인 금고

태조가 무인으로 (활동하다가) 왕씨로부터 왕위를 물려받았으므로, 그를 도운 공신들 가운데 서북 출신의 맹장이 많았다. (그 뒤 이런 일이 또 일어날 것을 경계해) 나라를 세운 뒤에는 '서북 사람을 높이 쓰지 말라'는 명령을 남겼다. 그러므로 평

표창 원문에 쓰인 '정旌'은 충효나 절의가 있는 사람이 사는 마을에 정문旌門을 세우고, 현판을 하사해 표창하는 것이다.

수륙도량 절에서 물과 땅의 잡귀들을 공양하려고 베푸는 법회다.

나한 아라한의 준말로, 부처를 따라 불법을 배우던 제자들이다.

다리 여인들이 쓰던 가발이다.

용추 폭포 밑에 있는 웅덩이를 가리킨다.

안·함경 두 도에는 300년 동안 높은 벼슬을 한 사람이 없다.

혹 과거에 오른 자가 있다 해도 벼슬이 (종5품) 현령縣令 정도였고, 대간臺諫*이나 시종侍從에 오른 자가 있지만 역시 드물었다. 오직 정평 사람 김니金柅와 안변 사람 이지온李之韞이 아경亞卿*까지 이르렀고, 철산 사람 정봉수鄭鳳壽와 경성 사람 전백록田百祿은 무장武將으로서 겨우 (종2품) 병사兵使까지 이르렀다.

또 나라 습속이 문벌을 중히 여겨서 서울 사대부는 서북 사람과 혼인하거나 벗으로 사귀지 않았다. 서북 사람도 감히 스스로 사대부와 동등하다고 여기지 않았다. 그래서 서북 양 도에는 드디어 사대부가 없게 되었고, 사대부들도 그곳에 가서 살지 않았다. 오직 함종 어씨魚氏와 청해 이씨, 본관이 풍양인 안변 조씨만이 조선 초기에 높은 벼슬을 했으며, 서울로 옮겨 와 살면서 대대로 과거에 급제했다. 그 밖에는 (이름난) 사람이 없다. 따라서 서북의 함경도·평안도는 (사대부가) 살 만한 곳이 못 된다.

대간 대는 관리들의 감찰을 맡은 사헌부이고, 간은 임금에게 바른말을 하는 사간원이다. 시종과 아울러 임금의 측근이다.

아경 판서(정2품)를 경卿이라 하며, 그 다음가는 벼슬인 6조의 참판(종2품)과 한성부의 좌·우윤(종2품)을 아경이라고 한다.

황해도

황해도는 경기도와 평안도 사이에 있다. 대개 백두산에서 남쪽으로 뻗은 줄기가 함흥부 서북쪽에서 불쑥 떨어져 검문령劒門嶺이 되고, 남쪽으로 내려와서 노인치老人峙가 되었다. 여기에서 두 줄기로 나뉘어 하나는 남쪽으로 삼방치三方峙를 지나 조금 끊어진 듯하다가 다시 솟아나 철령이 되고, 한 줄기는 서남쪽으로 내려와서 곡산谷山을 지나 학령鶴嶺이 되었다.

학령에서 또 세 줄기로 나뉘어 한 줄기는 토산兎山·금천金川을 지나 오관산五冠山과 송악산松岳山이 되었으니, 바로 고려의 도읍지다. (다른) 한 줄기는 신계新溪를 지나 평산平山의 면악산綿岳山*이 되었으니, 이 산이 바로 황해도의 조종祖宗*이 되는 산이다. (이 산맥이 다시) 서쪽으로 가서 해주의 창금산昌金山*과 수양산首陽山이 되고, 들판으로 내려가서 평평한 둔덕

면악산 흔히 멸악산滅惡山이라고 하는데, 황해도의 산줄기가 대개 여기서 갈라졌다. 이 산의 이름을 따서 이 일대의 산줄기를 멸악산맥이라고 했다.

조종 여러 산의 줄기가 갈라진 큰 산이다.

창금산 《대동여지도》에는 창금산唱金山으로 되어 있다.

이 되었다가 다시 서북쪽으로 돌면서 신천信川의 추산錐山이 되었다. (이 산맥이) 다시 북쪽으로 돌아 문화文化의 구월산九月山에서 그쳤으니, 이곳이 바로 단군의 도읍지다.

(다른) 한 줄기는 곡산·수안을 지나면서 태산준령이 끊어지지 않고 뻗치다가 자비령慈悲嶺과 절령岊嶺*이 된 뒤, 서쪽으로 와서 황주黃州 극성棘城*에서 그쳤다.

황주목

황주는 절령 북쪽에 있는데, 평안도 중화부와 경계가 닿아 있다. 주에 병마절도사兵馬節度使*의 병영을 설치해 서쪽에서 오는 길을 지키게 했다. 황주에서 남쪽으로 절령을 넘어가면 봉산·서흥·평산·금천 네 고을을 거쳐 개성에 이르는데, 이것이 남북으로 통하는 직로直路다.

직로 동쪽에 있는 수안·곡산·신계·토산 같은 고을들은 모두 첩첩산중에 있어 지세가 험하고 백성이 어리석으며 골짜기가 깊숙해 도둑*들이 많이 나타났다 사라진다. 예부터 문학하는 선비와 높은 벼슬을 한 자가 적다. 직로 옆의 여러 고을도 마찬가지다. 평산과 금천에만 다른 지방에서 흘러들어와 사는 사족士族이 조금 있는 편이다.

금천은 강음江陰과 우봉牛峰, 두 현을 합쳐서 된 군郡이다. 예부터 장기瘴氣*가 있었는데, 요즘은 더 심해져 살기에 적당치 않다. 평산에도 장기가 있지만, 서쪽에 면악산이 있고 면악산 동쪽에 화천동花川洞이 있어 (살 만하다.) 골짜기 안에 높게

절령 황주와 봉산·서흥 사이에 있는 자비산은 높이가 691m인데, 이 산 아래쪽으로 넘어가는 고개가 자비령이다. 고려의 역신 최탄崔坦이 난을 일으켜 서경을 비롯한 북계北界의 54성과 자비령 이북의 6성을 합해 모두 60여 성을 가지고 몽고에 귀순한 뒤에 이곳을 동녕부東寧府라고 칭함으로써, 원종 11년(1270)부터 충렬왕 16년(1290)까지 원나라와의 경계가 되었다. 남북을 잇는 교통로인 자비령에 절령역岊嶺驛이 있었으므로 절령이라고도 불렸다.

극성 주남면에 있는 요충지로서 신라 시대부터 성이 있었다. 외곽에 가시나무를 둘러 심어 외적을 막는 성을 쌓았기 때문에 극성이라고 했다.

병마절도사 도道의 국방 책임을 맡던 종2품 무관인데, 흔히 병사兵使라고 불렸다. 《경국대전》에 따르면 각 도 관찰사가 병사를 겸임했으므로 겸병사가 8명 있었고, 충청도·전라도·평안도·경상좌도·경상우도·함경남도·함경북도에 전임 병사가 따로 있어 총 15명이었다. 임진왜란 중에 황해도에도 전임 병사를 두어, 조선 후기에는 병사가 모두 16명이었다.

쌓은 큰 무덤이 있는데, 청나라 사람의 조상 무덤이라는 말이 전해 온다. 그 아래에는 들판이 제법 넓게 펼쳐지고 땅도 기름져, 부유한 마을이 많고 높은 벼슬을 한 사람도 나왔다.

예전에는 북쪽으로 통하는 큰길이 자비령을 지나갔지만, 고려 말부터 자비령 길*을 없애고 나무를 많이 길러 막아 버렸다. 그러고는 절령에 길을 열어서 남북으로 통하는 큰 관문을 만들었다. 그러나 절령의 줄기는 이곳에서 10리도 못 되어 끊어지고 평평한 둔덕이 된다. 둔덕이 끝나 평야가 되는 곳이 바로 극성 들판이다.

고려 때 몽고 군사가 절령을 피해 극성으로 들어왔고, 인조 때도 청나라 군사가 우리를 습격해 남침하며 극성으로 들어왔다. 극성의 들판은 동서의 너비가 10여 리인데, 서쪽은 남오리강南五里江 하류가 끝이다. (강은) 조수가 통해 얼지 않는다. 만약 자비령에서부터 긴 성을 쌓아 극성강 언덕까지 가로 뻗치게 한다면 남북을 가로막을 수 있을 것이며 천연 참호가 될 것이다.

절령이 구월산과 동서로 마주해 커다란 수구水口를 만들었으며, 남오리강이 들 한복판을 가로질러 남에서 북으로 패강浿江에 흘러든다.

강 동쪽은 황주·봉산·서흥·평산이고, 강 서쪽은 안악·문화·신천·재령이다. 이 여덟 고을은 풍속이 대략 같으며, 모두 면악산과 수양산 북쪽에 있다. 땅이 아주 기름져서 오곡과 면화 가꾸기에 알맞으며, 납과 쇠를 산출하는 산이 바둑돌처럼 널려 있다.

강 동쪽과 서쪽 언덕은 모두 물을 끼고서 긴 둑을 쌓았는

도둑 《좌전左傳》 소왕昭王 20년 조에 '정나라에 도둑이 많아 환부 못에서 사람의 재물을 빼앗아 가졌다'는 기록이 있으며, '환부의 도둑을 쳐서 다 죽였다'는 기록도 있다. 원문의 환부雈苻는 갈대가 무성한 못이라서 도둑 떼가 숨어지내기 쉬웠다. 그래서 도둑의 소굴, 또는 도둑이라는 뜻으로 쓰였다.

장기 풍토병의 원인이 되는 나쁜 기운으로, 바닷가나 산천에서 생긴다.

자비령 길 명나라 사신들이 황주 남쪽 10킬로미터 지점에 있는 극성진의 극성로를 통해 오가므로, 이 고개에 있던 길을 없앴다. 그리고 역을 봉산 북쪽 6킬로미터 지점에 있는 동산역과 봉산 동쪽 16킬로미터 지점에 있는 검수역으로 옮겼다.

데, 둑 안쪽은 벼를 심은 논이다. 끝이 안 보이니, 마치 중국의 소주나 호주 지방 같다. 이 들판에서 나는 쌀은 낱알이 길고 성질이 차져서, 다른 지방의 쌀과는 다르다. 내주內廚°에서 임금께 바치는 쌀은 이 지방 쌀뿐이다.

장연부

수양산과 추산에서 구월산까지 이따금 높아졌다 낮아졌다 했지만, 실은 하나의 커다란 등마루 줄기다. 그 등마루 너머에 바다를 마주한 고을들이 있는데, 남쪽이 해주海州다. 해주 오른쪽이 강령康翎과 옹진甕津이고, 서쪽이 장연부長淵府다. 장연부 북쪽이 송화松禾·은율殷栗·풍천豊川인데, 장련長連에서 (줄기가) 그쳐 평안도의 삼화부와 작은 바다를 사이에 두고 있다.

추산에서 뻗은 한 줄기는 장연 남서쪽을 돌아 달리다가 장산곶에서 그쳤는데, 봉우리가 둘러싸여 있고 골짜기가 깊다. 고려 때부터 호남 변산·호서 안면도와 함께 솔밭을 만들어, 궁전을 짓고 배나 수레를 만드는 재목을 마련했다.

장산곶 북쪽에 금사사金沙寺가 있는데, 바닷가가 모두 모래 언덕이다. 모래가 아주 잘고 금빛 같아, 햇빛이 나면 20리 모래밭이 반짝인다. 바람이 불 때마다 (모래가 쌓여) 봉우리가 되는데, 높아지기도 하고 낮아지기도 한다. 아침저녁으로 자리를 옮겨 동쪽에 우뚝했다가 서쪽에 우뚝해지고, 갑자기 좌우로 움직이니 방향이 일정치 않다. 그러나 모래 위에 있는

내주 임금과 왕비의 음식을 마련하는 주방을 가리킨다.

절은 웅장하고도 화려하며 끝내 모래에 묻히지 않으니, 참으로 괴이한 일이다. 어떤 사람은 '해룡의 짓'이라고도 한다.

모래 속에서 해삼海蔘이 나는데 모양이 방풍防風[•] 같다. 해마다 4, 5월이면 중국 (산동성의) 등주登州와 내주萊州에서 배를 타고 오는 자들이 매우 많다. 관가에서 장교와 아전을 보내 쫓으면 바다로 나가 닻을 내리고 있다가, 사람이 없어지기를 기다려 (다시) 언덕에 올라와서 해삼을 잡아 간다.

장산곶 아래 바다에서는 복어鰒魚와 흑충黑蟲[•]이 잡힌다. 흑충은 뼈가 없고 오이같이 생긴 검은 살코기 덩어리뿐인데, 온몸에 살가시가 있다. 중국 사람들은 이것으로 옷감을 검게 물들인다. 복어는 《한서漢書》에 왕망王莽[•]이 먹었다고 기록된 것인데, 등주나 내주에도 있지만 우리나라에서 잡히는 것보다 맛이 없다. 그래서 (중국 사람들이 몰래 와서) 해삼을 잡을 때 함께 잡는다. 이익이 많다 보니 등주와 내주의 배들이 해마다 더 많이 와 바닷가 백성들에게 해를 많이 끼친다.

여덟 고을이 바다를 끼고 있어 백성들에게 이익이 된다고 하지만 땅이 많이 메마르다. 오직 풍천과 은율만 땅이 아주 기름지다. 산에 논 한 마지기를 만들어 볍씨 한 말만 심어도 수백 말을 거두며, 적어도 100말 아래로는 내려가지 않는다. 밭에서 거둬들이는 것도 이와 같으니, 이는 삼남에서도 드문 일이다. 그러나 장연 이북은 남으로 장산곶이 막았고, 오직 북으로 평안도와 통할 뿐이다. 그러므로 곡식과 면화가 아주 흔해서 농사꾼과 지체 낮은 집안들이 모두 부유하다고 으스대며, 스스로 사족이라고 칭한다.

장연 남쪽 큰 바다 가운데 대청도大青島와 소청도小青島가

방풍 많은 꽃이 꽃대의 끝에 방사형으로 나와 우산처럼 보이는 다년생 초본식물인데, 높이는 1미터에 달하고 가지가 많으며 털이 없다. 흰 꽃이 7, 8월에 핀다. 뿌리에 해열·진통 작용이 있으니 말려서 약재로 쓴다. 예전에는 어린 싹을 따서 죽에 섞어 먹기도 했다.

흑충 해삼을 가리킨다.

왕망 중국 한나라 애제哀帝를 쫓아내고 평제平帝를 세웠다가 독살한 뒤에 스스로 신新이라는 나라를 세워 황제가 되었다. 하지만 신은 한나라 왕실이던 유수劉秀에게 멸망되었다. 유수는 후한을 세운 광무제다.

있는데, 둘레가 꽤 넓다. 원나라 문종이 순제順帝*를 대청도로
귀양 보낸 적이 있는데, 순제가 집을 짓고 살면서 순금으로 만
든 부처를 모시고 매일 해가 돋을 때마다 고국에 돌아가게 해
달라고 기도했다. 그러다가 얼마 뒤에 돌아가서 임금의 자리
에 올랐다. 그 뒤 장인 100여 명을 보내 중관中官의 감독 아래
해주 수양산에 큰 절을 짓게 했는데, 이것이 신광사神光寺다.
지음새가 굉장하고 화려해 우리나라에서 으뜸이었는데, 화재
를 당했다. 다시 지었지만, 옛날 규모에는 미치지 못한다.

　지금은 섬에 사람이 없고 나무가 하늘을 가렸다. 순제가
심은 뽕나무·옻나무·쑥·꼭두서니 따위가 덤불 속에서 멋
대로 자라다가 저절로 말라 죽는데, 궁실의 섬돌과 주춧돌 자
취가 아직도 완연히 남아 있다.

해주목

해주는 감사가 다스리는 곳으로 수양산 남쪽에 있다. 바닷물
이 두 산 사이로 들어와 바로 앞산 뒤를 돌면서 괴어 커다란
호수를 이루는데, 이 지방 사람들은 이것을 작은 동정호洞庭湖
라고 한다. 결성潔城이 그 아름다운 경치를 차지해서 제법 구
경할 만하다.

　예전에 율곡栗谷 이이李珥가 이곳에 감사로 왔다가 수양산
밑에 있는 석담石潭에서 경치가 좋은 곳을 얻어, 벼슬에서 물
러난 뒤에 그곳에 집을 짓고 글을 가르쳤다. 그래서 서울과
지방에서 선비들이 많이 따랐다. 율곡이 죽고 나자 그곳에 사

순제 원나라 마지막 임
금이며 명종의 아들이
다. 무종의 아들 문종에
게 공격받아 잠시 행방
을 감추었는데, 그때 대
청도에 왔던 것인지는
분명치 않다. 《동국여지
승람》에는 고려 충숙왕
5년(1318)에 원나라에서
발라태자孛剌太子를 이
곳에 귀양 보냈다가 5년
뒤에 소환하고, 그 이듬
해 다시 귀양 보냈다가
소환했다고 한다. 대청
도 내동에는 아직도 그
들이 머물던 집터가 남
아 있으며, 깨진 기왓장
이 발견되기도 한다.

고산구곡도(일부)
이이는 해주에 은거하면서 빼어난 경치에 자신의 감회를 보태 열 수짜리 시조인 '고산구곡가高山九曲歌'를 지었다. 옆 그림은 고산구곡 중 제곡인 관암冠岩의 모습이다. 관암은 바위가 솟은 모양이 관모冠帽와 닮았다고 해서 붙은 이름이다. 김홍도|개인 소장

당을 지어 제사를 받들고, 문인과 자손들이 대를 이어 그대로 살면서 그의 풍교風教˙를 받들었다. 문장 · 예의와 과거에 합격한 자가 온 도에서 으뜸이었다.

그 뒤 학풍이 차츰 쇠퇴하자 고을 사람들이 학궁學宮˙을 빌려 패를 갈라 서로 원수처럼 공격하니, 세상 사람들이 고약한 고을로 여기게 되었다.

면악산 한 줄기가 동쪽으로 거슬러 올라가 연안延安과 백천白川이 되는데, 해주의 동쪽이고, 후서강後西江˙의 서쪽이며, 보련강寶輦江 하류의 북쪽이다. 큰 산과 넓은 강, 큰 들과 긴 냇물이 모인 데다 조수까지 통해서, 넓게 트이고 명랑한 것이 중국 강회江淮˙의 풍경과 같다. (황해도에서는 이곳이) 가장 살 만한 곳이어서, 역시 한양에서 내려와 사는 사족들이

풍교 교육이나 정치의 힘으로 풍습을 잘 교화하는 일이다.

학궁 성균관을 가리키는 말인데, 지방의 향교도 학궁이라고 했다.

후서강 예성강의 다른 이름이다.

강회 양자강과 회수다. 중국의 양자강과 회수가 모여드는 강소성과 안휘성 일대를 뜻한다.

있다.

다만 땅이 메마르고 가물기 쉬워서 면화를 가꾸기에는 적
당치 않다. 그래서 주민들은 배를 타고 강이나 바다를 건너가
장사하기를 좋아한다. 동쪽으로 (함경·강원) 두 도와 통하고
남쪽으로 호남·호서와 통하므로, 산물을 사고팔아 항상 많은
이익을 얻는다.

지형 · 인물

대체로 이 도는 국도 서북쪽에 위치해 평안도 · 함경도와 이
웃했으므로 활쏘기와 말 타기를 좋아하는데, 문학하는 선비
는 적다.

산과 바다 사이에 끼어 있어 납 · 철 · 면화 · 벼 · 기장 · 생
선 · 소금 등이 많이 나 부유한 자는 많지만, 사대부 집안은
적다. 그러나 평야 지대에 있는 여덟 고을은 땅이 기름지고,
바닷가 열 고을은 경치 좋은 곳이 많으니, 역시 (사대부가) 살
지 못할 곳은 아니다.

지세가 서해로 뻗쳐 들어가서 삼면이 바다와 이웃했고, 동
쪽 한 면만 남북으로 통하는 큰길에 닿아 있다. 북쪽에는 높
은 고개가 있고, 남쪽은 강이 겹으로 막았다. 안팎이 산과 강
이며, 높고 험한 성곽이 많다. 게다가 넓은 들과 기름진 벌판
이 있으니 참으로 천부天府●이며, 전략적으로 쓸 만한 땅이다.
천하에 일이 생기면 반드시 서로 다투게 될 요충지니, 이것이
단점이다.

천부 경치 좋고 물산도
풍요로운 지역이다.

강원도

강원도는 함경도와 경상도 사이에 있다. 서북쪽으로 황해도 곡산현·토산현과 이웃했고, 서남쪽으로는 경기도·충청도와 맞닿았다. 철령에서 남쪽으로 태백산까지는 등마루 산줄기가 뻗쳐서 하늘 끝 구름에 닿은 듯하다.

강릉부

등마루 동쪽에 아홉 고을이 있는데, 북쪽으로 함경도 안변과 경계가 닿은 흡곡·통천·고성·간성·양양, 옛날 맥국貊國의 도읍이던 강릉, 삼척·울진, 남쪽으로 경상도 영해부와 경계가 닿아 있는 평해다.

총석정
관동팔경 가운데 총석정과 삼일포는 북한에 있어서 자유롭게 보기는 어렵다. 단원 김홍도와 겸재 정선은 시원하게 뻗은 절벽 위에 자리한 총석정을 그림에 담았고, 송강 정철은 강원도 관찰사로 부임한 뒤에 선정을 베풀겠다는 의지를 '관동별곡'이라는 가사로 읊었다.
김홍도|개인 소장

이 아홉 고을이 모두 동해 가에 있어 남북으로는 거리가 거의 1000리나 되지만, 동서는 함경도와 같이 100리도 못 된다. 서북쪽은 등마루에 막혔고, 동남쪽은 멀리 바다와 통한다. 커다란 산 밑에 있어서 지세가 비록 좁지만, 산이 나지막하고 들이 평평해 밝고도 빼어나다.

동해는 조수가 없으므로 물이 탁하지 않아서 벽해碧海라고 부른다. 항구나 섬처럼 앞을 가리는 것이 없어, 커다란 못이나 평평한 방죽에 임한 것처럼 넓고 아득하며 굉장하다. 또 이 지방에는 이름난 호수와 기이한 바위가 많다. 높이 오르면 넓은 바다가 아득하고, 골짜기에 들어가면 물과 돌이 아늑해, 경치가 나라 안에서 참으로 으뜸이다.

누각과 정자도 훌륭한 것이 많다. 흡곡의 시중대侍中臺 · 통천의 총석정叢石亭 · 고성의 삼일포三日浦 · 간성의 청간정淸澗

亭 · 양양의 청초호靑草湖 · 강릉의 경포대鏡浦臺 · 삼척의 죽서루竹西樓 · 울진의 망양정望洋亭을 나라 사람들이 관동팔경關東八景이라고 한다.

아홉 고을의 서쪽에는 금강산金剛山 · 설악산雪岳山 · 오대산五臺山 · 두타산頭陀山* · 태백산太白山 등이 있는데, 산과 바다 사이에 기이하고 훌륭한 경치가 많다. 골짜기가 그윽하고 깊숙하며, 물과 돌이 맑고 조촐하다. 간혹 신선의 기이한 자취가 전해 오기도 한다.

이 지방 사람들은 노는 것을 좋아해서, 노인들이 기생 · 악공과 함께 술과 고기를 싣고 호수와 산으로 가 질탕하게 놀기를 즐기며, 이것을 큰일로 여긴다. 그들의 자제들도 이에 물들어 문학에 힘쓰는 자가 적다. 또한 지역이 두 서울에서 멀어, 예부터 훌륭하게 된 사람이 적다. 오직 강릉에서만 과거에 급제한 사람이 제법 나왔다.

땅이 매우 메마른 자갈밭이어서, 논에 볍씨 한 말을 뿌리면 겨우 열댓 말을 거둔다. 고성과 통천만 논이 아주 많고 땅도 메마르지 않다고 한다. 그 다음은 삼척인데, 논에 볍씨 한 말을 뿌리면 마흔 말을 거둔다. 그러나 이 세 고을에서는 인물이 나오지 않았다.

대체로 이 아홉 고을은 모두 바닷가에 있으므로, 주민들은 고기 잡고 미역 따며 소금 굽는 것을 생업으로 한다. 그래서 땅은 비록 메말라도 부유한 자가 많다. 다만 서쪽에 있는 영嶺이 너무 높아서 (서울에서는) 이역異域과도 같으니, 한때 노닐기에는 좋지만 오래 머물러 살 곳은 아니다.

두타산 동해시 삼화동과 삼척시 하장면 · 미로면 사이에 있는 산인데, 동서 간 분수령이다. 이 산을 중심으로 세 하천이 흘러간다. 예부터 삼척 지방의 영산으로 숭상되었으며, 신라 파사왕 23년(102)에 처음 쌓았다는 두타산성이 있다.

영월부

강릉 서쪽이 대관령이고, 영 북쪽은 오대산인데, 우통수于筒水가 여기서 나와 한강의 근원이 된다. 대관령 줄기는 남쪽으로 쌍계雙溪 · 백봉白鳳, 두 고개를 지나 두타산이 되었다. 산 위에는 옛날 사람이 쌓은 석성이 있고, 산 밑에 중봉사重峯寺가 있다.

절 북쪽이 바로 강릉 임계역臨溪驛●인데, 고려 때 이승휴李承休●가 여기에 숨어 살았다. 근래에는 찰방 이자李簪●가 벼슬하지 않고 이 산속에 집을 지어 살았다.

산속에는 평평한 들이 조금 열려 논도 있고, 시냇가 바위도 아주 훌륭하다. 농사짓기와 고기잡이에 모두 알맞으니, 이

장릉
영월읍 영흥리에 있다. 단종이 시를 읊었다는 자규루子規樓, 단종이 홍수를 피해 한때 머무르던 관풍헌觀風軒, 단종이 죽은 뒤에 궁녀와 궁노들이 몸을 던져 죽은 낙화암 등이 모두 영흥리에 있다. 영월군에는 단종의 신을 모신 서낭당이 여러 군데 있으며, 단종이 유배 생활을 한 청령포는 남면 광천리에 있다.

임계역 1906년부터 정선군에 속해, 현재 정선군 임계면이다.

이승휴 1224~1300. 자는 휴휴休休, 호는 동안거사動安居士. 가리加利 이씨의 시조다. 1252년 문과에 급제했지만 이듬해 홀어머니가 있는 삼척으로 갔다가 길이 막혀, 두타산에서 농사를 지으며 살았다. 벼슬길에 올라서는 바른말을 하다가 자주 파직되거나 좌천되었다. 충렬왕 6년(1280)에 왕의 실정과 측근들의 전횡을 들어 간언하다가 파직되어, 다시 두타산으로 돌아가 은거하며 중국과 우리나라의 역사를 7언시와 5언시로 엮은 《제왕운기帝王韻紀》를 지었다. 1298년에 충선왕이 즉위해 개혁 정치를 추진하자, 특별히 기용돼 70세까지 벼슬을 했다.

이자 숙종 때 지금의 임계면 봉산리에 살았다. 그가 남한강 상류인 골지천 시냇가 넓은 바위 위에 10평 정도의 구미정九美亭을 지었는데, 정자 주위에 아홉 가지 아름다운 경치가 있어서 이름을 '구미정'이라고 했다.

사육신의 사당

숙종 11년(1685)에 장릉을 개수하면서 감사 홍만종과 군수 조이한이 사육신의 위패를 모신 사당을 세웠는데, 나중에 창절彰節이라고 사액賜額되어 선현을 배향하고 지방 교육을 담당하는 서원이 되었다. 정조 15년(1791)에는 단종의 시신을 거둬 장례 지낸 호장 엄흥도와 금성대군·화의군 등을 추가로 배향했고, 생육신의 위패도 모셨다. 영월읍 영흥리에 있는 창절서원은 강원도 유형문화재 제27호로 지정되어 있다.

동천 산이 둘러 있고 시냇물이 흘러 경치가 좋은 곳을 가리키는데, 바깥세상과 따로 떨어져 있어서 흔히 신선이 사는 곳이라고 한다.

추복 어떤 사람이 살아 있을 때 빼앗았던 직위를 죽은 뒤에 회복시키는 일이다. 단종은 세조 3년(1457) 6월에 노산군魯山君으로 강등되었고, 9월에 금성대군의 복위 계획이 발각되어 서인으로 강등된 바 있다.

곳은 동천洞天●이다.

이 시냇물이 영월 상동上東을 지나 고을 앞에 있는 임계역 서편 기슭으로 들어온다. 남쪽은 정선 여량촌餘糧村인데, 우통수가 북에서 흘러와 이 마을을 둘러서 남으로 흘러간다. 양쪽 언덕이 제법 넓고, 언덕 위에는 큰 소나무가 맑은 물결을 가리고 흰 모래가 반짝이니, 참으로 은자가 살 만한 곳이다. 다만 논밭이 없어 한스럽지만, 마을 백성들은 모두 넉넉하게 자급자족한다.

이 시냇물이 영월읍 동쪽에 이르러 상동천上東川과 만나며, 조금 서쪽으로 흘러가 주천강酒泉江과 합쳐진다. 이 두 강 사이에 단종을 모신 장릉莊陵이 있다. 숙종이 병자년(1696)에 왕위를 추복追復●하고 (장릉이라는) 능호를 다시 봉했다. 이보다 앞서 사육신의 사당을 능 곁에 지었는데, 매우 장한 뜻이었다.

춘천부

대체로 북쪽 회양에서 남쪽 정선까지 모두 험한 산과 깊은 골짜기이며, 모든 물은 서쪽으로 흘러 한강으로 들어간다. 화전火田을 많이 경작하고, 논은 매우 적다. 지대가 높아 바람이 차갑고 땅이 메마르며 백성들은 어리석다. 두메 마을이라 시내와 산이 기이하게 아름다워 한때 난리를 피하기는 좋은 곳이지만, 대대로 살기에는 알맞지 않다.

다만 춘천과 원주는 조금 낫다. 춘천은 인제의 서쪽에 있는데, 한양이 서남으로 수륙 200여 리 떨어져 있다.

(춘천)부 관아 북쪽에 청평산淸平山이 있는데, 이 산에 (청평)사가 있고, 절 곁에 고려 때 처사 이자현李資玄*이 살던 곡란암鵠卵庵 터가 있다. 이자현은 왕비의 친척이었는데도 젊은 나이에 결혼도, 벼슬도 하지 않고 이곳에 숨어 살며 도를 닦았다. 그가 죽자 절의 중이 부도를 세워 유골을 간직했는데, 지금도 산 남쪽 10여 리 되는 곳에 남아 있다.

춘천은 소양강昭陽江 옆에 있는데, 맥국의 천 년 고도다. 그 바깥에 우두牛頭라는 큰 마을이 있는데, 한나라 무제가 팽오彭吳를 시켜 우수주牛首州와 통했다는 곳이 바로 이곳이다.

산속에는 평야가 넓게 펼쳐졌고, 두 강이 그 가운데로 흐른다. 기후가 좋고 강과 산이 맑고 훤하며 땅이 기름져서, 대대로 사는 사대부들이 많다.

이자현 1061~1125. 이자연李子淵의 딸 셋이 1052년 문종에게 시집가서 인예태후·인경현비·인절현비가 되었으며, 인예태후가 순종·선종·숙종을 낳았다. 이자현은 이자연의 손자다. 자는 진정眞靖, 호는 식암息庵·청평거사다. 선종 6년(1089) 과거에 급제해 고려 시대 성률聲律의 교열敎閱을 맡아보던 관청인 태악서大樂署의 종8품 벼슬을 얻었지만, 벼슬을 버리고 청평산으로 들어갔다. 아버지가 세운 보현원을 문수원文殊院이라 고쳐 당堂과 암자를 지은 뒤, 이곳에서 나물밥과 베옷으로 생활하며 선禪을 즐겼다. 시호는 진락眞樂이다. 이 절은 명종 5년(1550)에 보우普雨가 청평사라고 이름을 고쳤는데, 이자현이 꾸민 고려식 정원 터가 아직도 있다.

지평현 지금의 양평군 지제면이다.

적악산 흔히 치악산雉岳山이라고 한다. 조선 시대에는 동악단東岳壇을 하나로 동악단東岳壇을 쌓고 원주·횡성·영월·평창·정선 등 인근 다섯 고을 수령들이 해마다 봄가을에 제사를 올렸다.

＊ 태종이 운곡을 기다리며 할미와 말을 나눈 시냇가 바위가 태종대太宗臺인데, 지금도 치악산 각림사 옆에 있다. 그 밖에도 이 일대에 할미소[老姑沼]·수레너미재·대왕재 등이 있어 태종과 운곡에 대한 이야기들을 전해 준다.

기천 경기도 여주 천령현의 옛 이름이다. 지금의 경상북도 영풍군 풍기읍인 기천현基川縣으로 보기도 한다.

엄릉 중국 후한 때 사람이다. 이름은 광光, 자는 자릉子陵인데, 그의 자 가운데 한 자만 따서 엄릉이라고도 했다. 젊었을 때 한나라 광무제光武帝와 함께 공부했지만, 광무제가 즉위하자 이름을 바꾸고 숨어 살았다. 광무제는 그가 어진 사람인 것을 알고 간의대부(임금이 잘못하는 일을 고치도록 바른말을 하는 벼슬)로 삼아 불렀지만, 끝내 나오지 않고 숨어 살다가 죽었다.

원주부

원주는 영월 서쪽에 있는데, 감사가 다스리는 곳이다. 서쪽으로 250리 떨어진 곳에 한양이 있다. 동쪽은 대관령 두메에 가깝고, 서쪽은 지평현砥平縣과 닿아 있다. 산골짜기 사이에 들판이 섞여 펼쳐져 경개가 밝고도 빼어나며, 몹시 험하거나 막히지 않았다. 경기도와 대관령 사이에 끼어서 동해의 생선·소금·인삼이나 관곽棺槨·궁전에 소용되는 재목이 모여드니, 한 도의 도읍이 되었다.

(원주는) 두메와 가까워서 일이 나면 숨어 피하기가 쉽고, 서울과 가까워 세상이 평안하면 벼슬에 나아갈 수도 있으므로, 한양 사대부들이 이곳에 살기를 좋아한다.

(원주) 동쪽에는 적악산赤岳山이 있는데, 고려 말에 운곡耘谷 원천석元天錫이 이 산에 숨어 살면서 학생들을 가르쳤다. 우리 공정대왕(태종)도 총각 때 그에게 가서 배웠는데, 학업을 이루고 돌아와 18세 때 과거에 급제했다.

태조가 위화도에서 군사를 이끌고 돌아온 다음 왕씨로부터 왕위를 물려받을 조짐이 보이자, 운곡이 (신하의 도리를 지켜 그렇게 하지 말라고) 글을 지어 간했다. 얼마 뒤 공정대왕도 등극해 적악산으로 행차했다가 운곡을 찾아왔다.

운곡은 (미리) 피해 보이지 않았고, 옛날에 밥을 짓던 늙은 할미만 있었다. 임금이 선생이 간 곳을 묻자＊, 할미가 "태백산에 친구를 찾아갔습니다."라고 대답했다. 임금이 할미에게 많은 상을 주고, 운곡의 아들을 기천 현감에 제수한다는 관고官誥를 두고 떠났다. 사람들이 (운곡에 대해) '엄릉嚴陵보다도 자부심이 높아서, 환영桓榮●같이 천박한 자와는 견줄 수 없다'고 했다.

　북쪽에는 횡성현이 있는데, 두메 속에 고을이 펼쳐져 환하고 넓으며, 물이 푸르고 산이 평평하다. 형용하기 어려울 만큼 맑은 기운이 별다르다. 지경 안에 대대로 살아오는 사대부들이 많다.

　동북쪽으로 오대산 서쪽 물을 받아들이는데, (이 물이) 서남쪽으로 흐르다가 원주에 이르러 섬강蟾江이 되고, 홍원창興元倉●으로 흘러들어 남쪽의 충주강 하류와 만난다. 마을이 두 강 사이에 있는데, 두 강이 청룡·백호●가 되다가 마을 앞에 모여서 깊은 못이 되었다. 오대산 서쪽 적악산 줄기가 여기에서 아주 끊어지고, 강

백사白沙 이항복李恒福
1556~1618. 임진왜란 중에 재상이 되어 난국을 잘 수습했다. 1602년에 오성부원군으로 봉해졌다. 역시 이름난 재상이었던 친구 이덕형과 아울러 '오성과 한음'으로 잘 알려졌다. 광해군 시절인 1617년 폐모론에 반대하다가 북청에 귀양 가서 죽었다. 서울대학교 박물관 소장.

너머 산이 좌우에서 문을 잠근 것처럼 가려 땅이 주는 이로움이 아주 크다. 강원도에서 서울로 통하는 모든 물자가 모여드는 곳인데, 대대로 사는 사대부가 많으며, 배를 가지고 장사해 부자가 된 자도 많다.

　광해군 때 백사白沙 이 정승이 처신하기 어려웠으므로, 정충신鄭忠信●에게 벼슬에서 물러나 노닐 만한 곳을 살펴 달라고 부탁했다. 정충신이 이곳에 이르렀다가 그 경치를 그려 바치자, 백사가 터를 잡고 집을 지으려 했다. 그러나 마침 북청으로 귀양 가게 되어 뜻을 이루지 못했다. 내가 일찍이 이곳을 지나다가 백사의 일을 생각하면서 시를 지었다.

환영 역시 한나라 사람
인데, 젊었을 때 열심히
글을 배웠다. 광무제가
벼슬을 주고 거마車馬를
하사하자, 집안사람에
게 '내가 공부한 덕'이
라고 자랑했다.

홍원창 원주 법천리에
있던 조창漕倉이다. 원
주·평창·영월·정
선·횡성 등 강원도 영
서 지방 남부 다섯 고을
과 강릉·삼척·울진·
평해 등 영동 지방 남부
네 고을의 세곡을 거둬
보관했다가, 일정한 때
가 되면 남한강 수운을
이용해 서울 용산의 강
가로 운송했다.

청룡·백호 풍수지리에
서, 주산主山에서 왼쪽·
오른쪽으로 갈려 나간
산줄기를 가리킨다.

정충신 1576~1636. 자
는 가행可行, 호는 만운
晩雲이다. 미천한 집안에
태어나 정병이 되었지
만, 임진왜란 때 어린 나
이로 공을 세워 권율과
이항복의 눈에 띄었다.
병조판서 이항복이 그에
게 글을 가르치며 아들
같이 사랑했다. 무과에
합격해 이괄의 난 때 공
을 세웠으며, 포도대
장·경상도 병마절도사
를 지냈다. 덕장德將이라
는 칭찬을 들었으며, 민
간에 많은 전설을 남겼
다. 시호는 충무忠武다.

강산을 굽어보고 올려보아도 옛날과 다름없어
영웅의 판단이 아직도 의연하여라.
서풍이 왕손의 그림을 더럽힐까 두려워
온 집안을 위쪽 물가로 옮기려 했네.

그러나 지세가 두 강가에 바싹 붙어 논이 없으니, 농사짓
는 이로움을 겸하지는 못했다. 마을 동남쪽으로 둔덕을 넘으
면 덕은촌德隱村이 되는데, 동쪽으로 (충청도) 충주 청룡촌과
닿아 있다. 산골짜기 사이에 논이 많고 경치가 그윽해, 숨어
살 만하다.

철원부

철령과 금강산 물이 남쪽으로 흘러 춘천의 모진강牟津江이 되
고, 용진龍津에 이르러 한강으로 들어간다. 춘천에서 강을 건
너 서쪽으로 가면 양구楊口·김화金化·금성金城·철원鐵原·
평강平康·안협安峽·이천伊川 등 일곱 고을이 있는데, 모두
경기도 북쪽, 황해도 동쪽이다. 이 중 철원부는 태봉의 왕이
던 궁예가 도읍으로 삼은 곳이다. 궁예는 신라 왕자였는데,
젊었을 때부터 무뢰한이었다. 장성한 뒤에 안성과 죽산 사이
에서 도둑이 되어 고구려와 예맥의 땅을 차지하더니 스스로
왕이 되었다. 그러나 성품이 잔인하고 포학했으므로 부하들
에게 쫓겨나고, 왕건 태조가 드디어 신하들에게 (임금으로) 추
대되었다. 이렇게 해 고려가 궁예를 제거한 것이다.

철원은 비록 강원도에 딸렸지만 들판에 있는 고을이어서, 서쪽은 경기도 장단과 맞닿았다. 땅은 비록 메마르지만 들판이 넓고 산이 낮아, 평탄하고 명랑하다. 두 강 안쪽에 있으면서 두메 가운데 한 도회를 이루었다. 그러나 들 가운데는 물이 깊고 검은 돌이 벌레 먹은 것처럼 있으니* 매우 이상한 일이다.

산천의 변화

한양에서 동쪽으로 용진을 건너 양근·지평을 지나고 갈현을 넘으면 강원도 경계다. 거기서 또 동쪽으로 하룻길을 가면 강릉부 서쪽 경계인 운교역雲橋驛이다.

내 선친*께서 계미년(1704)에 강릉부사가 되어 가셨는데, 그때 내 나이 열넷이었다. 가마를 따라가는데, 운교에서 강릉부 서쪽에 있는 대관령에 이르기까지 평지와 높은 고개가 모두 나무 빽빽한 숲 속에 있었다. 나흘 동안 길을 가면서 하늘의 해를 쳐다보지 못했다.

그런데 몇 십 년 전부터 산과 들이 모두 개간되어서 농사터가 되고, 마을이 서로 잇닿아 산에는 한 치 굵기의 나무까지 없어졌다. 이를 미뤄 보면, 다른 고을도 마찬가지임을 알 수 있다. 태평성대에 백성 수가 차츰 많아짐을 알 수 있기는 하지만, 산천은 많이 지치게 되었다. 예전에는 인삼 나는 곳이 모두 대관령 서쪽 깊은 두메였는데, 산사람들이 (화전을 일구느라) 들판에 불을 질러 인삼이 차츰 적게 난다. 장마 때마다 산이 무너져 (모래가) 한강으로 흘러드니, 한강 물이 차츰 얕아지고 있다.

* 임진강 지류인 한탄강이 철원 동부를 남북으로 흐르는데, 용암 대지 위를 지나면서 전형적인 유년기의 침식곡을 형성했으며, 강가에는 주상절리柱狀節理와 수직단애垂直斷崖가 발달해 절경을 이룬다.

이중환의 아버지 이진휴李震休(1657~1710)다. 자는 백기伯起, 호는 성재省齋·성암省菴이다. 도승지·충청도 관찰사·함경도 관찰사·이조참판 등을 역임했다. 서예에 능해, 그가 쓴 비석이 많이 남아 있다.

경상도

경상도는 지리가 가장 좋다. 강원도 남쪽에 있으며, 서쪽으로 충청도·전라도와 닿아 있다. 북쪽에는 태백산이 있는데, 감여가堪輿家˙는 하늘에 치솟은 수성水星˙ 형국이라고 말한다.

　태백산 왼쪽에서 큰 줄기 하나가 나와 동해에 바싹 붙어 내려오다가 동래 바닷가에서 그쳤다. (또) 오른쪽에서도 큰 줄기 하나가 나와 소백산·작성산鵲城山·주흘산·희양산曦陽山·청화산靑華山·속리산·황악산黃岳山·덕유산·지리산 등이 되었다가 남해 가에서 그쳤다. 이 두 줄기 사이에 기름진 들판이 1000리나 된다.

감여가　음양오행설에 근거한 풍수설로 묘터나 집터의 좋고 나쁨을 가리는 사람이다. 흔히 지관地官이나 지사地師라고 하며, 형가形家나 장사葬師라고도 불린다.

수성　풍수에서 산봉우리 모양이 굽은 것을 가리킨다.

낙동강

황지潢池는 저절로 생긴 못인데, 태백산 상봉 밑에 있다. (황지의 물이) 산을 뚫고 흘러나와, 북에서 남으로 내려와 예안禮安에 이르고, 동쪽으로 굽었다가 다시 서쪽으로 흐르면서 안동 남쪽을 둘러 흐른다. 용궁과 함창咸昌 경계에 이르러 비로소 남쪽으로 굽어 흐르며 낙동강이 된다.

　낙동洛東이란 말은 상주尙州의 동쪽•을 뜻한다. 강은 김해로 들어가면서 온 도의 한가운데를 가로지른다. 강 동쪽을 좌도左道, 서쪽을 우도右道라고 한다. 두 갈래가 김해에서 합쳐지고, 70고을의 물이 한 수구水口로 빠져나가면서 큰 형국을 만들었다.

상주의 동쪽 상주 땅에 법흥왕 11년(524)에 상주上州가 설치되었다가, 진흥왕 18년(557) 상락군上洛郡이 되었다. 상주 동쪽이라는 말은 상락군 동쪽을 뜻하기도 하므로, 낙동강은 상주 동쪽을 지나가는 강이라는 뜻이 된다. 낙동강 줄기는 상주군 낙동면 낙동리에서 처음 넓어진다. 가락의 동쪽을 지나는 강이므로 낙동강이라고 했다는 기록도 있다.

신라

상고 적에는 100리 되는 나라가 이 도 안에 매우 많았지만,

황지
태백시 화전동에 있는 못인데, 둘레가 100·50·30미터인 못 세 개가 이어져 있다. 옛날에 황씨 성을 가진 부자가 살던 집터라고 전해 온다. 지금도 바위 틈으로 물이 흘러나오는데, 낙동강의 발원지라고 한다. 이곳에서 흘러내리는 냇물을 황지천이라고 하는데, 길이는 20.5킬로미터다. 동점동 자개문 옆에 구무소라는 못이 있는데, 황지천이 이곳에서 석회암 동굴을 뚫고 흐른다고 해서 예전에는 천천穿川이라고도 불렸다.

신라가 세워지면서 통일되었다.

신라는 국운을 1000년 동안 누리면서 경주에 도읍했으니, 바로 옛날에 계림군자국鷄林君子國이라 부르던 곳이다. 지금은 동경東京이라고 부르며 부윤府尹을 두어 백성을 다스린다. 고을 관아는 태백산 왼쪽 줄기의 한가운데 있는데, 형가形家●는 회룡고조回龍顧祖●의 지형이라고 한다. 서북쪽을 향해 벌어진 판국인데, 그 터 안의 물이 동쪽으로 흐르면서 큰 강이 되어 바다로 들어간다. 신라 시대의 반월성半月城 · 포석정鮑石亭 · 괘릉掛陵 등 옛 터가 있다.

신라는 영남의 여러 나라를 다 차지하고, 고구려와 백제가 쇠망하기를 엿보다가 삼국을 통일했다. 그러나 말엽에 (진성) 여왕이 즉위하자 명령이 시행되지 않고, 불도佛道를 지나치게 받들어 산골짜기마다 절이 두루 들어섰으며, 많은 백성들이 중이 되었다. 그러자 궁예가 고구려 땅을 차지하고, 견훤도 백제 땅에서 반란을 일으켰다. 그러다가 고려 태조가 나서서 고구려 땅과 백제 땅을 통일하자, 신라도 땅을 바치고 (고려에) 붙어 버렸다.

신라 때 북쪽은 큰 사막과 거란 때문에 길이 막혀 오로지 뱃길로 당나라에 조공했다. 오가는 관원들이 잇따랐고, 성명性命●과 문물이 중국을 본받아 제법 아름다웠다.

인물

고려에서 우리 왕조까지 또 1000년이니, 예부터 지금까지 수

형가 풍수를 보는 사람이다. 흔히 지관地官이라고 한다.

회룡고조 풍수에서 용은 산을 가리킨다. 그 산맥에서 나온 지맥이 휘돌아서 본래의 산맥과 마주한 지세다.

성명 천성天性과 인명人命으로 성리학을 가리키는 말이다.

천 년 동안 이 도에서 장군, 재상, 고관, 문장과 덕행이 있는 선비, 공을 세웠거나 절개를 지킨 사람, 선도仙道·불도佛道·도가道家에 통한 사람들이 많이 나와서 이 도를 인재의 광이라고 한다.

우리 왕조에 와서도 선조宣祖 이전에는 국정을 맡은 자들이 모두 이 도 사람이었고, 문묘文廟에 모신 사현四賢●도 이 도 사람이었다. 그런데 인조가 율곡 이이, 우계 성혼, 백사 이항복의 문생 자제들과 어지러운 정국을 진정시킨* 뒤부터는 서울에 대대로 사는 집안의 사람들만 치우치게 등용했다.**

최근 100년 동안 영남 사람 가운데 (정2품의) 정경正卿이 된 자가 두 사람, (종2품의) 아경亞卿이 너댓 사람이고, 정승이 된 사람은 없었다. 관직이 높대야 3품***에 지나지 않았고, 낮으면 고을 수령 정도였다. 그러나 옛날 선배들이 남긴 풍습과 혜택이 지금까지도 없어지지 않아, 예의와 문학을 숭상하는 풍속이 있으며, 지금도 과거에 많이 합격하기로는 여러 지방 가운데 으뜸이다.

좌도는 땅이 메마르고 백성이 가난하지만, 비록 검소하게 살면서도 문학하는 선비가 많다. 우도는 땅이 기름지고 백성이 부유하지만, 호사하기만 좋아하고 게을러서 문학에 힘쓰지 않으므로, 훌륭하게 된 사람이 적다. 이것은 대체적으로 비교한 것이다. 그러나 간혹 기름진 땅과 메마른 땅이 섞여 있으며, 인재 또한 (좌도와 우도에서) 섞여 나왔다.

사현 문묘는 원래 공자의 위패를 모시고 제사하는 사당이다. 우리나라에서는 신라 성덕왕 13년(714)에 김수충金守忠이 당나라에서 문선왕文宣王(공자)과 10철十哲·72제자의 화상을 가지고 와서 국학國學에 모신 것이 시초다. 우리나라 유현儒賢으로는 신라의 최치원이 고려 현종 11년(1020)에 처음 종사되었고, 설총·안유가 뒤를 이었다. 조선조에 들어서 정몽주 이하 15위가 잇따라 종사되었으므로, 지금 우리나라 명현은 18위가 문묘에 모셔져 있다. 학파와 당파에 따라 누구를 언제 모시느냐는 것에 대해 논쟁이 있었는데, 여기서 말한 사현은 퇴계 이황·회재 이언적·한강 정구·일두 정여창이다.

* 광해군 때는 북인 가운데서도 대북이 정권을 잡고, 서인은 소외되었다. 율곡의 제자가 주로 서인이었으므로, 인조반정 뒤에는 당연히 서인이 정권을 잡았다.

** 이중환 집안의 당파는 남인이었으며, 지금의 충청도 연기군 남면 고정리에 살았던 것 같다. 노론에 밀려 유배 다니다 평생 정권에서 소외된 그의 감정이 이 문장에 드러나 있다.

이황

1501~1570. 안동시 도산면 온혜리에 퇴계 고택이 있다. 온혜리·의촌리·토계리 등은 진보 이씨가 모여 사는 마을이다. 퇴계가 60세 때(1560) 토계리에 도산서당을 짓고 저술하며 제자들을 가르쳤는데, 그가 세상을 떠난 지 4년 뒤인 선조 7년(1574)에 제자들이 서당 뒤편에 도산서원을 세우고 위패를 모셨다. 도산서원은 사적 제170호이며, 도산서원 전교당은 보물 제210호, 상덕사 및 정문은 보물 제211호로 지정되어 있다.

*** 정3품에서 당상관과 당하관이 갈라진다.

이백 태백산과 소백산이다.

유성룡의 고향 안동군 풍천면 하회리에 있는 그의 고향(하회민속마을)은 중요민속자료 제122호로 지정되었으며, 하회마을에 유성룡을 모신 충효당(보물 제414호)과 그의 아우 유운룡의 종택 사랑채 양진당(보물 제306호)이 있다. 풍천면 병산리에는 그와 그의 아들 유진을 모신 병산서원(사적 제260호)이 광해군 2년(1610)에 세워졌다. 유성룡이 임진왜란을 겪은 뒤에 기록한 《징비록》은 국보 제132호다.

항아리 창을 한 집 밑빠진 항아리를 벽에 끼고 흙벽을 쌓은 뒤에, 주둥이에 종이를 발라서 만든 창이다. 가난한 사람의 집을 가리킨다.

안동부

예안·안동·순흥·영천·예천 같은 고을은 이백二白●의 남쪽에 있는데, 이곳은 신이 알려 준 복지福地다. 태백산 밑은 산이 평평하고 들이 넓어 명랑하고 수려하며, 모래가 희고 흙이 단단해서 기색이 완연히 한양과 같다.

예안은 퇴계 이황의 고향이고, 안동은 서애 유성룡의 고향●이다. 고을 사람들이 이들이 살던 곳에다 각각 사당을 짓고 제사한다. 그러므로 서로 가까운 이 다섯 고을에는 사대부가 가장 많은데, 모두 퇴계와 서애의 문인門人 자손이다. 의리를 밝히고 도학을 소중히 여겨, 비록 외딴 마을 쇠잔한 동네라도 문득 글 읽는 소리가 들리며, 해진 옷을 입고 항아리 창을 한 집●에 살아도 모두 도덕과 성명을 이야기한다.

그러나 근래에 이런 풍습이 차츰 스러져서, 비록 솔직하고 언행을 삼가기는 하지만 형식에 얽매이며 도량이 좁고 실질이 적다. 그러면서 말다툼이나 좋아하니, 옛날보다 못하다는 것을 알 수 있다. 우도의 여러 고을은 모두 이보다도 못하다.

영호루 현판
안동시 낙동강 언덕에 있던 영호루는 근래 홍수로 떠내려갔으며, 공민왕이 썼다는 '안동웅부安東雄府'라는 현판은 안동민속박물관에 소장되었다. 영호루는 최근 복원되었다.

안동부 관아는 화산花山 남쪽에 있다. 황지천 물이 동북쪽에서 흘러오고, 청송읍의 냇물은 임하臨河를 거쳐 온다. 이 두 물이 동남쪽에서 합쳐지며 성을 돌아 서남쪽으로 흘러간다.

(관아) 남쪽에는 영호루映湖樓가 있는데, 고려 공민왕이 남쪽으로 피란 왔을 때 이 누각에서 잔치하며 놀았다. 누각에 걸린 현판이 바로 공민왕이 쓴 것이다.

영호루 북쪽에는 신라 때 지은 절이 있는데, 지금은 문을 닫아 중도 없다. 그 정전正殿만 들판 가운데 서 있는데 조금도 기울어지지 않아, 사람들이 노나라 영광전靈光殿˚에 비한다.

서쪽에 있는 서악사西岳寺에 관왕묘關王廟˚ 석상이 있는데, 임진년에 명나라 장수가 왜적을 치러 왔다가 세운 것이다.

동남쪽에 있는 귀래정歸來亭˚은 예전에 유수를 지낸 이굉李浤이 지은 것이다. 동쪽에 있는 임청각臨淸閣은 이씨들이 대대로 사는 집이다. 이 누각들은 영호루와 함께 고을의 명승지다.

안동에서 북쪽으로 200리쯤 되는 곳에 태백산이 있고, 산 밑에 내성柰城 · 춘양春陽 · 소천召川 · 재산才山 마을이 있다. 모두 두메인데, 백성들이 모여 산다. 관동 바닷가의 생선과 소금이 이 마을로 통하므로 병란과 세상을 피해 살 만한 곳이다.

네 마을 동쪽에 영양英陽과 진보眞寶, 두 현이 있는데, 이 고을들도 풍속이 대체로 비슷하다. 진보에서 동쪽으로 읍령泣嶺을 넘으면 바로 영해寧海 땅인데, 북쪽으로 강원도 평해와 닿아 있다.

경주부

안동에서 남쪽으로 황수潢水를 건너면 팔공산八公山이 있다. 팔공산 북쪽 황수 남쪽에 의성義城을 비롯해 여덟 고을이 있고, 그 동남쪽은 경주다. 북쪽 영해에서 남쪽 동래에 이르기까지 아홉 고을이 모두 등마루 너머에 있는데, 남북이 길고 동서는 좁다. 모두 바다와 가까우므로 고기 잡고 소금 굽는 이익이 있다.

아홉 고을 가운데 경주만 큰 도회지다. 아직도 옛 도읍지의 풍습이 남아 있으며, 조선조에 들어와서는 회재晦齋 이언적李彦迪의 고향이다.

대구부

팔공산 남쪽 큰 강 서쪽이 칠곡漆谷이고, 그 동남쪽은 하양河

陽·경산慶山·자인慈仁 고을이다. 온 도에 성을 쌓아 지킬 만한 곳이 없지만, 칠곡만은 관아가 있는 성이 만 길이나 되는 산 위에 있고 남북으로 통하는 큰길을 가로지르니, 큰 방어 요새지다.

대구는 감사가 다스리는 곳이다. 산이 사방을 높게 막고 그 가운데 큰 들판을 감췄는데, 들판 가운데 금호강琴湖江이 동쪽에서 서쪽으로 흘러 들어오다가 낙동강 하류와 만난다. 고을 관아는 낙동강 남쪽에 있다. 도의 복판에 있고 남북으로 거리가 매우 고르니, 역시 지형이 뛰어난 도회지다.

밀양부

대구 동남쪽에서 동래 사이에 여덟 고을이 있는데, 비록 땅은 기름져도 왜국과 가까우니 살 만한 곳이 못 된다. 밀양은 점필재佔畢齋 김종직金宗直의 고향이고, 현풍玄風은 한훤당寒暄堂 김굉필金宏弼의 고향이다. 강을 낀 데다 바다와도 가까워서 생선·소금 또는 배로 통상하는 이익이 있으니, 번화한 명승지다. 한양의 역관들이 이곳에 머물며 많은 재물로 왜인과 장사해 큰 이익을 얻는다.

동래부와 대마도

밀양 동남쪽이 동래東萊인데 (우리나라의) 동남쪽 바닷가니,

왜관 조선 시대에 왜인들을 회유하기 위해 그들을 머물게 하고 접대하며 무역하던 곳이다. 태종 7년(1407)에 동래의 부산포와 웅천의 내이포를 왜인들에게 열었고, 태종 18년(1418)에는 울산의 염포와 고성의 가배량을 열었다. 세종 1년(1419)에 대마도를 정벌하면서 개항장을 폐쇄했다가, 대마도 도주의 간청으로 부산포·내이포·염포를 다시 열었다. 이를 삼포三浦라고 하는데, 중종 5년(1510) 삼포왜란으로 폐쇄했다가 제포와 부산포를 다시 열었으며, 임진왜란 뒤에는 부산만 열었다. 부산항의 두모포에 있던 왜관은 숙종 4년(1678)에 초량으로 옮겼다.

* 세종 1년(1419) 5월 5일에 명나라로 가던 왜선 39척이 충청도 비인현 도두음곶에 침입했다. 왜구들은 병선 7척을 불태우고 비인현을 습격·약탈했는데, 이 싸움에서 도두음곶 만호萬戶(종4품 무관 벼슬.) 김성길이 아들과 함께 전사했다. 같은 달 12일에도 왜선 7척이 해주에 침입해 약탈했다. 결국 태종(태종은 생전에 임금의 자리에서 물러나 상왕으로 있었다.)이 14일에 대신 회의를 열어 대마도를 정벌하기로 하고, 이종무를 삼군도체찰사로 임

74

왜국에서 우리나라 땅에 올라오는 첫 경계다. 임진년(1592) 전부터 고을 남쪽 바닷가에 왜관*을 설치하고 둘레 수십 리에 나무 울타리를 쳐서 경계를 정했으며, 군졸을 두어 지키게 하면서 우리나라 사람들이 드나들며 교역하는 것을 막았다.

해마다 대마도 사람이 도주島主의 문서를 받아 왜인 수백 명을 이끌고 와서 왜관에 머문다. 우리 조정에서는 경상도에서 바치는 조세 가운데 일부를 떼어, 왜관에 머무는 왜인에게 주었다. 그러면 그들이 절반을 도주에게 바치고, 나머지 절반은 경비로 썼다.

그들이 하는 일은 없고, 서신의 교환과 물자의 교역을 관장할 뿐이다. 교역한 물건의 값을 곧바로 주지 못하고 나누었다가 다음 해에 갚겠다고 약속하기도 하는데, 이런 경우를 '잡혔다'고 한다.

왜국은 온 나라에 장독瘴毒이 있는 샘이 많아 풍토병이 있는데, 인삼을 대접에 넣으면 탁한 장기가 녹아 없어진다. 그러므로 인삼을 가장 귀하게 여긴다. 먼 데 있는 왜인은 모두 대마도에 와서 구해 가는데, 우리 조정에서는 해마다 일정한 수량을 하사하고, 사사롭게 사고파는 것은 엄금한다. 그러나 워낙 이익이 많으므로, (밀매하는 자를) 비록 죽인다 해도 (완전히) 금할 수는 없다. 근래 들어 금령이 차츰 느슨해져서 법을 어기는 자가 많아졌고, 우리나라의 인삼값도 나날이 오르게 되었다.

예전에 장헌대왕(세종)이 장수를 보내 대마도를 토벌* 했지만, 관원을 두어 다스리지는 않고 다시 도주에게 돌려주었다. 그때는 (우리나라에서) 왜인을 관에 머무르게 하지 않았을 테

명해 중군中軍을 거느리게 했다. 이종무는 9절제사와 군사 1만 7285명, 병선 227척을 거느리고 6월 19일에 주원방포(거제도 남쪽에 있는 포구.)를 떠나 20일에 대마도에 도착했다. 첫 싸움에 적병 114명을 참수하고 21명을 포로로 잡았으며, 집 1939호를 불태웠다. 또 129척의 배를 노획해 쓸 만한 배 20척만 남기고 나머지는 태워 버렸으며, 중국인 포로 131명을 찾아냈다. 29일에는 두지포에 가서 68호와 선박 1척을 불태우고, 적병 9명을 참수했다. 아울러 조선 사람 8명과 중국인 15명을 찾아냈다. 이로 군니노군軍尼老郡(대마도에 있던 8군 가운데 하나.)에서 좌도절제사 박실이 복병을 만나 전사한 뒤에 대마도주 무네가 군사를 퇴각시켜 달라고 애원하므로, 7월 3일에 거제도로 철군했다. 대마도주가 1420년 정월에 항복하겠다는 뜻을 전해 왔다가, 1421년 4월에 다시 전처럼 통상하게 해 달라고 애원했으므로 관계를 재개했다. 그 뒤 왜구들은 거의 평화적인 내왕자로 변했다.

니 이런 일이 언제 시작되었는지 알 수 없는데, 사실은 의미 없는 일이다.

이 섬은 원래 왜국에 딸린 것이 아닌데, 두 나라 사이에 있으면서 왜국을 빙자해 우리에게 요구하고, 우리나라를 빙자해 왜국에게 중하게 보였으니, 박쥐 노릇을 하며 이로움을 취하는 것이다. 그러니 이들을 토벌해 우리에게 복속시키는 것이 상책이다. 그러지 않으면 도주를 해마다 한 번씩 우리 조정에 조회朝會하게 해 신하로 복종케 하고, 상을 주는 예로써 전에 주던 액수와 같이 후하게 줄 수는 있다. 그러나 관을 지어 머물게 하며 조세를 주는 것은 마치 (우리가 그들에게) 조공하는 것 같아 명분이 바르지 않으니, 빨리 폐지하는 것이 옳다.

대마도는 땅이 매우 메마른데 인구가 많아서, 고려 말기에 바다에서 도둑질 하던 자들은 모두 이 섬 사람이었다. 어떤 사람은 그들을 달래서 도둑질을 그만두게 하려고 하지만, 이것은 임시방편일 뿐이고 구차한 노릇이다. 전에도 이러한 예는 없었다. 하물며 그들이 이미 우리 국경 안에 있고, 우리나라 복장으로 바꿔 입은 데다 말까지 배워 나랏일을 염탐할 염려마저 있으니, 더 말해 무엇하랴.

임진년에는 아무 까닭 없이 모두 철수해 돌아갔으니, 두 나라가 전쟁하는 동안 (그들에게서) 털끝만 한 힘도 빌리지 못하고, 도리어 해만 입었음을 알 수 있다. 그러나 이렇게 시행한 지 오래되었으니, 갑자기 틀어 버리는 것도 좋지는 않다. 먼저 군사력으로 위엄을 보인 뒤 약속을 다시 정하는 것이 마땅하다.

상주목

우도에는 새재[鳥嶺] 밑에 문경聞慶이 있다. 그 북쪽에는 우뚝 솟은 주흘산이 있고, 남쪽에는 견고한 대탄大灘이 있다. 서쪽에는 희양산과 청화산이 있고, 동쪽에는 천주산天柱山과 대원산大院山이 있다. 그 가운데 들판이 제법 넓게 퍼졌으니, (문경은) 영남 경계의 첫째 고을이며, 남북으로 통하는 큰길에 닿아 있다.

임진년에 왜적이 북쪽으로 쳐 올라오다가 대탄에 이르러 크게 두려워했다. 지키는 사람이 없는 것을 엿본 뒤에야 비로소 지나갔는데, 새재에 이르러서도 그러했다. 그러나 아주 험한 산속에 있어서, (풍수를 보는) 감여가는 '살기殺氣를 조금은 벗었다'고 말한다.

그 남쪽은 함창 들판이고, 함창 남쪽은 상주다. 상주의 다른 이름은 낙양洛陽인데, 새재 밑에서 가장 큰 도회지다. 산이 웅장하고 들이 넓은데, 북쪽으로는 새재와 가까워서 충청도·경기도와 통하고, 동쪽으로는 낙동강과 닿아서 김해·동

조령관

한강과 낙동강 유역을 잇는 영남대로에 있는 고개 가운데 가장 험하다는 조령(새재의 이름에 대해 민간에서는 하늘을 나는 새도 넘기 힘든 고개라는 뜻에서 붙었다고 한다. 그런데 실은 죽령과 계림령 '사이에 새로' 낸 길이라서 붙은 이름이다. 경상북도 문경시 문경읍 상초리에 있는 이 고개는 조선 초부터 영남에서 한양을 오가는 중요한 길목이 되었다. 임진왜란 때 한양을 향해 진격하는 왜군을 막아야 했는데, 그 임무를 맡은 신립 장군이 이곳에서 싸움을 벌이자는 의견을 무시하고 충주 탄금대에서 왜군을 맞았다. 결국 수적인 열세를 극복하지 못하고 그 싸움에서 크게 패했는데, 왜군을 조령에서 잘 막았다면 전쟁의 판도가 달라졌을 것이라는 말이 많았다. 이에 숙종 때 이르러 조령에 관문이 세워졌다.

래와 통한다. 말로 운반하고 배로 실어서 남쪽과 북쪽에서 물
길과 육로로 모여드는 것은 무역하기에 편리하기 때문이다.

이 지방에는 부유한 자가 많고, 이름난 선비와 높은 관리
도 많다. 우복愚伏 정경세鄭經世•와 창석蒼石 이준李埈•이 모두
이 고을 사람이다.

상주 서쪽은 화령火嶺•이고, 화령 서쪽은 충청도 보은 땅이
다. 화령은 소재蘇齋 노수신盧守愼의 고향•이다. (상주) 동쪽은
인동仁同인데, 여헌旅軒 장현광張顯光•의 고향이다. (상주) 남
쪽은 선산善山인데, 산천이 상주보다 청명하고 빼어나다. 전
하는 말에 '조선 인재의 반은 영남에 있고, 영남 인재의 반은
일선一善•에 있다'고 했다. 그래서 예부터 문학하는 선비가
많다. 임진년에 명나라 군사가 이곳을 지나갔는데, 술사術士
가 외국에 인재 많은 것을 꺼려서, 병졸들을 시켜 고을 뒤 산
줄기를 끊고 숯불을 피워 뜸질하게 했다. 또 큰 쇠못을 박아
땅의 정기를 눌렀는데, 그 뒤로는 인재가 쇠해 나지 않았다.

김산金山 서쪽은 바로 추풍령이고, 추풍령 서쪽은 바로 황
간黃澗 땅이다. 황악산과 덕유산의 동쪽 물이 만나 감천甘川이
되어 동쪽으로 낙동강에 흘러든다. 감천을 낀 고을이 지례知
禮·김산·개령開寧•인데, 선산과 함께 감천 물을 받아 쓰는
이로움을 누린다. 논밭이 아주 기름져서 백성들이 편안하게
살며, 죄를 두려워하고 간사함을 멀리한다. 그래서 대대로
사는 사대부 집안이 많다. 김산은 판서 최선문崔善門의 고향•
이고, 선산에는 금오산이 있는데 바로 주서注書 길재吉再의 고
향이다. 최선문은 노산군(단종)에게 절의를 지켰고, 길재는
전 왕조(고려)에 충절을 세웠다.

정경세 1563~1633.
조선 중기의 성리학자
로 유성룡의 문인이다.
상주시 외서면 우산리
에 우복종가愚伏宗家(경
상북도 민속자료 제31호)가
남아 있다. 상주시 도남
동에 있는 도남서원에
서 그의 위패를 모시고
향사를 지낸다.

이준 1560~1635. 유
성룡의 문인이며 임진
왜란 때 의병을 일으켜
공을 세웠다. 상주시 청
리면 가천리에 경상북
도 유형문화재 제217호
인 〈월간창석형제급난
도月澗蒼石兄弟急難圖〉가
남아 있다.

화령 신라 경덕왕 때
화령군化寧郡, 고려 때
화령현이었는데, 조선
시대에는 화령현이 상
주목에 속했다. 1914년
군면을 통폐합할 때 상
주군 안에서 화동·화
서·화남·화북 등 네
면으로 나뉘었다.

노수신의 고향 상주시
화서면 사산리에 노소
재문적盧蘇齋文籍이 경
상북도 유형문화재 제
218호로 보존되어 있
다. 화서면 금산리에 있
는 봉산서원과 상주시
도남동에 있는 도남서
원에서 그의 위패를 모
시고 향사를 지낸다.

성주목

장현광 1554~1637. 인동(구미시 임수동)에 있는 동락서원에서 그의 위패를 모시고 향사를 지낸다. 이 서원의 강당인 중정당은 경상북도 문화재자료 제21호로 지정되어 있으며, 장현광의 유품과 문집 7권이 보존되어 있다.

일선 경상북도 선산의 신라 때 이름이다. 1978년에 구미읍과 인동읍이 통합해 구미시로 승격했으며, 1995년에 선산군까지 통합해 지금의 구미시가 되었다.

지례·김산·개령 이 세 고을은 조선 시대에 군과 현으로 편제되어 있었는데, 1914년 군면 통폐합 때 김천군으로 합해졌다. 현재 김산을 중심으로 지례면과 개령면이 모두 김천시에 속해 있다.

최선문의 고향 인조 26년(1648) 김천시 감천면 금송동 원동마을에 경렴서원을 세워 주자의 위패를 모시면서, 향토 출신인 김종직과 최선문의 위패를 아울러 모셨다. 경렴서원은 정조 17년(1793)에 자산으로 옮겼다가 1868년 서원 철폐령으로 폐지되었는데, 현재 위치는 김천시 성내동 김천극장 뒤다.

감천 남쪽은 선석산禪石山이고, 선석산 남쪽은 성주와 고령이다. 고령은 옛 가야국伽倻國이다. 고령 남쪽은 합천陜川인데, 고령과 더불어 가야산 동쪽에 있다. 이 세 고을 논이 영남에서 가장 기름져, 적게 뿌리고도 많이 거둔다. 그러므로 토박이들은 모두 부유해서, 떠돌아다니는 자가 없다.

성주는 산천이 명랑하고 수려해, 고려 때부터 이름난 사람과 높은 선비가 많았다. 우리 왕조에 이르러서는 동강東岡 김우옹金宇顒과 한강寒岡 정구鄭逑가 모두 이 고을 사람이다.

합천 남쪽은 삼가三嘉인데, 남명 조식의 고향이다. 김우옹·정구·정인홍이 모두 남명의 문인門人이다. 정인홍이 학자로 자처하면서 남명을 높이고 퇴계를 공격했으므로, (정인홍에게) 와서 배우던 사람들이 매우 많았는데 잘못된 가르침을 많이 받았다. 동강은 벼슬을 그만두고 돌아오면서, 정인홍을 피하느라 상주에 돌아오지 않고 청주 정좌산鼎坐山 밑에 터를 잡아 살다가 삶을 마쳤다.

조식

1501~1572. 호는 남명南冥이다. 조선 중기의 학자다. 퇴계 이황과 같은 시기에 살았으며, 학식도 그와 어깨를 나란히 했다. 그래서 사람들이 경상좌도에는 이황이, 경상우도에는 조식이 있다고 했다. 그만큼 조식의 학식이 높았던 것인데, 그는 어려서부터 학문 연구에 열중하면서도 과거에는 응시하지 않았다. 게다가 나라에서 여러 차례 벼슬을 주었는데도 모두 거절하고 제자들을 가르치는 데만 열중했다. 하지만 스스로 세상에 나서야 한다고 판단하면 적극적으로 참여했다. 이렇게 벼슬에 연연하지 않으면서 옳은 뜻을 힘써 실천하는 자세는 그의 제자들에게도 이어져, 임진왜란이 일어나자 의병으로 많이 나섰다.

정인홍은 광해군 때 대북파의 우두머리로서 벼슬이 영의정까지 이르렀지만, 인조반정이 일어나 저자에서 죽었다. 그러나 성주 사람들은 올바른 행실을 닦기 좋아해 집을 보전했으니, 이것은 동강과 한강이 가르침을 남긴 덕택이었다.

덕유산 동남쪽은 안음현安陰縣이다. 이곳은 동계桐溪 정온鄭蘊*의 고향으로, 그의 벼슬은 이조참판까지 이르렀다. 병자년에 청나라 군사가 남한산성을 포위하자, 정온은 '명나라를 배반하고 청나라에게 항복하는 것이 옳지 않다'고 했다. 인조가 (항복하려고) 성 아래로 내려가자, 정온은 칼로 자신의 배를 찔러 죽으려고 했다. 그러나 그의 자제가 창자를 (배에) 넣고 꿰매자, 오래 있다가 깨어났다. 청나라 군사가 돌아가자 그는 곧 시골로 가 다시는 조정에 벼슬하지 않았다.

진주목

안음 동쪽 거창 남쪽에 함양과 산음*이 있는데, 지리산 북쪽에 있다. 이 네 고을은 모두 땅이 기름지다. 함양은 특히 산수굴山水窟이라고 불리는데, 거창·안음과 더불어 이름난 고을이다. 그러나 산음만은 음침해서 살 만한 곳이 못 된다.

네 고을 물이 합해져 영강灆江*이 되는데, 진주 남쪽을 돌아서 낙동강으로 들어간다. 진주는 지리산 동쪽에 있는 큰 고을로, 장수와 재상이 될 만한 인재가 많이 나왔다. 땅이 기름진 데다 강산의 경치도 좋으므로, 사대부들이 넉넉한 살림을 자랑하며 저택과 정자 꾸미기를 좋아한다. 비록 벼슬은 못해

정온 1569~1641. 덕유산에 들어가 조를 심어 먹고 살았는데, 숙종 때 그의 절의를 높이 평가해 영의정에 추증追贈(나라에 공로가 있는 벼슬아치가 죽은 뒤에 품계를 높여 주던 일.)했다. 거창군 위천면 강천리에 있는 그의 생가는 중요민속자료 제205호로 지정되었으며, 그가 입던 옷들은 중요민속자료 제218호로 지정되었다. 그의 시호는 문간文簡인데, 함양군 수동면 원평리에 있는 남계서원에 그의 위패를 모시고 향사를 지낸다.

산음 산 남쪽을 양陽이라 하고, 산 북쪽을 음陰이라 한다. 이와 반대로 강 남쪽을 음이라 하고, 강 북쪽을 양이라 한다. 산음山陰이란 (지리) 산 북쪽 고을이라는 뜻이다. 한강 북쪽에 있는 서울을 한양漢陽이라고 한 것도 같은 이치다.

영강 남강南江의 옛 이름이다. 진주에서 북동쪽으로 물길을 바꿔 함안군 대산면에서 낙동강과 만난다.

80

도, 유한공자遊閑公子라는 이름이 있다.

임진년에 고을이 왜적에게 함락되자, 창의사倡義使⁺ 김천일金千鎰과 병사兵使 최경회崔慶會가 (끝까지 싸우다가) 죽었다. 지방 사람들이 사당을 세워 그들의 제사를 지내고, 조정에서는 (그 사당에) 충렬사忠烈祠⁺라는 현판을 내려 표창했다.

숙종 때 어느 목사가 사당을 고쳐 지으려고* 병사에게 도움을 청했는데, 병사가 들어주지 않았다. 그래서 목사 혼자 자신의 봉급으로 사당을 수리했는데, 그 모습이 아주 새로워졌다. 그날 밤 목사의 꿈에 여러 무장들이 나타나 고마워하면서 이렇게 말했다.

"공은 문관인데도 우리를 기리는데 저 병사는 무장인데도 우리를 돌아보지 않으니, 마땅히 그 죄를 다스리겠소."

(다음 날) 새벽에 들으니 병사가 밤중에 갑자기 죽었다고 한다. 그러니 귀신의 이치가 없다고 할 수는 없다.

진주 동쪽에 있는 의령宜寧과 초계草溪는 진주와 풍속이 거의 같다. 영강 남쪽 열세 고을은 예부터 출세한 사람이 적다. 바다와 가까워 왜국과 이웃한 데다, 샘물에 장기가 있어 살 곳이 못 된다. 오직 하동河東은 일두一蠹 정여창鄭汝昌⁺의 고향으로, 지리산 남쪽에 있으며 전라도 광양현과 경계가 닿아 있다.

그러므로 (예부터) 이르기를 '좌도에는 벼슬한 집이 많고 우도에는 부자가 많으며, 이따금 1000년 된 이름난 마을이 있다'고 한다. 그러나 서울과 멀어서, 본래 이 지방 사람이 아니면 사대부로서 갑자기 가서 살기는 쉽지 않다. 사세事勢가 그럴 뿐 아니라, 시운時運을 보아도 갈 수가 없다.

창의사 나라에 큰 난리가 일어났을 때 의병을 일으킨 사람에게 주던 임시 벼슬이다.

충렬사 선조가 1607년에 창렬사彰烈祠라는 이름으로 편액을 내렸다.

* 숙종 38년(1712)에 병사 최진한崔鎭漢이 중수했다. 진주시 남성동 진주공원 안에 있는 이 사당은 대원군의 서원 철폐 때도 그대로 남았다.

정여창 1450~1504. 함양군 지곡면 개평리에 그의 고택이 있는데, 중요민속자료 제186호다. 현재 남아 있는 건물은 대부분 현 소유자 정병호의 고조부가 중건했다고 한다. 수동면 원평리에는 그의 위패를 모신 남계서원이 있다.

전라도

전라도는 동쪽이 경상도와 닿고 북쪽은 충청도와 닿았는데, 본래 백제 땅이었다.

신라 말엽에 후백제 견훤이 이 지역을 차지하고 고려 태조와 여러 번 싸워 그를 자주 위태한 지경에 빠트렸다. 그래서 (고려 태조가) 견훤을 평정한 뒤에 백제 사람을 미워해 '차령車嶺° 이남의 강물은 모두 (산세와 어울리지 않고) 엇갈려 흐른다'면서, '차령 남쪽의 사람을 쓰지 말라'는 명을 남겼다. (고려) 중엽에 이르러서는 이따금 재상에 오른 자도 있었지만 역시 드물고 적었으며, 우리 왕조에 들어와서야 드디어 이 금령禁令이 느슨해졌다.

(전라도는) 땅이 기름지고 서남쪽이 바다에 닿아 있어서, 생선·소금·벼·짚°·솜·모시·닥나무·대나무·귤·유

차령 충청남도 천안시 광덕면 원덕리와 공주시 정안면 인풍리 경계에 있는 고개다. 북쪽으로 흐르는 하천은 곡교천과 만나 아산만으로 들어가고, 남쪽으로 흐르는 하천은 정안천에 흘러들어가 금강과 만난다. 원줄기인 차령산맥은 태백산맥 오대산 부근에서 나뉘어 충청남도 중앙부를 거쳐 서해안 태안반도까지 이른다. 길이가 250킬로미터, 평균 높이가 600미터인 차령산맥의 대표적인 산은 계룡산과 칠갑산이고, 금강이 이 산맥 남쪽 줄기를 따라 흐른다.

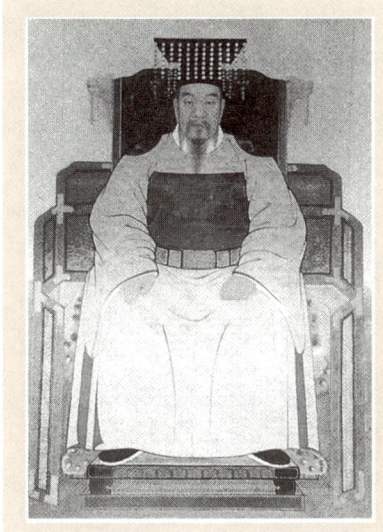

자 등이 생산된다. 노래와 여색을 좋아하고 사치를 즐기는 습속이 있어 경박하고 간사한 사람이 많으며, 문학을 대단치 않게 여긴다. 그러므로 과거에 급제해 훌륭하게 된 사람의 수가 경상도에 미치지 못하니, 문학에 힘써 자신의 이름을 널리 알리는 사람이 적기 때문이다.

그러나 인걸은 땅의 신령스러운 기운을 타고나는 것이므로, (전라도의 인걸) 또한 적지 않다. 고봉高峯 기대승奇大升은 광주 사람이고, 일재一齋 이항李恒은 부안 사람이며, 하서河西 김인후金麟厚는 장성 사람인데, (모두) 도학으로 이름이 높았다. 제봉霽峯 고경명高敬命과 건재建齋 김천일金千鎰은 모두 광주 사람이며 절의로 이름이 높았다. 고산 윤선도는 해남 사람이고, 묵재默齋 이상형李尙馨은 남원 사람인데, 함께 문학으로 이름이 높았다. 장군 정지鄭地와 금남錦南 정충신鄭忠信은 모두

집 명주실로 조금 거칠게 짠 비단이다.

광주 사람으로서 장수로 이름이 높았다. 좌찬성 오겸吳謙은 광주 사람이고, 우의정 이상진李尙眞은 전주 사람인데 높은 벼슬에 올랐다. 시인으로는 고부에 살던 옥봉玉峯 백광훈白光勳과 영암에 살던 고죽孤竹 최경창崔慶昌이 있다. 우거寓居●한 사람으로는 부윤 신말주申末舟가 순창에 살았고, 찬성 이계맹李繼孟이 김제에 살았으며, 판서 이후백李後白이 해남에 살았고, 판서 임담林墰이 무안에 살았다. 단학丹學으로는 도사 남궁두南宮斗가 함열 사람이고, 청예靑霓 권극중權克中이 고부 사람인데, 이들은 방술을 수련해 이름이 높았다. 모두 얽매이지 않고 재주가 뛰어나 후세까지 이름을 날린 자들이다.

산맥

덕유산德裕山은 충청 · 전라 · 경상, 3도가 만나는 곳에 있다. (그 산에서) 서쪽으로 한 줄기가 나와 전주 동쪽에 이르러 마이산馬耳山이 되었는데, 두 바위봉우리가 우뚝 솟아 하늘에

우거 고향이 아니지만 그 지방에 터를 잡고 사는 것이다.

주줄산 《신증동국여지승람》〈용담현〉 조에는 주줄산이 '(용담현) 서쪽 30리에 있다'고 했는데, 운장산이라고 추정하는 사람이 많다.

건지산 여러 지리서에는 건지산이 전주부의 진산鎭山이라고 하나 실제로 전주의 진산은 기린봉이라야 어울린다. 전주 이씨의 시조 이한李翰의 위패를 모신 조경단이 건지산에 있기 때문에 진산이 되었다는 설명도 있지만, 《한국의 풍수지리》(최창조, 민음사, 1993)는 건지산을 진산으로 정한 이유를 이렇게 추정했다. "저자에게는 얼핏 이런 생각이 스쳐 갔다. 기린봉은 왕기를 띤 산이다. 그래서 이씨 왕조가 개창된 뒤 또 다른 왕기의 발흥을 막기 위하여 인위적

마이산

소백산맥과 노령산맥의 경계에 있는 바위산이다. 조선의 3대 왕인 태종이 산의 모양이 말의 귀 같다며 마이산이라는 이름을 붙였다고 한다. 상대적으로 깎아지른 듯한 동쪽에 있는 산을 수마이산(678미터), 서쪽에 있는 산을 암마이산(685미터)이라고 부르기도 한다. 한눈에 보기에도 특이한 산의 모양뿐 아니라 골짜기에 있는 돌탑무리로도 유명하다. 조선 말기에 이갑용李甲用이 돌을 하나하나 쌓아 올려 100여 기의 탑을 만들었는데, 지금은 80여 기가 남아 있다.

꽂혀 있다. 옛날에 공정대왕(태종)이 호남에서 무술을 배웠는데, (산 모양이 말의 귀와) 비슷하다며 마이산이라고 이름지었다.

마이산 한 줄기가 서남쪽으로 임실과 전주 사이를 지나, 하나는 서쪽으로 금구金溝의 모악산母岳山이 되어 만경萬頃·동진東津 두 지방 강물의 안쪽에서 그쳤고, (다른) 하나는 서남쪽으로 순창의 부흥산과 정읍의 노령蘆嶺이 되었는데, 이곳은 남북으로 통하는 큰길이다. 노령에서 갈라진 산줄기가 서쪽은 영광, 서남쪽은 무안, 북쪽은 부안 변산에서 그치고, 동남쪽은 담양·광주 이하의 여러 산이 되었다.

부흥산은 도의 한가운데 자리해 양쪽으로 산을 끼고 들판을 펼쳐 골을 크게 만들었는데, 시냇물이 동쪽으로 흐르니 사람들이 '성읍을 설치할 만하다'고 했다. 그래서 숙종 때 병영을 이곳으로 옮기려 했지만, 실행되지는 않았다.

전주부

마이산 줄기가 북쪽으로 가다가 진안과 전주 사이에서 주줄산珠崒山*이 되고, (여기에서) 서쪽으로 한 줄기가 나와 전주부全州府가 되었는데, 감사가 다스리는 곳이다. 동쪽에 위봉산성威鳳山城이 있고, 북쪽에는 기린봉이 있다. (여기에서) 한 줄기가 나와 전주부 서북쪽에 이르러 건지산乾止山*이 되었는데, 전해 오는 말로는 목조穆祖*의 능이 있는 곳이라고 한다. 지금 임금(영조) 경술년(1730)에 감사에게 백성들의 무덤을 모두

으로 진산을 건지산으로 옮긴 것이 아닌가 하는, 건지산이 (진산으로) 나쁘다는 얘기가 아니다. 건지산은 매우 소담하고 중후한 산이다. 그러나 거기에 왕기는 없다. 기린봉은 약간의 강기剛氣를 포함하고는 있으나, 실로 왕자의 풍모·서울의 북악을 많이 닮았다. 또 다른 왕기의 출현은 이씨들로서는 용납할 수 있는 일이 아니다. 그래서 진산을 옮겼다는 추측이다."

목조 왕위에 오른 이성계가 고조부 이안사李安社를 목조로 추존했다. 이안사는 전주의 토호였는데, 관기를 둘러싸고 지주知州 및 산성별감과 갈등을 일으켜 삼척으로 이주했다가, 마침 전주의 산성별감이 그곳 안렴사로 부임하자 다시 덕원부(의주)로 옮겨 갔다. 전주에서부터 170여 호가 그를 따르기 시작해, 삼척과 덕원에서도 그를 따르는 무리가 더 늘었다. 그는 원나라의 벼슬을 받은 뒤 20여 년간 오동에 살며 여진족까지 다스리다가, 그 세력 기반을 아들에게 넘겼다. 그의 무덤인 덕릉德陵은 경흥성 남쪽에 있었는데, 태종 10년(1410) 함흥 서북쪽으로 옮겼다. 건지산에는 목조의 능이 아니라, 전주 이씨의 시조인 이한의 무덤이 있다.

옮기게 하고, 10리 둘레에 푯말을 세워 벌채하지 못하게 했다.*

건지산의 한 줄기가 서쪽으로 가다가 덕지德池가 되었는데, 매우 깊고도 넓다. 이 못을 지나면 또 밋밋한 둔덕이 되어 큰 들판을 빙 도는데, 만마동萬馬洞 물을 거슬러 받아 지리가 매우 아름다우니 참으로 살 만한 곳이다.

주줄산 북쪽 여러 골짜기의 물들이 고산현高山縣*을 지나 전주 경계에 들어오면서 율담栗潭 · 양전포良田浦 · 오백주五百洲가 된다. 이런 큰 시내들이 물을 대므로 땅이 아주 기름지다. 게다가 벼 · 생선 · 생강 · 토란 · 대나무 · 감 등이 생산되어 천 마을 만 부락을 먹여 살릴 만한 조건이 다 갖춰졌고, 서쪽 사탄斜灘으로는 생선과 소금을 실은 배들이 오간다.

관아가 있는 곳은 인구가 조밀하고 물자가 쌓여 있어 서울과 다름없으니, 참으로 큰 도회지다. 노령 북쪽의 열댓 고을은 모두 장기가 있지만, 오직 전주는 맑고 서늘하니 가장 살 만한 곳이다.

주줄산의 북쪽 한 가지는 서쪽으로 뻗어 내려와 탄현炭峴*과 용화산龍華山이 된 다음 옥구에서 그쳤고, 탄현 너머 서북쪽에는 여산礪山 등 다섯 고을이 있다. 여산은 충청도와 경계가 닿았는데, 땅이 차지고 장기가 있으니 살기 어렵다. 옛날에 기준箕準이 용화산 위에 도읍했기 때문에 성과 궁궐의 터가 남아 있다.**

산맥의 다른 한 가지는 북쪽으로 가다가 여산 서북쪽에서 채운산采雲山이 되었다. 외로운 봉우리 하나가 들판 가운데 우뚝 솟고 그 위에 시원한 그늘과 샘이 있는데, 백제 때 의자왕

* 영조 47년(1771)에는 조선 왕조를 창건한 전주 이씨의 시조를 높이기 위해 7도 유생들이 상소해 조경묘肇慶廟를 설치하고, 시조 이한의 위패를 모셨다.

고산현 전라북도 완주군 고산면 · 비봉면 · 화산면 · 운주면 · 동상면과 충청남도 논산시 양촌면 남부 지역을 차지하던 조선 시대의 현이다.

탄현 《신증동국여지승람》〈고산현〉조에 '(탄현은) 고산현 동쪽 50리에 있다'고 했는데, 월봉산의 북쪽 고개다. 현재 완주군 운주면 고당리에 있으며, 숯고개라고 한다. 삼국시대에 백제와 신라가 자주 싸우던 곳이며, 산성과 봉수대가 있다.

** 《신증동국여지승람》〈익산군〉조에 '익산군 북쪽 8리에 있는데, 일명 미륵산이라고도 한다'고 했다. 예전의 용화산을 요즘은 미륵산이라 부르며, 이 산 동쪽에 있는 342미터 높이의 봉우리를 용화산이라고 부른다. 미륵이나 용화는 모두 부처가 교화하는 시대의 이름인데, 본래 용화산이라 부르다가 미륵사가 창건된 뒤부터 미륵산이라고 부르게 된 것 같다. 미륵산 위에 기준이 쌓았다는 1900미터 길이의 석성이 남아 있다.

이 잔치하며 놀던 곳이라고 전해 온다.***

채운산에서 작은 들판을 하나 건너면 황산촌黃山村이 있다. 돌산이 강가에 다다라 절벽이 되었는데, (충청도) 은진恩津 강경촌江景村과는 작은 포구浦口를 사이에 두고 배가 통해 중요한 곳이다. 서쪽은 용안龍安·함열咸悅·임피臨陂인데, 모두 진강鎭江 남쪽에 있다. 임피의 오성산五城山*은 경치가 아주 기이하다.

강을 거슬러 터를 펼치면서 서시포西施浦*라는 큰 마을이 있는데, 배가 머무는 곳이다. 강경 황산촌과 아울러 금강에서 이름난 마을로 불린다. 옛날 (중국 월나라의 미인인) 서시가 이곳에서 태어났다고 해서 붙은 이름이라고 한다.

임피 서쪽에 있는 옥구는 서해에 닿아 있다. 자천대라는 작은 산기슭이 바닷가로 쑥 나와 있는데, 그 꼭대기에 석롱石籠 두 개가 있었다. 신라 때 최치원이 이 고을의 태수가 되었는데, 비밀스러운 서책들을 그 농 속에 감춰 두었다. 그 농은 커다란 바위로, 산기슭에 버려져 있어도 사람들이 감히 열어 보지 못했다. 사람들이 혹 끌어당기거나 움직이면 갑자기 바다에 비바람이 몰아쳤다. 마을 백성들이 이런 현상을 이롭게 여겨, 가물 때마다 수백 명이 모여 큰 밧줄로 끌어당겼다. 그러면 바다에서 갑자기 비가 몰려와 밭고랑을 흠뻑 적셨다. 그런데 사객使客들이 현에 올 때마다 번번이 가서 구경하기 때문에 고을에 많은 폐를 끼쳤고, 고을 사람들도 이를 괴롭게 여겼다. 예전에는 그곳에 정자도 있었지만 100년 전에 정자를

최치원
군산시 옥구읍 상평리에 있는 옥구향교에는 최치원(857~?)이 유년 시절에 책을 읽었다는 자천대紫泉臺가 남아 있다. 향교 안에는 고운 최치원의 영정을 봉안한 문창서원文昌書院도 있다.

허물고 석롱도 땅에 묻어 자취를 없애 버렸으므로, 지금은 찾아가 보는 사람이 없다.

탄현 동쪽은 고산현이고 용화산 남쪽은 익산군인데, 모두 장기가 있다. 특히 고산은 땅이 기름져도 산수가 험해 살 만한 곳이 못 된다.

모악산 서쪽에 있는 금구金溝·만경 두 고을은 샘물이 제법 맑고, 살기를 벗은 산세가 들판 가운데로 감돌아 있다. 게다가 두 줄기 물이 감싸서 정기가 풀어지지 않으니, 살 만한 곳이 제법 많다. 그 밖에 산과 가까운 태인泰仁·고부와 바다와 가까운 부안·무장茂長 등의 고을에는 모두 장기가 있다. 오직 부안 변산의 옆과 홍덕興德 장지長池•의 아래는 땅이 기름지고 호수와 산의 경치도 좋으니, 그 가운데 장기가 없는 샘물을 가린다면 살 만하다.

노령의 서쪽은 영광·함평·무안이고, 남쪽은 장성·나주다. 이 다섯 고을은 샘물에 장기가 없으니, 노령 북쪽(의 여러 고을들)과는 비할 바가 아니다.

영광 법성포는 바다의 조수가 들어오면 바로 앞에 물이 돌아 모여서 호수와 산이 아름다우며 여염집들이 빗살처럼 가지런해, 사람들이 작은 서호西湖•라고 한다. 바다에 가까운 고을들이 모두 이곳에 창고를 두고, 세미稅米를 거둬 두었다가 배에 실어 나르는 장소로 삼는다. 장성도 기름진 땅이며, 산수 또한 아름답다.

장지 고창군 홍덕면 석우리에 있는 동림저수지다.

서호 서울 마포에서 서강에 이르는 지역이다. 전국의 조운선과 고깃배들이 이곳으로 몰려든다.

나주목

나주는 노령 아래에 있는 도회지로서 북쪽에는 금성산錦城山이 있고, 남쪽으로는 영산강에 닿아 있다. 고을 관아의 판세가 한양과 비슷해, 예부터 벼슬로 이름난 집안이 많다.

영산강은 서쪽으로 흘러 무안·목포까지 이른다. 강을 따라 내려가면서 경치 좋은 마을이 많다. 강을 건너면 큰 들판이 있는데, 동쪽으로는 광주와 닿았고 남쪽으로는 영암과 통했다. 날씨가 화창하고 산물이 많으며 땅이 넓어서, 마을이 별과 같이 널렸다. 게다가 서남쪽으로는 강과 바다를 통해 물자를 실어 나르는 이로움이 있어서, (나주를) 광주와 아울러 이름난 고을이라고 일컫는다.

나주의 서쪽은 칠산七山 바다다. 옛날에는 깊었지만 요즘 와서는 모래와 진흙이 쌓이며 차츰 얕아져서, 썰물이 빠지면 무릎까지밖에 차지 않는다. 한가운데 물길만 강줄기 같아서, 배들이 이곳으로 다닌다.

나주 서남쪽에 있는 영암군은 월출산月出山 아래에 자리했다. 월출산은 아주 조촐하고도 수려해 화성火星●이 하늘에 오르는 산세다. 산 남쪽의 월남촌月南村과 서쪽의 구림촌鳩林村은 모두 신라 때 이름난 마을이다. 지역이 서해와 남해가 맞닿는 곳이라, 신라에서 당나라로 조공하러 갈 때 이 고을 바닷가에서 배로 떠났다. 바닷길로 하루를 가면 흑산도에 이르고, 흑산도에서 하루 더 가면 홍의도紅衣島에 이르며, 또 하루를 가면 가가도可佳島에 이른다. 여기서 북동풍으로 사흘을 가면 태주台州 영파부寧波府 정해현定海縣에 이른다. 만약 순풍을

●화성 풍수에서 산봉우리 끝이 뾰족한 모습을 가리킨다.

만나면 하루 만에 도착할 수도 있다. 남송南宋이 고려와 국교를 통할 때 정해현 바닷가에서 배가 떠나 7일 만에 고려 경계에 이르러 뭍에 올랐다고 하는데, 그곳이 바로 여기다. 당나라 때 신라 사람이 바다를 건너 당나라에 들어간 것이 마치 (국내) 나루에서 건너는 것과도 같아, 배가 끊이지를 않았다.

최치원 · 김가기金可紀 · 최승우崔承祐 등이 장삿배를 타고 당나라에 들어가 그 나라 과거에 합격했다. 고운 최치원은 고병高騈의 종사관從事官●이 되었으며, 사륙문四六文●을 잘 지었는데, 지금 변려문선집騈儷文選集에 실린 〈황소격문黃巢檄文〉●이 바로 고운의 글이다. 고운은 김가기 · 최승우와 더불어 (장안현) 종남산終南山 절에서 신 천사申天師를 만나 《내단비결內丹秘訣》●을 얻고, 뒷날 우리나라에 돌아와 함께 수련해 신선이 되었다.*

남원부

부흥산 동쪽은 임실 · 순창 · 남원 · 구례인데, 모두 산골 고을이다. 마이산 남쪽 골짜기의 물이 임실을 거쳐 남쪽으로 남원에 이르면 요천蓼川과 만나 잔수진潺水津●과 압록진鴨綠津●이된다. 강 서쪽은 옥과玉果 · 동복同福 · 곡성谷城이다. 강물은 압록진에서 비로소 동쪽으로 꺾어져 악양강岳陽江이 되면서 남해의 조수와 통하고, 지리산 남쪽을 돌아 섬진강이 되면서 남해로 들어간다. 그러므로 섬진강은 전라도와 경상도가 나누어지는 경계가 된다.

남원부의 성곽은 임진년에 명나라 장수 양원楊元이 쌓은

종사관 한漢나라 이후에 삼공三公이나 주군州郡의 장관, 장수가 개인적으로 거느리던 부하다.

사륙문 한문 문체 가운데 하나로 네 자, 여섯 자로 된 구를 배열하기 때문에 사륙문이라고 하며, 변려문騈儷文이라고도 한다. 대구로 문장을 구성해 읽는 이에게 아름다움을 느끼게 한다.

황소격문 중국 당나라 말기에 농민 반란인 황소의 난이 일어나 최치원이 지은 글인데, '천하의 사람들이 모두 너 죽일 생각을 할 뿐만 아니라, 땅 속의 귀신들까지도 몰래 너를 죽이고자 벌써 의논했다'는 구절을 황소가 읽다가 저도 모르게 침상에서 떨어졌다는 일화가 전할 만큼 뛰어난 명문이다.

내단비결 신선이 되기 위해 수련하는 비결을 담은 책이다.

* 《삼국사기》〈최치원열전〉에 '마지막에는 가족을 이끌고 가야산 해인사에 은둔해 (……) 여생을 마쳤다'고 기록했지만, 여러 야사에 '어느 날 집을 나가 돌아오지 않았다'거나 '신선이 되었다'고 전한다.

잔수진 원효대사가 화엄사의 사성암에서 불도를 닦고 있는데 어머니가 병이 들었다. 그가 지성으로 어머니의 쾌차를 빌며 불공을 드리는데, 어느 날 꿈에 천도天桃를 구해 드리면 낫는다는 부처님의 계시를 들었다. 그는 아우인 혜공에게 천국에 가서 천도를 구해 오도록 해 어머니의 병을 고쳤다. 병이 나은 어머니는 어느 날 잠에서 깬 뒤, 강물 소리가 시끄러워 깊은 잠을 이룰 수가 없다고 짜증을 냈다. 그래서 원효대사가 섬진강가에 가 기도하자, 강물 소리가 한 곳으로 모여들었다. 원효대사가 모아진 물소리를 오산 밑에 가두었기 때문에 섬진강 물은 잠자듯 고요해졌다. 그 뒤부터 이곳을 잔수潺水라고 부르게 되었다는 전설이 있다.

압록진 보성강이 섬진강과 만나는 곳에 있었는데, 지금의 곡성군 오곡면 압록이다. 지금도 교통이 좋아서 국도인 순천가도가 이곳을 지나고, 전라선이 정차하며, 백사장이 길게 펼쳐져 유원지가 개발되어 있다. 압록진에 배가 들어오는 경치를 가리키는 '압록귀범鴨綠歸帆'은 곡성8경 가운데 하나다.

구만촌 지금의 구례군 광의면 구만리인데, 섬진강의 지류인 서시천가에 있다.

것인데, 정유년에 왜군에게 함락되었다. 그래서 이곳에는 아직도 은은한 살기가 있다.

(남원에서) 동쪽으로 고개를 하나 넘으면 운봉현인데, 지리산 북쪽 팔량치八良峙 위에 있어서 전라도와 경상도를 통하는 큰길이다. 고을 앞에 황산荒山이 있는데, 고려 말에 우리 태조가 이곳에서 왜구를 크게 섬멸했다.

남원부 동남쪽에 있는 성원星園은 최씨들이 대대로 살아온 곳이며, 시내와 산의 경치가 아주 좋다. 그 남쪽은 구례현인데, 성원에서 구례까지 한 들판으로 통하며, 1묘에 1종을 거두는 논이 많다.

구례의 서쪽에 있는 봉동鳳洞은 샘과 바위가 기이하다. 동쪽에는 화엄사와 연곡사燕谷寺 같은 명승지가 있고, 남쪽에는 구만촌九灣村*이 있다. 임실에서 구례까지 강을 따라 내려오면서 이름난 곳과 훌륭한 경치가 많고 큰 마을도 많은데, 구만촌은 시냇가에 자리해 강산과 토지의 이로움과 거룻배 및 생선·소금의 이로움도 있으니, (이 가운데) 가장 살 만한 곳이다.

남원과 구례는 모두 지리산 서쪽에 있다. 섬진강 서쪽의 세 고을과 아울러 예전에는 장기가 있으므로 나쁜 땅이라고 했지만, 근래에는 조금 깨끗해졌다고 한다.

광주목

부흥산 남쪽 줄기가 담양潭陽·창평昌平을 거쳐 광주 무등산無

等山이 되었다. 산 동쪽은 옥과 등 세 고을이고, 서남쪽은 광주 · 화순和順 · 남평南平 · 능주綾州인데 영암의 동북쪽에 있다. 광주는 서쪽으로 나주와 통하고 풍토와 기후가 깨끗하고 밝아, 예부터 경치가 훌륭한 마을이 많고 높은 벼슬을 지낸 사람도 많았다.

영암의 동남쪽 바닷가에 있는 여덟 고을은 풍속이 대략 같다. 그 가운데 해남海南과 강진康津은 탐라耽羅에서 바다로 나오는 길목이어서 말 · 소 · 가죽 · 진주 · 자개 · 귤 · 유자 · 말갈기 · 대나무 등을 팔아 이익을 본다.

이 여덟 고을은 모두 (서울에서) 아주 멀고 남해와 가까워, 겨울에도 풀과 나무가 시들지 않고 벌레가 겨울잠을 자지 않는다. 산 아지랑이와 바다 기운이 찌는 듯해 장기가 되고, 일본과 아주 가깝다. 그러므로 땅은 비록 기름져도 살기 좋은 곳이 아니다.

해남현 삼주원三洲院•에서 석맥石脈이 바다를 건너 진도군珍島郡이 되었는데, 물길로 30리며, 벽파정碧波亭•이 그 길목에 있다. 삼주원에서 벽파정까지 물속에 가로 뻗친 석맥이 마치 다리〔梁〕 같은데, 다리의 위와 아래가 계단처럼 깎였다. 바닷물이 밤낮 동쪽에서 서쪽으로 밀려오는데, 폭포같이 쏟아져서 (물살이) 매우 빠르다.

임진년에 왜놈 중 겐소玄蘇가 평양에 와서 의주 행재소行在所•에 편지를 보내며 "수군 10만 명이 또 서해로 오면 (우리가) 마땅히 수륙으로 함께 진격할 텐데, 대왕의 수레는 장차 어디로 가겠습니까?" 하고 물었다.

이때 왜적의 수군은 남해에서 북쪽으로 올라가고 있었다.

삼주원 삼기원三岐院 또는 삼지원三枝院이라고도 했는데, 해남반도 우수영 남쪽에 있는 역관이었다. 우수영에서 배를 타고 진도 녹진으로 건너가기도 했고, 해남현에서 옥매산을 거쳐 삼지원에서 배를 타고 진도 벽파정으로 건너가기도 했다.

벽파정 진도군 고군면 벽파리에 있었는데, 지금 이 마을에 이 충무공 전첩비가 있으며, 목포에서 제주도로 가는 여객선과 목포에서 완도로 가는 여객선이 벽파항을 거쳐 간다.

행재소 임금이 궁을 떠나 멀리 갔을 때 머물던 곳이다.

조선 통신사

도요토미 히데요시가 임진왜란을 일으키기 전에 대마도주 소 요시시게宗智에게 조선 국왕을 일본 조정에 들게 하라고 독촉하자, 소는 1589년 하카와시博多市의 세이주사聖住寺 주지인 겐소玄蘇와 가신 야나가와柳川調信 및 고니시小西行長의 사신인 시마이島井宗室 등과 일행이 되어 일본 국왕의 사신이라 칭하면서 부산포에 상륙했다. 조선 조정에서는 이조정랑 이덕형을 선위사(외국 사신을 맞아 대접하는 일을 맡던 임시 벼슬.)로 삼아 부산포에 보내서 그들을 접대하게 했는데, 겐소 일행은 조선 국왕의 입조 문제는 꺼내지도 못하고 돌아갔다. 그 뒤 겐소가 정사가 되고 소가 부사가 되어 다시 조선에 왔을 때는 조선에서 일본에 통신사를 보내기로 결정했다. 그래서 정사 황윤길 · 부사 김성일 · 서장관 허성이 1590년 3월에 겐소 일행과 함께 서울을 출발했다. 겐소는 그 뒤에도 일본 측을 대표해 자주 조선에 드나들었다. 위 그림은 일본에 방문한 조선 통신사의 행렬을 보여 준다.

수군 대장 이순신이 바닷가에 머물며 쇠사슬을 만들어 (물속에 있는) 석맥 다리 위에 가로질러 놓고 (그들이 오기를) 기다렸는데, 왜선이 다리 위에 와서는 쇠사슬에 걸려 다리 밑으로 거꾸로 엎어졌다. 그러나 다리 위에 있는 배에서는 (물) 밑바닥이 보이지 않으므로, 거꾸로 엎어진 것은 알지 못하고 다리를 넘어 순탄한 물길로 바로 내려간 것으로 짐작하다가 모두 거꾸로 엎어졌다. 게다가 다리 가까이는 물살이 더욱 급해 배가 급류에 휩싸이면 돌아 나갈 틈이 없었으므로, 500여 척이나 되는 왜선들이 일시에 모두 침몰하고 단 한 척도 남지 못했다.

그때 (명나라 사신) 심유경沈惟敬은 왜적의 사신을 꾀어서 평양에 오래 머물게 했다. 왜적은 수군이 오는 것을 기다렸다가 함께 북상할 계획이었으므로, 거짓으로 약속을 지키는 척하면서 (수군이 도착할) 뒷날을 기다리고 있었다. 그러나 수군이 오랫동안 도착하지 않았다. 이여송李如松이 (명나라 사신과 왜군 사신이) 양쪽에서 서로 속이는 틈을 타 왜적을 격파했으니, 이것은 천운天運이었다. 만약 이순신이 왜선을 바다 가운데 엎어 버리지 않았다면, 수십 일도 못 되어 왜선이 평양에 이를 수 있었을 것이다. 수군이 이르렀다면 왜적이 어찌 심유경과 한 약속을 지켜 군사를 움직이지 않았으랴. 그때 (심유경은) 이러한 사정도 알지 못하고 구구하게 "(도요토미를 왜국 왕으로) 봉하고 조공하는 것도 허락한다."라는 말로써 왜적의 마음을 달랬다고 하니, 참으로 웃을 일이다. 이여송이 평양에서 승리한 공은 바로 이순신의 힘이었다.

그 뒤 명나라 장수 진린陳璘이 군사를 이끌고 바다 위에 머물러 있었는데, 병신년(1596)과 정유년(1597) 사이에 왜적 수군이 바닷가 여러 고을을 잇달아 쳐들어왔지만 이순신이 바다에서 잘 싸워 여러 번 왜적을 쳐부쉈다. 왜적의 목을 노획하면 번번이 진린에게 넘겨주어, 그가 공을 아뢰게 했다. 그는 크게 기뻐 우리 조정에 편지를 보내며 "통제사는 천하를 경륜할 만한 재주가 있으며, 나라와 임금에게 끝없는 공을 세웠습니다."라고 했다.

진린은 이순신의 덕으로 왜적의 목을 가장 많이 노획해,

저수지 《삼국사기》에 144년부터 제방을 쌓았다는 기록이 있지만, 현재 확인된 최초의 저수지는 전라북도 김제군 월촌면과 부량면 사이에 있는 벽골제碧骨堤로 330년에 쌓았다. 그 뒤 신라·고려·조선 초기에 여러 차례 보수했지만, 세종 때 무너진 부분을 보수하지 않고 지금까지 이르렀다. 전라북도 정주시 고부에 있는 눌제訥堤는 후백제 견훤 때 쌓았다고 한다. 전라북도 익산군 황등면에 있던 황등제黃登堤까지 세 저수지를 국중3호라고 했다.

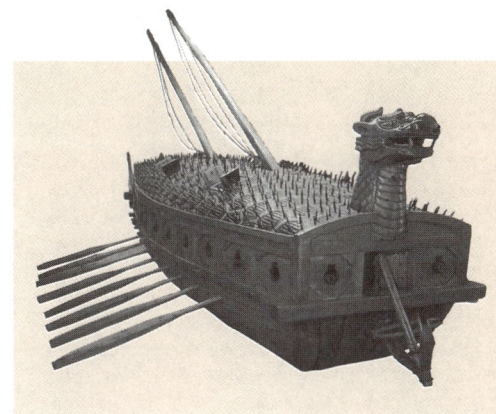

이순신의 공적

이순신이 쇠사슬을 엮어서 왜군을 물리친 싸움은 진도군 군내면 녹진리 일대에서 벌어진 명량대첩인데, 이 싸움에서 유래했다는 〈강강술래〉(중요무형문화재 제8호)가 함께 전해 온다. 이 싸움에서 이순신이 배 12척으로 왜선 133척을 대파했다. 이순신이 원균의 무고로 통제사에서 물러났다가, 원균이 패전한 뒤 다시 삼도수군통제사로 기용되고 나서 치른 첫 번째 싸움이기도 하다. 500여 척의 왜선을 격파한 싸움은 1592년 9월의 부산포대첩인데, 이 책에는 뒤섞여 기록되었다.
한편 이순신은 이미 《태종실록》에 등장한 거북선을 개량해 실용화함으로써 큰 승리를 이끌었다.

철군할 때(1598) 명나라의 여러 장수 가운데 그가 바친 왜적의 목이 가장 많았다. 뒷날 《명사明史》에서 (임진왜란 동안) 조선을 도와준 공에 대해 논한 부분을 보니, 진린의 공을 으뜸으로 삼고 땅까지 나눠 주며 봉했다고 한다. 그러니 이것이 이순신의 공이라는 것을 중국 사람들이 어찌 알겠는가.

양호楊鎬는 공이 있었는데도 (남에게 모함을 받아) 체포되었고, 진린은 남의 힘으로 공을 이뤄 혼자 많은 상을 받았으니, 명나라가 상벌을 내리는 기준이 이렇게 무너졌다.

전라도는 온 도가 나라의 가장 남쪽에 있어 토산품이 풍요롭고, 산골 고을이라도 냇물로 (논밭에) 물을 대기 때문에 흉년이 적고 수확이 많다. 바닷가 고을은 둑을 막아 물을 대는데, 신라 때부터 쓰던 커다란 저수지*들을 우리 왕조에 들어와서 모두 폐기했기 때문에 자주 가물고 수확이 적다.

옛날에 속수공涑水公*이 '민閩 지방* 사람들은 교활하고 음흉하다'고 했지만, 주자朱子 때 이르러 어진 사람들이 많이 나왔다. 어진 사람이 살면서 부유한 생업을 바탕으로 예의·사양·문장·행실을 가르치게 되면, 살지 못할 곳은 아니다. 게

속수공 송나라 학자 사마광司馬光인데, 속수에 살았으므로 속수공이라고 했다.

민 지방 지금의 중국 복건성인데, 예전에는 월越이라고 해 만蠻과 함께 변방으로 여겼다. 송나라 때 주자가 민중閩中에서 태어났다. 그 전에는 황하 이북에서 학자들이 많이 태어났는데, 이 무렵에는 남쪽에서 많이 태어났다. 성리학을 염락관민지학濂洛關閩之學이라고도 하는데, 염계濂溪의 주돈이周敦頤, 낙양의 정호程顥·정이程頤, 관중關中의 장재張載, 민중의 주자가 주창했기 때문이다.

도요토미 히데요시

심유경이 왜군과 함께 도요토미의 본영으로 들어간 뒤 2, 3년간 사신이 오갔지만 화의和議는 결렬되었다. 도요토미는 명나라에 대해 첫째, 명나라의 황녀를 일본의 후비後妃로 삼을 것, 둘째, 감합인勘合印(貿易證印)을 복구할 것, 셋째, 조선 8도 가운데 4도를 할양할 것, 넷째, 조선 왕자 및 대신 12명을 인질로 삼을 것을 요구하고, 붙들려 갔던 임해군과 순화군을 돌려보냈다. 심유경은 도요토미의 요구가 본국에서 받아들여지지 않을 것을 알고 거짓으로 보고해, 명나라의 허락을 얻었다. 이에 1596년 명나라에서 사신을 파견해 도요토미를 일본 왕에 봉한다는 책서冊書(천자가 왕이나 제후를 책봉하는 글을 담은 문서.)와 금인金印(금으로 만든 도장.)을 전하자, 도요토미가 크게 노해 이를 받지 않고 사신을 돌려보냈다. 그리고 조선을 다시 침략하기로 했다. 심유경은 본국에 돌아가 나라를 기만했다는 죄로 처단되고, 오랫동안 결말을 보지 못하던 화의는 끝내 결렬되었다. 그래서 그 이듬해인 1597년 정월 15일에 정유재란이 시작되었다.

다가 (전라도는) 산천에 기이하고 훌륭한 곳이 많은데 고려 때부터 조선에 이르기까지 크게 드러난 사람이 없었으니, 모였던 정기가 한 번쯤은 나타날 것이다. 그러나 지금은 지역이 먼 데다 풍속이 더러우니, 살 만한 곳이 못 된다.

충청도

충청도는 전라도와 경기도 사이에 있다. 서쪽은 바다에 닿았고, 동쪽은 경상도와 닿아 있다. 동북편 귀퉁이에 있는 충주 같은 고을은 강원도 남쪽으로 쏙 들어가 있다. 남쪽의 반은 차령 남쪽에 있어 전라도와 가깝고, 북쪽의 반은 차령 북쪽에 있어 경기도와 이웃한다.

물산이 많기로는 영남이나 호남에 미치지 못하지만, 산천이 평온하고 아름다우며 서울에 가까운 남쪽이어서 사대부들이 모여 사는 곳이 되었다. 서울에 대대로 사는 집 가운데 이 도에 논밭과 집을 마련해 생활의 근본으로 삼지 않은 집이 없다. 게다가 서울과 가까워 풍속에 큰 차이가 없으므로, 터를 골라 살기에 가장 알맞은 곳이다.

충청감사는 공주에 머무르며 다스리는데, 백제 말엽에 당나라 장수 유인원劉仁願이 웅진도독부熊津都督府를 설치했던 곳이다. 한양에서 300리 떨어져 있으며, 차령과 금강의 남쪽에 있다. 공주에서 금강을 건너고 차령을 넘어, 천안·직산稷山을 거쳐 북쪽으로 경기도 양성陽城에 이르면, 진위振威·수원·과천을 지나 서울에 이른다. 이 길을 따라가면 직산 북쪽에는 들이 흩어져 있고 땅도 메마르며 좀도둑이 많아서 살 만한 곳이 못 된다.

내포

충청도에서는 내포內浦가 가장 좋은 곳이다. 공주에서 서북쪽으로 200리쯤 되는 곳에 가야산伽倻山이 있다. 서쪽은 큰 바다이고, 북쪽은 경기도 바닷가 고을과 큰 못 하나를 사이에 두고 있는데, 바로 서해가 쑥 들어온 곳이다. 동쪽은 큰 들판인데, 들판 가운데 또 큰 갯마을이 있다. 이름은 유궁진由宮津인데, 밀물이 가득 차지 않으면 배를 탈 수 없다. 남쪽을 막고 있는 오서산烏棲山은 가야산에서 온 산줄기다. (가야산 일대는) 오서산 동남쪽으로만 공주와 통한다.

가야산 앞뒤에 있는 열 고을을 아울러 내포라고 한다. 지세가 (나라) 한 귀퉁이에 멀리 떨어져 있는 데다 큰 길목도 아니므로, 임진년(1592)과 병자년(1636) 남북 두 차례의 난리도 이곳에는 미치지 않았다. 땅이 기름지고 평평한 데다 생선과 소금까지도 아주 흔하므로 부자가 많고, 대대로 사는 사대부 집안이 많다.

그러나 바다 가까운 곳에는 학질과 염병이 많고, 산천이
평평하고 넓으나 수려한 맛이 적다. 언덕과 저습 지대가 비록
아름답고 섬세하지만, 산수의 기이한 경치는 적다. 그 가운데
오직 보령保寧의 산천이 훌륭한데, 고을 서편에 수군절도사의
군영이 있고, 영내에 영보정永保亭이 있다. 호수와 산의 경치
가 아름답고도 평활해서 명승지라고 불린다.

(보령의) 북쪽에는 결성結城과 해미海美가 있고, 서쪽으로
큰 개〔浦〕 하나를 건너면 안면도安眠島가 있는데, 이 세 고을
은 가야산 서쪽에 있다. 또 북쪽에는 태안泰安과 서산瑞山이
있는데, 강화도와 작은 바다를 사이에 두고 남북으로 서로 마
주한다. 서산 동쪽은 면천沔川과 당진唐津이고, (면천에서) 동
쪽으로 큰 개를 건너면 아산牙山이다. 북쪽으로는 엇비슷하게
경기도 남양의 화량花梁과 작은 바다를 사이에 두고 마주했
다. 이 네 고을은 가야산 북쪽에 있다.

가야산 동쪽은 홍주洪州와 덕산德山인데, 둘 다 유궁진 서쪽
에 있다. 개 동쪽에 있는 예산·신창과 아울러 서울과 통하는
뱃길이 아주 빠르다. 홍주 동남쪽은 대흥大興·청양靑陽인데,

해미읍성
성종 때 서해안의 방어를 위해 돌로 쌓은 성이
다. 지금까지 남아 있는 읍성 가운데 원형을 가
장 잘 지킨 것으로 평가받는다. 해미는 충청병
마절도사영이 있을 때 군사의 중심지 구실을
했으며, 한때 이순신李舜臣이 훈련원봉사訓鍊院
奉事로 근무하기도 했다. 1970년대에 복원 사
업을 펼쳐 성 안에 있던 민가와 학교 등을 철거
했다.

대흥은 바로 백제의 임존성任存城이다. 이 열한 고을은 모두 오서산 북쪽에 있다.

서남 지방

오서산에서 앞으로 나온 한 줄기가 서남쪽으로 가서 성주산聖住山이 되었다. 산 서쪽은 비인庇仁·남포藍浦인데, 땅이 아주 기름진 데다 서쪽으로는 큰 바다에 닿아 있어 생선·소금·메벼의 이로움이 있다. 산 남쪽은 서천舒川·한산韓山·임천林川인데, 진강鎭江* 언저리다. 땅이 모시 가꾸기에 알맞아, 모시로 얻는 이익이 온 나라에서 으뜸이다. 강과 바다 사이에 위치해 뱃길의 편리함이 서울보다 못하지 않다. 진강 남쪽은 바로 전라도와 경계가 된다.

　(성주)산 동북쪽에 홍산鴻山과 정산定山이 있다. 홍산은 임천 북쪽에 있는데 동쪽으로 강경江景과 강을 사이에 두었고, 정산은 청양 동쪽에 있는데 공산과 경계가 맞닿았다. 이 일곱 고을은 풍속이 거의 비슷하고, 대대로 사는 사대부 집안이 많다. 그러나 청양과 정산, 두 고을은 모두 샘에 장기가 있어서 살 만한 곳이 못 된다.

공주목

공주는 경계가 아주 넓어서 금강 남쪽과 북쪽에 걸쳐 있다.

진강　충청도 서천과 전라도 옥구 사이에 흐르는 금강 하류를 진포鎭浦라고 했는데, 흔히 진강이라고도 했다.

지방 사람들 사이에 전하는 말로 "첫째가 유성儒城*이고, 둘째는 경천敬天*이며, 셋째는 이인利仁*이고, 넷째는 유구維鳩*다." 했는데, 살 만한 곳을 꼽은 것이다.

공주 동남쪽 40리에 계룡산이 있다. 전라도 마이산 줄기가 끝나는 곳으로, 금강 남쪽에 있다. 계룡산의 한 가지가 서쪽으로 내려오다가 크게 끊어져 판치板峙가 되고, 다시 솟아나 월성산月城山이 되었는데, (이 산이) 공주의 진산이다.

금강은 동쪽에서 공주 북쪽으로 흘러오다가 남쪽으로 굽어져 웅진熊津이 되고, 백마강이 되었으며, 강경강江景江이 되었다. 그리고 다시 서쪽으로 꺾어져 진강이 되었다가 바다로 들어간다.

공주 동쪽에서 금강 남쪽 언덕을 따라가다가 계룡산 뒤에서 겹쳐진 고개를 넘으면 유성 큰 들판이 되는데, 바로 계룡산의 동북쪽이다. 계룡산 남쪽 마을은 조선 초기에 도읍으로 정하려 한 곳인데, 실행되지 않았다. 이 골짜기 물이 들판 가운데를 가로지르며 서쪽에서 흘러오는데, 동쪽에서 진산珍山 옥계玉溪의 물과 합해졌다가 북쪽 금강으로 흘러든다. 이 냇물 이름이 갑천甲川이다.

갑천 동쪽은 회덕현懷德縣이고, 서쪽은 유성촌과 진잠현鎭岑縣이다. 동서 양쪽의 산이 남쪽에서 들판을 감싸안으며 (돌다가) 북쪽에서 만난다. 사방을 산으로 막아 들판 가운데를 둘러쌌는데, 평평한 둔덕이 뱀처럼 뻗었고 산기슭이 맑고도 빼어나다.

구봉산九峯山과 보문산寶文山이 남쪽에 우뚝 솟았는데, 맑고도 밝은 기상은 한양 동쪽 교외보다도 나은 듯하다. 논밭도 아주 좋고 넓다. 다만 바다가 조금 멀어서, 서쪽에 있는 강경의 교역이 필요하다. 강경까지는 100리도 되지 않는다.

계룡산 서남쪽의 네 고을은 모두 큰 들판 가운데 있는데, 서쪽으로는 강경나루가 경계이고, 북쪽으로는 공주와 닿아 있다. 계룡산 네 연봉에서 한 가지가 서쪽으로 내려와 경천촌이 되었는데, 판치의 남쪽에 있다. 땅이 기름지고 산이 웅장하며, 백성이 부유하고 물자가 넉넉하다.

(계룡산) 동쪽은 공주 대장촌大庄村이고, 서쪽은 이산尼山과 석성石城이며, 남쪽은 연산連山과 은진이다. 이산과 연산은 산가까이 있으면서도 땅이 기름지고, 은진과 석성은 들판에 있으면서도 땅이 메말라 홍수와 가뭄을 자주 겪는다. 이 네 고을은 경천촌을 통해 한 들판이 된 데다 바닷물이 강경으로 드나들므로, 들판 가운데 여러 냇물과 골짜기에 배가 통행하는 이로움이 있다.

강경은 은진 서쪽에 있다. 들판 가운데 작은 산 하나가 강가에 우뚝 솟아, 동쪽을 향해 두 줄기 큰 냇물을 좌우로 받아들였다. 뒤로는 큰 강을 등지고 조수와 통했는데, 물맛이 그리 짜지는 않다. 마을에 우물이 없어서, 온 마을에 (집집마다) 큰 독을 땅에 묻어 두고 강물을 길어 독에 붓는다. 며칠 지나면 탁한 찌꺼기는 밑에 가라앉고 윗물은 맑고 시원해, 여러 날이 지나도 물맛이 변하지 않는다. 오래 둘수록 더욱 차가워지며, 몇 십 년 동안 장기로 병을 앓던 자도 1년만 이 물을 마시면 병의 뿌리를 뽑는다. 어떤 사람은 이렇게 말했다.

"강물과 바닷물이 서로 섞이는 곳의 반쯤 싱겁고 반쯤은 짠 물이 풍토병을 고치는 데는 가장 좋은 법인데, 이 강물은 상등이다."

　은진 동북쪽에 있는 사제천沙梯川이 동남쪽으로 고산과 진산 경계와 통하는데, 80리나 되는 긴 골짜기가 모두 장기가 있는 냇물과 땅이어서 살 만한 곳이 못 된다.

　공주 서남쪽은 부여인데, 백마강 가에 있으며 백제의 옛 도읍지다. 조룡대釣龍臺 · 낙화암落花岩 · 자온대自溫臺 · 고란사皐蘭寺가 모두 백제 때의 자취며, 강가의 바위가 기이하고 경치도 매우 훌륭하다. 게다가 땅까지 기름져서 부유한 자가 많지만, 도읍지로 논한다면 터가 작고 비좁아서 평양이나 경주보다 훨씬 못하다.

　이인역利仁驛은 부여의 동북쪽, 공주의 서쪽에 있다. 산이 평평하고 들이 넓으며 논도 기름져서 역시 살 만한 곳이라고 할 수 있다.

　금강 북쪽과 차령 남쪽은 땅이 비록 기름지지만, 산이 살기를 벗어나지 못했다. 금강 가에 세운 정자로는 사송정四松亭 · 금벽정錦碧亭● · 독락정獨樂亭●이 있다. 사송정은 우리 집 정자

금벽정 지와止窩 조대수趙大壽(1655~1721)가 18세기 초에 공주로 낙향해 창벽蒼壁이 마주 보이는 금강 언덕에 세웠는데, 뒤에 마을로 옮겨 지으면서 탁금정濯錦亭이라고 이름을 고쳤다.

독락정 고려 말엽에 전리판서 임난수林蘭秀가 충신불사이군忠臣不事二君의 뜻을 지키려고 금강 월봉月峰 아래 은거해, 16년 동안 시를 읊으며 지내다 세상을 떴다. 그 뒤 그의 둘째 아들 임목林穆이 그의 옛집 터에 독락정을 지었다.

사송정
충청남도 공주시 장기면 월송리의 명탄서원 진입로 오른쪽, 금강을 바라보는 언덕 위에 있다. 이중환의 아버지 이진휴가 1701년에 충청도 관찰사로 임명되어 공주에 부임한 바 있다. 그래서 이중환이 우리 집 정자라는 표현을 썼다.

이고, 금벽정은 조 판서의 별장이며, 독락정은 임씨의 옛집이다. 모두 (주변) 강산의 경치가 높은 곳에 올라가 볼 만하다.

공주 서북쪽에는 무성산戊盛山이 있다. 이 산은 차령산맥의 서쪽 끝인데, 토산土山이 빙 돌아든 가운데 마곡사麻谷寺와 유구역維鳩驛이 있다. 골짜기에 시냇물이 많고 논도 기름져서, 목화·기장·조를 가꾸기에 알맞다. 사대부와 평민들이 여기 한번 살게 되면 풍년과 흉년을 모른다. 많은 사람들이 넉넉한 살림을 보전하게 되며, 떠돌거나 이사 가야 할 걱정이 적어지니, 대체로 낙토라고 할 수 있다. 지세는 산 위에서 끝을 맺었지만, 둔덕이 얕고 평평해 험하거나 뾰족한 모습이 없으며, 산 중턱에는 큰 돌이 없어 살기가 적다. 그러므로 남사고南師古도《십승기十勝記》에서 유구와 마곡사, 두 골짜기 사이를 피난할 만한 곳이라고 했다.*

(이곳에서) 서쪽으로 고개 하나를 넘으면 바로 내포다. 내포는 목화 가꾸기에 알맞지 않으므로, 바닷가 백성들은 생선과 소금을 가지고 유구에 많이 와서 목화와 바꾼다. 그러므로 공주에서도 오직 유구가 내포의 생선과 소금을 바꾸는 이익을 차지한다. 그래서 (유구는) 평시에나 난세에나 모두 살 만한 곳이다. 그러나 지세가 산 위에 모인 판국이라서 조산朝山•이 보이지 않으니, 맑고 빼어난 기상이 적다. 이것이 (유구가) 유성보다 못한 점이다.

고을 북쪽에 작은 산 하나가 강가에 서리고 얽혀 있는데, 그 모습이 마치 '공公' 자와 같다. '공주'라는 이름을 얻은 것도 이 때문이다. 산세를 따라서 작은 성을 쌓고 강을 해자垓子로 삼았으니, 지역은 좁지만 형세는 견고하다.

* 남사고는《십승기》에서 공주의 유구와 마곡(계룡산), 무주의 무풍(대덕산), 봉화의 춘양(태백산), 보은의 속리산, 부안의 변산, 성주의 만수동, 운봉의 두류산(지리산), 예천의 금곡동, 풍기의 금계촌(소백산), 영월의 정동 상류 등 열 곳을 피난할 만한 곳으로 들었다.

조산 풍수지리에서 조대산朝對山이라고도 하는데, 혈穴 앞에 있는 높고 큰 산이다. 주인에 대한 손님, 임금에 대한 신하의 비유로서 주산主山에 대칭된 개념으로 쓴다.

인조가 갑자년(1624)에 이괄李适의 난*을 피해 이곳으로 거둥*했는데, 산 위에 나무 두 그루가 있었다. 임금은 날마다 이 나무에 기대어 북쪽으로 궁원弓院들을 바라보았다. 그런데 하루는 말 탄 사람이 나는 듯이 달려오므로 물어보았더니, (관군이 이괄의 군사에게) 이겼다는 보고였다. 임금은 크게 기뻐하며 두 나무에 통정대부通政大夫라는 호를 내렸다. 그 뒤 관아에서 이 산 위에 (쌍수정이라는) 작은 정자를 지었는데, 지금 나무는 말라 죽고 정자만 남아 있다. 성 안에 군량미를 저장하고 무기를 닦아 두어, (공주도) 강화·광주와 아울러 특별히 중요한 곳이 되었다.

성 북쪽에 있는 공북루拱北樓는 매우 웅장하고도 화려하며, 물가에 임해 경치도 좋다. 선조 때 서경西坰 유근柳根이 (충청) 감사가 된 뒤 이 누각에 올랐다가 시를 지었다. 그 가운데 이런 구절이 있다.

소동파는 적벽에 놀았지만 나는 지금 창벽에 놀고,
유량은 남루에 올랐지만 나는 여기 북루에 올랐네.

창벽이 금강 상류에 있고 누각 이름이 공북루라서 이렇게 지은 것이다. 어떤 사람은 서응徐凝의 나쁜 시*라고 했지만, 서경 자신은 아름다운 구절이라고 자랑했다.

금강 상류(속리산 일대)

속리산의 한 줄기가 남쪽으로 달려와 추풍령秋風嶺에서 크게 끊어졌다가, 다시 솟아나 황간黃澗의 황악산黃岳山이 되었다. (그러고는 다시) 전라도로 들어가 무주 덕유산이 되고, 덕유산에서부터 (다시 달려가다가) 장수와 남원 사이에서 크게 끊어진 다음, 서쪽으로 가서 임실의 마이산이 되었다. 여기에서 돌산 한 줄기가 거꾸로 북쪽으로 가서 주류산珠旒山 · 운제산雲梯山 · 대둔산이 되고, 충청도로 들어가서는 금강을 등지고 돌아서 계룡산이 되었으니, 남북으로 통하는 산맥의 한 줄기가 된 것이다.

덕유산과 마이산 사이에 있는 동서 여러 고을의 냇물과 골짜기의 물이 합쳐져 금강의 근원이 되었는데, 이름은 적등강赤登江이다. 남쪽에서 북쪽으로 흐르다가 옥천 동쪽에 이르러 또 속리산의 물과 합해지고, 서쪽으로 굽어 금강이 된다. 적등강의 동쪽은 장수 · 무주 · 영동 · 황간 · 청산 · 보은이고, 서쪽은 진안 · 용담 · 금산 · 옥천이다. 장수 · 무주 · 금산 · 용담 · 진안은 전라도 땅이고, 옥천 · 보은 · 청산 · 영동 · 황간은 충청도 땅이다. 무주와 장수는 덕유산 밑에 있는데, 큰 숲과 깊숙한 골짜기가 많고 산세는 답답하다.

영동은 속리산과 덕유산 사이에 있다. 동쪽에 있는 추풍령은 덕유산에서 나온 산줄기가 지나가다가 정기를 멈춘 곳이다. 이름은 비록 고개〔嶺〕라고 하지만, 실제로는 평지다. 그러므로 산이 많긴 해도 심하게 거칠거나 웅장하지 않고, 아주 낮거나 평평하지도 않다. 바위나 봉우리가 모두 윤택하고도 맑은 기운을 띠었으며, 골짜기와 시냇물이 맑고도 깨끗해 좋아할 만하다. 조악하거나 놀라운 형상은 없다. 땅이 기름진 데다 물도 많아 물 대기가 쉬우므로, 가뭄은 적은 편이다.

청산도 그렇다. (청산은) 북쪽으로 보은과 닿아 있는데, 보은은 땅이 매우 메마르다. 관대館垈는 속리산 남쪽 증항甑項 서쪽에 있는데, 들이 넓고 땅이 기름져 가장 살 만한 곳이다. 이 두 고을은 모두 대추가 잘 되어, 백성들이 대추를 팔아 먹고 산다.

보은 북쪽에 있는 회인현懷仁縣은 첩첩산중에 있는데, 고을이 작긴 하지만 풍계촌楓溪村이 살 만하다.

진안은 마이산 아래 있는데, 땅이 담배 가꾸기에 알맞다. 진안 경계 안에 있는 땅이라면 아무리 높은 산 꼭대기에 심어도 무성하게 자라므로, 많은 주민들이 이것을 생업으로 삼는다.

북쪽은 용담인데 시내와 산이 기이하고 주줄천과 반일암이 있으니, 난리를 피할 만한 곳이다. 그 북쪽은 금산이고, 그 북쪽은 옥천이다. 금산과 옥천에도 돌산이 많은데, 모두 들판 가운데 따로 떨어져 있다.

옥천은 북쪽으로 금강이 끝이고, 서쪽으로는 회덕과 고개 하나를 사이에 두고 있다. 산천이 깨끗하고 흙빛이 맑아, 한양 동쪽 교외와 같다. 들은 너무 메말라 논의 수확이 적고, 주민들은 오직 목화 심는 것을 생업으로 삼고 있다. 땅이 목화 가꾸기에 가장 알맞다. 그러나 예부터 문학하는 선비가 많이 나왔으니, 학사 남수문南秀文과 우재尤齋 송시열이 모두 이 고을 사람이다.

금산의 동쪽 끝은 적등강赤登江이고, 서쪽 끝은 대둔산인

데, 그 가운데 조계釣溪 · 진락進樂 두 산이 있다. 또 큰 내가
많아서 물 대기가 쉬우므로 논밭이 매우 기름지다. 게다가 수
석도 훌륭하니, 열 고을 가운데 가장 살 만한 곳이다.

속리산은 청주 동쪽으로 100리 되는 곳에 있다. 이 산에서
나오는 물이 동쪽으로 흘러 경상도 낙동강에 들어가고, 서쪽
으로 흘러 금강에 들어가며, 북쪽으로 흘러 충주 달천이 되어
한강에 들어간다. 산맥 한 가지가 북쪽으로 달려가 거대령巨
大嶺이 되고, 달천을 끼고 서북쪽으로 경기도 죽산 경계에 이
르러서는 칠장산七長山이 되었다. 칠장산에서 한강을 따라 서
북쪽으로 간 산줄기는 흩어져서 한강 남쪽의 여러 산이 되었
고, 서남쪽으로 간 산줄기는 (따로) 한 영맥嶺脈이 되었다.

(그 산줄기가) 진천에서는 대문령大門嶺이 되고, 목천에서는
마일령磨日嶺이 되었다. 전의읍全義邑 서쪽에서는 크게 끊어져
평지가 되었다가, 금강 북쪽에 이르러 차령이 되었으며, 서쪽
에서는 무성산과 오서산이 되었다. 남쪽은 임천林川 · 한산韓
山에서 그쳤고, 북쪽은 태안 · 서산까지 이르렀다.

마일령 동쪽과 거대령 서쪽 중간에 큰 들판이 펼쳐지고,
동쪽과 서쪽 두 산의 물줄기가 들판 가운데서 합쳐져 작천鵲
川이 되었다. 작천은 진천 칠정七亭의 동쪽에서 발원해, 남쪽
의 금강 상류 부용진芙蓉津으로 들어간다.

청주목

작천 서쪽에는 서산 옆에 목천 · 전의 · 연기가 있고, 작천 동

쪽에는 동산 옆에 청안淸安·청주·문의文義가 있다. 그 가운데 청주가 가장 큰데, 공주에서 동북쪽으로 100리 되는 곳에 있다. 고을은 거대령 밑에 있으며, 작천 서쪽을 넘어 목천·연기 사이로 끼어들었다가 서산에서 그쳤다.

서산 한 줄기가 구불거리며 남쪽으로 내려왔는데, 모두 흙산이고 돌산이 없다. (그 산줄기가) 작천 서쪽에서 휘돌아, 북쪽으로는 목천·전의에서 남쪽으로는 연기까지 산빛이 아름답고 고우며 들의 형세도 겹겹이 감싸서, 지관들의 말로는 살기를 벗었다고 한다. (이 일대는) 금산·옥천에 비해 훨씬 평탄하고 땅이 매우 기름져, 오곡과 목화 가꾸기에 알맞다.

작천 동쪽은 큰 들판인데, 동남쪽으로 40리까지 뻗어 있다. 들판 가운데 산 하나가 있는데, 봉우리가 여덟이므로 이름을 팔봉산八峯山이라고 했다. 남쪽에서 서북쪽으로 향했고, 등성이와 기슭이 들판 가운데 서렸으며, 동쪽으로 거대령과 마주한다. 흰 모래, 얕은 시내, 평평한 등성이, 아름다운 산기슭이 경기도 장단읍과 비슷하다.

(청주) 고을은 서향인데, 지대가 낮고 강물이 높아서 해마다 물난리가 날까 봐 걱정한다. 고려 말엽에 정도전이 재상으로 있으면서 태조의 모신謀臣 노릇을 했는데, 목은 이색과 도은陶隱 이숭인李崇仁 등 어진 사람들을 꺼렸다. 그래서 그들을 귀양 보낸 곳에서 청주 옥으로 잡아 오게 하고, 관원을 보내 문초하게 했다. 그런데 문초하려는 날이 되자 갑자기 큰비가 쏟아져, 잠시 동안에 물이 성문으로 넘쳐흐르고 관청 뜰까지 밀려들었다. 옥사를 다스리던 관원과 죄인들이 뜰에 서 있는 나무를 붙들고 겨우 죽음을 면했다. 이 일이 알려지자 태조도

그들의 원통함을 알고 석방하라고 명령했다. 그러나 이숭인은 정도전이 더욱 꺼리던 사람이었으므로 마침내 죽임을 당했다.

지대는 동쪽이 높고 북쪽이 비어서 은은히 살기가 있다. 고을에 병마절도사의 영營이 있는데, 무신년(1728)에 역적 이인좌李麟佐가 군사를 일으켜 밤에 (병영을) 습격해 병사兵使 이봉상李鳳祥과 영장營將 남연년南延年을 죽였다. 드디어 성을 점령해 반역하고는, 그 무리 중 신천영申天永을 병사로 삼아 머물게 했다. 그러나 고을 군사들을 다 끌고 북쪽으로 올라가 안성까지 이르렀다가, 순무사巡撫使 오명항吳命恒에게 패했다.

(청주에서) 동쪽으로 거대령을 넘으면 상당산성上黨山城이 있고, 그 동쪽에는 청천창靑川倉이 있다. 창 서쪽은 신씨申氏 마을이고, 남쪽으로 작은 고개를 넘으면 인풍정引風亭·옥류대玉流臺가 있는데 변씨卞氏들이 사는 곳이다. 큰 산들 사이에 시내와 바위가 자못 그윽한 경치를 이루었다. 또 동쪽으로 커다란

영조

신임사화(1721~1722) 뒤 실각했던 노론이 영조의 즉위와 함께 다시 집권하고, 노론 4대신을 무고했던 소론의 김일경·목호룡 등이 처형당하자, 영조 3년(1727) 7월 1일에 소론의 이인좌·김영해·정희량 등이 주동해 밀풍군 탄坦을 새 임금으로 추대하고 반란을 일으켰다. 경종은 이복 아우인 영조에게 독살당했으며 영조는 숙종의 친아들이 아니므로, 왕대비의 밀조密詔를 받아 경종의 원수를 갚고 소현세자의 적파손嫡派孫인 밀풍군을 왕으로 추대해 왕통을 바르게 하려 한다는 것이 그들의 격문 내용이었다. 한때 이들의 기세가 청주·진천·죽산·안성까지 미쳐 막강했지만, 용인에 물러나 있던 소론의 원로대신 최규서가 이를 알고 조정에 알려 반군의 계획은 무너지고, 새로 순무사에 임명된 병조판서 오명항이 이들을 평정했다. 일부가 불에 탄 채로 남아 있는 옆의 그림은 영조가 즉위하기 전 연잉군이던 때의 초상이다. 국립고궁박물관 소장

골짜기를 건너면 귀만龜灣인데, 골짜기와 산이 아주 아름답다. 상당과 청천을 아울러 산동山東이라고 하는데, 지대가 산 위에 있으므로 바람이 차가워서 청주 들판보다는 못하다.

남쪽에 속리산이 있고, 동쪽은 선유산仙遊山이 막아 서 있다. 북쪽은 속리산 줄기가 북쪽으로 뻗으며 고리처럼 감싸 안았다. 북쪽은 막혔고 남쪽은 통했는데, 그 안에 이름난 마을이 많다. 이 지방에서 쇠가 나고 관곽棺槨과 궁실宮室을 지을 재목이 넉넉해, 평야 지대의 사람들이 모두 여기로 와서 교역한다.

청천에서 동북쪽으로 수십 리 되는 곳에 송면촌松面村이 있다. 문경 · 괴산 · 청주 등 세 고을의 경계에 있는데, 골짜기와 산이 아주 아름답다. 청천 남쪽에 있는 용화동龍華洞은 서남쪽*으로 속리산과 아주 가깝지만 그다지 험하지는 않으며, 들판이 조금 열렸지만 땅은 메마르다. 산골 백성들이 모여 사는 마을이 있는데, 그 남쪽은 율치栗峙다. 용화동의 물이 청천에서 속리산의 물과 만났다가 북쪽에 있는 괴산의 송계松溪로 흘러드는데, 남북 위아래로 물을 따라서 경치 좋은 곳이 많다.

(청주) 북쪽은 진천鎭川이다. 진천은 청주에 비해 들이 적고 산이 많다. 산골짜기가 겹겹이 감도는 데다 큰 시내도 많다. 그러나 답답한 기상은 없으며, 땅도 매우 기름지다. 서북쪽으로 대문령을 넘으면 안성 · 직산 땅이다. 바다와 겨우 100리 떨어져 있으므로 생선과 소금을 편하게 사들일 수 있다.

문의文義는 남쪽으로 형강荊江에 닿아 있는데, 산에는 울창한 빛이 적지만 강가에 경치 좋은 곳이 많다. 그러나 청안淸安은 산수가 촌스러워 살 곳이 못 된다.

* 실제는 동남쪽이다.

천안 · 아산

목천 마일령 서쪽에서 내포 동쪽까지, 그리고 차령 북쪽으로
는 천안 · 직산 · 평택 · 아산˙ · 신창 · 온양 · 예산 등 일곱 고
을은 풍속이 대략 같다. 남쪽은 산골인데, 산골 가까운 곳은
땅이 기름져 오곡과 목화 가꾸기에 알맞다. 북쪽은 바닷가인
데, 바닷가 가까운 곳은 거친 땅과 기름진 땅이 반반이다. 비
록 생선과 소금이 나고 뱃길이 편리하기는 해도 목화 가꾸기
에는 알맞지 않다.

천안과 직산은 남북으로 통하는 큰길이다. 직산에서 평야
지대로 20리를 가면 평야가 끝나는 곳에 소사하素沙河가 있는
데, 그 북쪽이 바로 경기도의 남쪽 경계다.

옛날 선조 정유년(1597)에 왜적이 남원에서 (명나라 장수)
양원楊元을 쳐부수고, 전주를 거쳐 북쪽으로 공주까지 올라와
군세가 매우 강성했다. 그때 (명나라 장수) 형개邢玠는 총독으
로 요동에 머물러 있었으며, 경리經理 양호楊鎬가 10만 군사를
이끌고 새로 평양에 이르렀다. 그가 연광정 위에서 저녁을 먹
고 있는데, 말을 달려 급보가 날아들었다. 양호는 젓가락을
놓고 포를 쏜 뒤 곧 말에 올라 남쪽으로 달려갔다. 기병이 먼
저 급히 따르고, 보병도 뒤따랐다. 평양에서 한양까지 700리
길을 하루 낮 이틀 밤 만에 달려왔다.

(양호가) 달단韃靼˙ 출신 장수 해생解生 · 파귀擺貴 · 새귀賽
貴 · 양등산楊登山에게 철갑 기병 4000명을 거느리게 하고, 이
들 사이에 원숭이 수백 마리를 섞어 들판이 끝나는 소사하 다
리 밑에 숨어 있게 했다. 그가 왜적을 바라보니, 직산에서 북

천안 · 직산 · 평택 · 아
산 평택이 지금은 경기
도에 속해 있지만 조선
시대에는 충청도에 속한
현이었다. 이 일대는 경
기도와 충청도 사이라서
행정구역이 자주 바뀌었
다. 평택현 · 직산현 · 아
산군이 모두 연산군 을
축년(1505)에 경기도로
소속이 옮겨졌다가, 중
종 초년에 다시 충청도
에 속하게 되었다. 지금
은 이 가운데 평택만 경
기도에 속한다.

달단 만주 북부에 살던
몽골의 부족 가운데 하
나인 타타르 족이다.

으로 올라오는데 마치 수풀 같았다. (그들이 숨어 있는 곳에서) 100여 보 되는 곳에 (왜적이) 이르자, 먼저 원숭이를 풀어놓았다. 원숭이들은 말을 타고 채찍질을 하면서 왜적의 진으로 뛰어들었다. 왜국에는 본래 원숭이가 없으므로, (왜적들은) 원숭이를 처음 보았다. 사람 같기도 한데 사람은 아니어서, 모두 괴이하게 여겼다. 진에 머무른 채, 모두 발을 멈추고 멍하니 바라보기만 했다. 왜적의 진에 가까이 간 원숭이들은 곧 말에서 내려 진 안으로 들어갔다. 왜적들은 원숭이들을 사로잡으려 했지만, 원숭이들은 잘 피하면서 온 진을 꿰뚫고 다녔다. 진이 어지러워지자, 해생 등이 (이 틈을 타서) 곧 철갑 기병을 풀어 급히 짓밟게 했다. 왜적은 총과 화살을 한 번도 쏘아 보지 못하고 크게 져 남쪽으로 달아났다. 들판은 쓰러진 시체로 덮였다. 이겼다는 기별이 오자 양호는 군사를 정돈하고, (왜적을) 남쪽으로 쫓아 경상도 바다에까지 이르렀다.

왜적들이 우리나라에 쳐들어온 뒤부터 그때까지 그와 같은 승리는 없었다. 양호가 지휘한 꾀와 절제한 공은 이여송이 평양에서 거둔 승리보다 더 컸다. 하지만 주사 정응태丁應泰는 양호가 자기에게 사유를 알리지 않고 혼자서 공을 이룬 것을 분하게 여겨, 그가 싸움에 이긴 것이 거짓이라고 무고했다. 그래서 양호는 탄핵을 받아 본국으로 돌아갔다. 이 일만 보아도 명나라 조정의 기강이 무너진 것을 알 수 있다.

선조가 사신을 보내 양호가 무고당한 것을 변호했고, 정응태는 곧 관직이 갈렸다. 그러나 그는 동림당東林黨●에 붙었고, 그의 아들이 자기 아비의 일을 동림당에 호소했다. 목재牧齋 전겸익錢謙益이 그 말을 믿고 자기 문집에 (정응태가 옳다고)

동림당 송나라 때 무석無錫에 동림서원을 세웠는데, 명나라 만력(1573~1619) 연간에 고헌성顧憲成 등이 그 서원을 중수하고 고반룡高攀龍 등과 학문을 논했다. 그러다가 차츰 조정의 정사와 인물을 평하면서 많은 사대부들이 따르게 되어, '동림당'이라는 이름이 생겨났다.

기록했으니, 동림당의 허술함과 군자가 쉽게 속는 것을 알 수 있다. 들에서 밭 가는 자들이 지금까지도 이따금 창이나 칼 따위를 줍는다.

유궁포의 물이 북쪽으로 흘러와 소사하와 만나는 곳이 바로 아산현이다. 칠장산 큰 줄기가 직산 성거산에 와서 다시 한 줄기가 들판 가운데로 뻗어 내렸는데, 이 산줄기가 성환역을 거쳐 아산 영인산靈仁山에서 그쳤다. 이 산이 바로 아산현의 진산이다. 산은 동남쪽으로 앉아 서북쪽을 향했는데, 소사하 하류가 여기 와서는 산 바로 앞에 감돌아 머문다. 산 뒤쪽으로는 곡교천 큰 줄기가 동남쪽에서 흘러드는데, 이 두 물줄기가 서북쪽에 함께 모여 큰 호수가 되었다.

호수 남쪽의 산 하나는 신창에서 뻗어 왔고, 호수 북쪽의 산 하나는 수원에서 뻗어 왔는데, 이 산들이 수구水口를 감싸 안아서 문같이 되었다. (호수의) 물이 문을 통해서 나오면 바로 유궁포의 하류와 합쳐져, 영공산令公山이 큰 배에 돛을 올린 모습처럼 보인다. 영공산은 전체가 돌로 되어 있는데, 중류에 우뚝 서 있는 모습이 마치 발해 복판에 있는 갈석산喝石山과도 같다.

나라에서 영인산 북쪽 바닷가에 창고를 설치하고,* 바다에서 가까운 충청도 여러 고을의 조세를 거둬 해마다 배에 실어 서울로 나른다. 그래서 이 호수를 공세호貢稅湖라고 부른다. 이 지방은 본래 생선과 소금이 넉넉했는데, 창을 설치한 뒤부터 백성들이 많이 모이고 장사꾼들도 모여들어 부유한 집이 많아졌다. 창이 있는 마을만 그런 것은 아니다. 영인산 줄기가 두 물줄기 사이에 그쳐 기맥이 풀어지지 않았으므로, 산의 전

* 지금의 아산시 인주면 공세리에 공세창貢稅廠을 설치해 아산 및 서산·공주·천안·연기·서천·부여·청주·옥천 등 충청도 40 고을의 세곡을 이곳에 거둬 두었다가 뱃길로 서울에 보냈다. 처음에는 창고가 없었는데, 1523년에 80칸 건물을 지었다.

114

후좌우가 모두 이름난 마을이며 사대부의 집이 많다.

유궁포 동쪽과 서쪽의 여러 고을에 모두 장삿배가 통하는데, 그 가운데서도 오직 예산이 장사들이 거래하는 도회지가 되었다. 차령에서 서쪽으로 뻗은 줄기가 북쪽으로 떨어져 광덕산이 되고, 또다시 떨어져 설라산雪羅山이 돼 온양 동쪽에 있다. 민중閩中 포전莆田의 호공산壺公山*같이 하늘 높이 빼어나 홀笏처럼 우뚝한 모습이다. 이 산을 동남쪽의 길방吉方이라고 하는 까닭은 아산·온양의 여러 마을에서 높은 벼슬을 지낸 사람과 문학하는 선비가 많이 나왔기 때문이다.

충주목

충주는 청주에서 동북쪽으로 100여 리 되는 곳에 있다. 청주에서 청안淸安의 유령楡嶺을 넘고 괴산을 지나 달천을 건너면 충주읍이 되는데, 한양에서 동남쪽으로 300리에 있다. 속리산 구요팔곡九遙八曲*의 물이 북에서 청주 산동山東에 이르러 청천이 되고, 괴산에서 괴강槐江이 되며, 고을 서쪽에 이르러 달천이 되었다가, 다시 북쪽으로 금천金遷 앞에 이르러 청풍강과 합쳐진다. 임진년에 명나라 장수가 달천을 지나다가 물맛을 보고 '(중국) 여산廬山 폭포의 물맛과 같다'고 했다. 고을이 한강 상류에 있어서 물길로 오가기가 편리하므로, 서울의 사대부들이 예부터 여기에 많이 살았다.

달천에서 남쪽으로 (물을) 거슬러 가면 괴강에 이르고, 동쪽으로 거슬러 가면 청풍에 이르는데, 사대부의 정자가 많고 의관 차린 사람들이 모이며 배와 수레도 모여든다. 또 국도의 동남쪽에 있으며 과거에 급제한 자가 많기로도 팔도 여러 고을 가운데 으뜸이니, 이름난 고을이라고 부르기에 충분하다.

경상 좌도에서 (한양에 가려면) 죽령을 거쳐 (이 고을로) 통하고, 우도에서는 조령을 거쳐 (이 고을로) 통한다. 두 고개의 길이 모두 이 고을로 모여, 물길이나 육로로 한양과 통한다. 이 고을이 경기도와 영남으로 가는 요충에 해당되므로, 유사시에는 반드시 다투는 곳이 된다. 참으로 나라의 한복판이 되어 중국의 형주나 예주와 같기 때문에, 임진년에 왜적이 신립申砬을 여기서 패배시켰다. 보통 때도 살기가 하늘을 찌르며, 햇빛이 보이지 않는다. 지세가 서북쪽으로 쏟아지며 정기가 머물러 쌓이지 않으므로 부유한 자 또한 적다. 백성이 많아 항상 구설이 많고 경박해서 살 곳이 못 된다. 그러나 이는 충주 고을만 가지고 논할 것이다.

충주에서 서쪽으로 달천을 건너면 속리산이고, 속리산에서 북쪽으로 뻗은 한 가지가 음성현 서쪽에 우뚝 솟아 가섭산과 부용산이 되었다. 이 산줄기가 하나는 금천에서 그쳤고, 다른 하나는 가흥에서 그쳤으며, 나머지 줄기는 달천 서쪽으로 빙 돈다. 땅은 오곡과 목화 가꾸기에 알맞고, 토질도 매우 기름지다. 산골에 마을이 섞여 있는데, 부유한 자가 많다. 그 가운데서도 금천과 가흥이 가장 번성하다.

금천은 두 강이 마을 앞에서 만난 뒤에 마을 북쪽으로 둘러서 흘러가므로 동남쪽으로는 영남의 물자를 받아들이고 서북쪽으로는 한양의 생선과 소금을 받아들여, (교역하는) 여염집들이 즐비하게 늘어서 있다. 마치 한양의 여러 강마을들과 비슷하다. 배의 고물과 이물들이 잇닿아 커다란 도회지를 이루었다.

가흥은 금천 서쪽 10여 리 되는 곳에 있는데, 강이 동남쪽에서 서북쪽으로 흘러가고 마을은 남쪽 언덕에 있다. 부용산의 한 가지가 강물을 거스르며 우뚝하게 솟아 장미산이 되었는데, 이 산이 바로 가흥의 주산이다. 나라에서 여기에 창을 설치해* 고개 남쪽의 경상도 일곱 고을과 고개 북쪽의 충청도 일곱 고을의 세곡을 거두고, 수운판관•을 시켜 뱃길로 서울까지 실어 나른다. 주민들은 객주업을 하면서 쌀이 드나들 때 끼어들어 이문을 노리는데, 가끔 횡재하는 수가 있다. 두 마을에는 과거에 급제해 높은 벼슬을 지낸 사람도 많다.

가섭산 일대에서 속리산 서쪽으로 뻗은 줄기를 소속리산이라고 부른다. 여기에서 다시 한 가지가 거슬러 뻗어서 옥장산玉帳山과 팔성산八聖山이 되었다가 말마리抹馬里에서 그쳤는데, 이곳이 바로 기묘사화 때의 명현名賢인 십청十淸 김세필金世弼이 벼슬에서 물러나 살던 곳이다. 그의 자손들이 지금까지도 대대로 살며, 민가가 수백 호인데 모두 넉넉하게 산다.

마을 앞에 커다란 냇물이 있어 물을 대므로, 1묘에 1종씩 거두는 논이 많다. 그래서 예부터 흉년이 적다. 한양과의 거리가 200리밖에 안 되는 데다 여강과 물길로 통하니 참으로 살 만한 곳이다. 이 지방 사람들은 금천·가흥·말마리와 강 북쪽에 있는 내창內倉을 충주 4대촌이라고 한다.

충주 고을에서 서북쪽으로 7리쯤 되는 곳에 작은 산 하나가 두 강물이 만나는 곳의 안쪽에 솟아 있다. 신라 때 우륵于勒 선인仙人이 가야금을 타던 곳으로, 탄금대彈琴臺라고 부른다. 탄

* 가흥창이다. 옛날에는 덕흥창이라 불렸으며, 경원창이라고도 했다. 가흥역 동쪽 2리에 있다. 금천 서쪽 언덕에 있던 것을 세조 때 여기로 옮겼다. 경상도 여러 고을과 충주·음성·괴산·청안·보은·단양·영춘·제천·진천·황간·영동·청풍 등 고을의 전세田稅를 여기에서 거둬 뱃길로 서울까지 옮겼는데, 수로로 260리다. 예전에는 창고 건물이 없었는데, 중종 16년에 비로소 집을 지었다. 모두 70칸이다. 《신증동국여지승람》제14권〈충주목〉.

수운판관 수운水運에 대한 일을 맡아보던 종5품 벼슬이다.

금대에서 강을 건너 북쪽으로 가면 북창北倉이 있는데, 강가에 있는 바위의 경치가 좋다. 창 서쪽은 기묘사화의 명현인 탄수灘叟 이연경李延慶이 살던 곳이다. 자손 10대에 걸쳐 끊임없이 과거에 합격하자, 사람들이 '강가의 명당'이라고 했다.

강을 따라 서쪽으로 가면 월탄月灘이 되는데, 홍씨들이 사는 곳이다. 또 그 서쪽은 하담荷潭인데, 옛 판서 김시양金時讓이 살던 곳이다. 그 서쪽은 목계木溪인데, 강을 내려오는 생선배와 소금배들이 정박하며 세를 내는 곳이다. 동해의 생선과 영남 산골의 물산이 모두 이곳에 모여드니, 주민들이 모두 장사를 하며 부유하다.

목계 서쪽은 청룡사 골짜기인데, 서쪽으로 원주와 닿아 있다. 동쪽으로는 북창에서 서쪽으로는 청룡사까지를 아울러 강북 여러 마을이라고 하는데, 강가의 경치는 좋지만 땅이 메마르다. 큰 강 남쪽에서 달천 서쪽까지의 기름진 땅보다는 못하다.

목계에서 북쪽으로 10리 되는 곳에 있는 내창촌內倉村은 1000년 동안 이름난 마을이다. 산속에 들판이 펼쳐져 바람기가 아늑한 데다 땅도 매우 넓어서, 대대로 살아오는 사대부들이 많다. 동쪽은 월은령月隱嶺과 맞닿았는데, 이 고개 동쪽은 바로 제천과의 경계다.

충주 동쪽은 청풍부淸風府인데, 강가에 한벽루寒碧樓가 있다. 자못 상쾌한 데다 경치까지도 그윽해, 상류에서 이름난 누각이다. 청풍부 서쪽에 있는 황강촌黃江村은 수암遂庵 권상하權尙夏가 살던 곳이다. 청풍 동쪽은 단양이고, 단양 북쪽은 영춘이다. 이 세 고을은 모두 시내와 골짜기가 험하고 들판이

적다.

충주 동북쪽의 제천은 사면에 산이 있다. 산 위에 터를 잡 았는데, 안으로 들판이 펼쳐진 데다 산이 낮아서 훤하고 명랑 하며 대대로 사는 사대부 집안이 많다. 그러나 지대가 높아서 바람이 차고, 땅이 메말라 목화를 가꾸지 못하므로, 부유한 자는 적고 가난한 자가 많다. 북쪽에 의림지義林池가 있는데, 신라 때 큰 둑을 쌓고 물을 막아서 온 고을의 논에 물을 댔다. 못 서쪽에 후선정候仙亭이 있는데, 김씨 집안의 소유다. 비록 영동의 여러 호수보다는 못하지만, 배를 띄워 놀기에는 넉넉 하다. (제천) 북쪽은 평창과 가깝고 동쪽은 영월과 닿아 있다. 첩첩산중에 있는 깊은 골짝이므로 참으로 난리와 속세를 피 할 만한 곳이다.

연풍延豊은 충주 남쪽에 있는데, 높은 벼슬을 지낸 자는 없 다. 그러나 땅이 기름지고 물대기가 쉬워서 목화 가꾸기에는 좋은 밭이다.

연풍 서쪽은 괴산인데, 땅이 새재와 유령 두 고개 사이에 있어 지세가 비좁고 울퉁불퉁하다. 그러나 살기를 조금은 벗었다. 동쪽으로는 큰 강을 마주해 경치 좋은 곳과 이름난 마을이 많으며, 높은 벼슬을 지낸 자도 많다. 땅은 오곡과 목화를 가꾸기에 알맞다. 북쪽으로는 금천과 가까워, 역시 살 만한 곳이다. 여기에서 동쪽으로 새재를 넘으면 (경상도) 문경이고, 서쪽으로 유령을 넘으면 음성이다. 서쪽으로는 경기도 죽산·음죽과 경계가 닿아 있다.

경기도

여주부

충주의 서쪽은 경기도 죽산·여주와 경계가 닿아 있다. 죽산의 칠장산七長山은 경기도와 호서의 경계에 우뚝 솟았는데, 서북쪽으로 뻗치다가 수유현水踰峴에서 크게 끊어져 평지가 된다. 그러다가 다시 일어나 용인의 부아산負兒山이 되고, 석성산石城山과 광교산光敎山이 된다. 광교산 서북쪽에서는 관악산冠岳山이 되었다가, 곧바로 서쪽으로 가 수리산修李山이 되면서 서해로 스러진다.

죽산에서 또 한 가지가 갈라져 북쪽으로 음죽陰竹을 지나 여주 영릉英陵에서 그치는데, 이곳은 우리 장헌대왕莊憲大王을 모신 곳이다. 땅을 열 때* 옛 표석標石을 얻었는데, '마땅히

* 장헌대왕의 능을 만드느라 땅을 판 것을 가리킨다. 참고로, 뫼를 쓰려고 흙을 파기 전에 토지신에게 올리는 제사를 개토제開土祭라고 한다.

동방의 성인을 장사 지낼 곳'이라고 새겨 있었다. 술사術士들이 '회룡자좌回龍子坐에 신수입진申水入辰'*이라고 해, 여러 왕릉 가운데 으뜸으로 친다고 한다.

죽산 남쪽에는 구봉산九峯山이 있다. 산봉우리들로 둘러싸여 산성을 만들 만한데, 경기도와 호남으로 통하는 큰길 한가운데를 차지하고 있다. 죽산 서쪽에서 양지陽智를 지나면 (그 산줄기가) 흩어져 한강 남쪽의 여러 고을이 되는데, 마을들이 쇠퇴하고 산수가 밝지 못해 살 만한 곳이 없다.

물길로는 충주에서 강을 따라 서쪽으로 내려가면서 원주·여주·양근을 돌아 광주 북쪽에 이르러 용진강龍津江을 만난 뒤에 한양의 앞강이 된다.

여주읍은 강 남쪽에 있는데, 한양에서 수륙 200리도 채 떨어져 있지 않다. 고을 서쪽에 백애촌白崖村이 있는데, 한 구비

영릉
장헌대왕(세종)과 소헌왕후昭憲王后 심씨沈氏의 능으로 여주군 능서면 왕대리에 있다. 조선의 왕릉 가운데 첫 번째 합장릉合葬陵이며, 풍수설에 따르면 최고의 명당이다.

회룡자좌 신수입진 돌아오는 산맥이 북쪽을 등지고 정남향으로 앉았으며, 서북방 물이 정동으로 흘러가는 지형이다.

* 풍수 원칙상 명당의 물길은 들어오는 방향은 보여야 하고 나가는 방향은 그 흐름을 볼 수 없어야 한다. 이것이 득파길흉론得破吉凶論이다. 최창조 교수는 《한국의 풍수지리》에서 이 원칙을 이렇게 설명했다. "들어오는 물길이 보여야 물난리를 대비할 수가 있다. 보이지 않으면 졸지에 재난을 당할 수 있기 때문이다. 이 경우 물론 정면으로 쏘는 듯 직류하며 달려 들어서는 안 된다. 그 역시 재난의 위험이 있는 데다가, 마을 사람들의 심성을 불안하게 하기 때문이다. 나가는 물이 훤히 내다보이면 눈에 보이는 것이 요요해 마음을 허망하고 허탈케 한다. 세속을 떠날 결심을 하지 않은 바에야 요요히 허망한 마음이 무슨 쓸모가 있으랴. 그러니 나가는 물은 꼬리를 감추듯 보이지 않아야 한다는 것이다."

긴 강이 동남에서 북동으로 들어가며 마을 앞을 가로질러 흐른다. 이곳이 바로 강가에서 으뜸가는 마을터다. 수구水口가 막혀 강물이 어디로 흘러가는지도 알 수 없다.* 고을과 마을이 평야로 통해, 동남쪽이 넓게 트이고 기색이 상쾌하다. 이 두 마을에는 사대부들의 집이 많은데, 대대로 이어 산다. 그러나 백애촌 사람들은 오로지 배에 의지해 장사로 농사를 대신하는데, 그 이득이 농사짓는 집보다 낫다.

읍내에 청심루淸心樓가 있는데, 강과 산의 경치가 매우 아름답다. 강 북쪽에는 신륵사神勒寺●가 있고, 절 곁에는 강월헌江月軒●이 있는데, 강가의 바윗돌이 아주 기이하다. 강 남쪽 언덕 아래 마암馬巖이 있는데, 바위 밑에 검은 용이 산다는 말이 전해 온다.

여주 남쪽은 이천과 음죽인데, 풍속이 거의 같다. 북쪽은 지평砥平과 양근楊根인데, 강원도 홍천과 경계가 닿아 있다. 산이 어지럽고 두메가 깊어서, 모두 살 만한 곳이 못 된다. 양근 용문산龍門山 북쪽에는 미원촌迷源村이 있는데, 옛날에 정암 조광조가 이곳의 산수를 사랑해 터를 잡고 살려고 했다. 나도 전에 가 본 적이 있는데, 산속이 조금 넓은 편이기는 해도 지대가 깊이 막혔다. 기후도 싸늘하고 사방의 산이 아름답지 못한 데다 앞 시냇물이 너무 목메인 듯한 소리를 내니, 살기 좋은 땅은 아니다.

신륵사 여주 동쪽 봉미산에 있는 절인데, 신라 진평왕 때 원효대사가 창건했다. 벽돌탑이 있으므로 벽사甓寺라고도 부른다. 고려 고종 때 건너편 마을에서 용마가 태어나 걷잡을 수 없이 사나웠는데, 인당대사印塘大師가 나서서 고삐를 잡자 말이 순해졌다. 대사가 신통력으로 굴레를 잡았다고 해서, 절 이름을 신륵사神勒寺라고 한다.

강월헌 고려 때의 명승 나옹화상이 살던 곳인데, 지금은 없어졌다. 그가 죽자 제자들이 그의 사리를 수습해 석종에 모셨다.

광주부

여주 서쪽은 광주廣州인데, 석성산에서 나온 한 가지가 북쪽으로 한강 남쪽까지 달려왔다. 고을은 만 길 산꼭대기에 있는데, 옛날 백제 시조 온조왕이 도읍했던 곳이다. 안쪽은 평평하고 얕지만 바깥쪽은 높고 험해, 청나라 군사들이 처음 왔을 때는 칼날을 대 보지도 못했다. 병자호란 때도 (이 성을) 함락하지 못했다. 인조가 성에서 내려간 까닭은 양식이 적은 데다 강화江華가 함락되었기 때문이다.

(우리나라가 청나라에 항복하는) 일이 이뤄진 뒤에 (한양을 외적으로부터) 막아 줄 중요한 곳이라고 생각했다. (그래서 남한산성에) 아홉 절을 세워 스님들을 머물게 하고는, 총섭摠攝 한 사람을 두어 승대장僧大將으로 삼았다. 해마다 각 도의 여러 절에서 장정 스님들을 뽑아 이 아홉 절에서 살며 지키게 하고, 달마다 활쏘기를 시험해 우수한 자에게는 상으로 많은 녹봉을 주었다. 그래서 스님들이 오로지 활쏘기를 업으로 삼았다. 대개 조정에서는 나라 안에 스님들이 많기 때문에 그들의 힘을 빌려서 성을 지키려고 한 것이다.

성 안쪽은 험하지 않지만, 성 바깥 산 아래쪽은 살기를 띠었다. 게다가 이곳은 중요한 진鎭이므로 만약 일이 생기면 반드시 싸움이 벌어지는 곳이다. 그러므로 광주 일대는 살 만한 곳이 못 된다.

강화부

* 한강과 임진강이다.

나성 안산 너머에 있는 봉우리들이다.

손돌목 강화군 덕진진과 김포군 안행리 사이에 있는 해협이다. 고려 때 손돌이라는 사공이 강화로 피난 오는 왕을 싣고 배를 저어 이곳으로 들어오자, 왕은 앞길이 막혔다고 생각하고 손돌의 행위를 의심해 그의 목을 베고 위험스러운 해협에서 벗어났다. 그 뒤부터 이곳을 손돌목이라고 불렸는데, 해마다 그날이 되면 갑자기 추위와 바람이 닥쳐 손돌이추위·손돌바람이라고 한다. 손돌목의 돌출부에 암초가 숨어 있는데, 수심 5미터 안팎에 3노트의 세찬 조류가 소용돌이치며 흐른다. 그래서 고려와 조선의 수많은 배들이 여기서 난파되었다. 이 손돌목을 피하기 위해, 고려 고종 때 당시의 권력자 최이崔怡가 손돌목을 거치지 않고 인천 앞바다에서 한강으로 직접 들어가는 운하를 파려고 10여 년 동안 노력했지만 끝내 실패했다. 300년 뒤에도 김안로가 다시 시도했지만, 역시 실패했다. 지금 인천과 김포 사이에 있는 굴포천掘浦川이 그 흔적이다.

광주 서쪽은 수리산인데, 안산安山 동쪽에 있다. 이곳에서 서북쪽으로 뻗은 산줄기가 수리산 줄기 가운데 가장 길다. (이 줄기가) 인천·부평·김포·통진을 지나면서 움푹 꺼진 석맥石脈이 되었다가, 강을 건너면서 (다시) 솟아나 마니산摩尼山이 되었는데, 이곳이 바로 강화부江華府다. 강화 일대는 동북쪽이 강*으로 둘러싸였고 서남쪽은 바다로 둘러 있어, (강화부 전체가) 커다란 섬이고, 한양 수구水口의 나성羅星*이다.

한강 물은 통진通津 서쪽까지 와서 남쪽으로 굽어져 갑곶甲串 나루가 되었다가, 다시 남쪽으로 흘러 마니산 뒤쪽 움푹 꺼진 곳까지 이른다. 여기서 석맥이 물속으로 가로 뻗쳐 문턱같이 되고 한복판만 조금 오목하게 되었는데, 이곳이 바로 손돌목〔孫石項〕*이고, 그 남쪽은 서해 큰 바다다. 삼남三南 지방에서 조세를 실은 배가 손돌목 밖에 와서는 만조가 되기를 기다렸다가 목을 지나는데, 조금이라도 잘못하면 배가 들목에 걸려 파선하게 된다. 서쪽으로 곧바로 흘러가던 한강 물은 양화진楊花津 북쪽 언덕을 끼고 돌며 뒤쪽의 서강西江 물과 합쳤다가, 다시 문수산文殊山 북쪽을 돌면서 바다로 들어간다.

강화는 남북이 100여 리고 동서가 50리인데, 부府에 유수관留守官을 두어 다스린다. 북쪽으로는 풍덕豊德의 승천포昇天浦와 강을 사이에 두고 마주했는데, 강 언덕은 모두 석벽이다. 석벽 밑은 바로 진흙탕이어서 배를 댈 곳이 없고, 오직 승천포의 건너편 한 곳만 배를 댈 만하다. 그러나 만조 때가 아니면 배를 댈 수가 없어, 본래 위험한 나루라고 불린다. 그 좌우에는 성곽을 쌓지 않고 좌우편 산 밑 강가에 돈대墩臺를 쌓아서 성 위의 작은 담장같이 했다. 그 안에 병기를 간직하고 군사를 두어 외적을 대비하게 했다.

동쪽 갑곶에서 남쪽 손돌목까지는 오직 갑곶으로만 배를 타고 건널 수 있다. 그 나머지 언덕들은 (승천포) 북쪽 언덕처럼 모두 진흙탕이다. 그러므로 산 아래 강가에 돈대를 쌓아 외적을 대비하는 것도 역시 북쪽 언덕과 같다. 승천포와 갑곶 양쪽만 한결같이 지키면, 섬 바깥쪽은 (바다가) 천연적인 참호가 된다. 그러므로 고려 때 원나라 군사를 피해 10년 동안이나 이곳이 도읍이었다. 원나라 군사가 육지는 짓밟았지만 이 섬은 끝내 침범하지 못했다.

우리 왕조에 들어서는 삼남의 조세를 실은 배들이 모두 손돌목을 지나서 서울로 올라오므로, 바닷길의 요충이라며 유수관을 두어 지키게 했다. 또 (강화도) 동남쪽 건너편에 있는 영종도에도 방어영防禦營을 설치하고 첨사僉使를 두어 지키게 했다.

돈대
해안이나 접경 지역에 자연적으로 형성된 언덕을 그대로 활용하거나 군사적으로 중요한 곳에 돌이나 흙을 쌓아 만든다. 적이 침입할 경우 그 자리에서 몸을 숨긴 채 적의 동태를 파악할 수 있다. 사진은 조선 숙종 때 강화에 쌓은 손돌목 돈대의 모습이다.

인조 정묘년(1627)에 청나라 군사가 황해도 평산에 쳐들어왔다가, 형제국이 되기로 약속하고 강화講和한 다음 물러갔다. 그때 청나라 군사들이 심양瀋陽을 점령하고 날마다 명나라와 싸우고 있었으며, (명나라 장수) 모문룡毛文龍은 가도椵島*를 점령하고 있었다. 우리나라도 바닷길로 등주와 내주를 거쳐 (명나라와) 통하고 있었으므로, 청나라에서는 우리나라가 자기네 후방을 노릴까 봐 두려워했다. 그래서 먼저 우리나라에 간첩을 보내 승문원承文院* 하인이 되게 했다. 우리나라의 병력이 쇠약해진 것을 탐지한 다음 습격하려고 한 것이다. 그때 우리 조정에서도 청나라 군사가 쳐들어올 것을 염려해 남한산성을 고쳐 쌓았다.

병자년 봄에 청나라에서 용골대龍骨大를 보내 (남한산성의 정세를) 엿보게 했는데, 용골대는 (거짓으로) 서강 선유봉仙遊峯*에 가 보려는 척했다. 그때 하담荷潭 김시양金時讓이 호조판서였는데, 용골대가 남한산성에 가 보려 하는 것을 짐작으로 알았다. 그래서 이졸吏卒들에게 동대문 밖에서 정렬해 맞이하도록 했다. 용골대는 서대문으로 가는 척하다가, 갑자기 말을 달려 동대문으로 나섰다. 그러다가 (이졸들이) 길섶에서 장막을 치고 기다리는 것을 보고, 괴이하게 여겨 물었다. 그러자 역관이 이렇게 말했다.

"객사客使*께서 남한산성으로 가시려는 것을 호조판서께서 아셨습니다. 그래서 길가에 미리 조그만 잔치를 차려 놓았으니, 잠시 머물러 주십시오."

용골대가 크게 놀라서 억지로 웃으며 말을 멈추고는 남한산성으로 가지 않고 돌아왔다. 그때 대간臺諫에는 신진 청년들

가도 평안북도 철산군 백량면에 속한 섬인데, 피도皮島라고도 했다. 조선 시대에 목장이 있어서, 감목관을 두고 말을 길렀다. 1621년에 후금(청)이 요양을 공격하자 명나라 요동도사였던 모문룡이 이에 쫓겨, 국경을 넘어와서 철산과 선천 사이에 주둔했다. 조정에서 입장이 난처해지자 이듬해(1622) 모문룡에게 가도로 진을 옮겨 치라고 했다. 명나라는 후일을 도모하려고, 1623년 가도에 도독부를 설치하고 모문룡을 도독으로 임명했다.

승문원 사대교린事大交隣에 관한 외교문서를 담당하던 관청인데, 괴원槐院이라고도 했다.

선유봉 와우산에서 한강 건너편 서쪽에 있는 봉우리다. 지금 선유도 위로 양화대교가 지나며, 수원지가 있다.

객사 손님으로 온 사신인데, 여기서는 용골대를 가리킨다.

이 많았는데, 그들은 당시의 정세를 제대로 알지 못했다. 그래
서 올바른 논의라고 스스로 내세우면서 오랑캐 사신의 목을
베라고 청했다. 이 말을 전해 들은 용골대는 인사도 하지 않고
돌아갔다. 그는 돌아갈 때 (자기가 머물던) 객관에 '청青'이라
는 글자 하나를 크게 써 놓고 갔다. '청' 자는 12월이다.

이해 12월에 청나라 군사가 (임경업 장군이 지키는) 의주義州
길을 피해, 창성昌城 쪽으로 얼음을 타고 압록강을 건너왔다.
(도중에) 성을 만나도 공격하지 않고 사흘 만에 선봉이 홍제원
弘濟院에 도착했는데, 성으로 들어오지 않고 머물기만 했다.
군사들이 모두 안장을 풀고 말을 쉬게 해 공격하지 않을 것처
럼 보이면서, 뒤따라오는 군사를 기다렸다. 그래서 성 안의
사람들이 모두 놀라고 두려워했다.

병조판서 최명길崔鳴吉이 자청해 쇠고기와 술을 가지고 (청
나라 군사들을 찾아가) 접대하면서, 군사를 일으킨 까닭을 물었
다. 그러는 사이에 세자와 두 대군大君에게 종묘사직의 신주
와 비妃·빈嬪을 받들게 하려고 강화도로 피하게 되었다. 임

금도 잇따라 성 남쪽 문루에 거둥했다가 오랑캐 군사에게 잡힐까 두려워, 길을 달리해 남한산성으로 들어갔다.

그러자 청나라의 대부대가 뒤따라와 성을 에워쌌다. 네댓새 뒤에야 청나라 황제가 왔는데, 성이 높아서 얼른 함락할 수 없다는 것을 알고는 노해 용골대를 죽이려고 했다. 용골대가 우리나라를 치자고 건의했기 때문이다. 용골대가 열흘 동안 말미를 주면 강화도를 빼앗아 죄를 갚겠다고 하자, (황제가) 허락했다.

용골대가 군사 한 무리를 이끌고 통진 문수산에 올라가 강화를 내려다보니, 온 섬이 손바닥만 한데 갑곶에 지키는 군사가 없었다. 그래서 민가를 헐어 그 목재로 뗏목을 만들고, 섬으로 건너가 곧 함락했다. 인조는 (강화가 함락되었다는) 소식을 듣고, 마침내 (항복하러) 산성에서 내려오기로 했다.

이보다 앞서 김류金瑬가 수상으로 있었는데, 강화도는 함락될 염려가 없다고 생각했다. 그래서 자기 아들 경징慶徵을 강화 방수대장防守大將으로 발탁하고는 가족을 이끌고 피란 가게 했다. 이민구李敏求를 부장으로 삼았는데, 김경징은 교만하고 어리석었으며, 이민구는 경박해 원대한 계책이 없었다. 날마다 어울려 노름이나 하며 술에 취했다. 대군과 대신이 갑곶에 군사를 보내 지키라고 했지만, 김경징은 "되놈 군사가 어찌 날아서 건너오겠소?" 하고 큰소리만 쳤다. 그러다가 성이 함락되자 대신 김상용金尙容은 (화약에 불을 질러) 죽고, 사대부 집안의 부녀자들 가운데도 절개를 지켜 죽은 이가 많았다. 혹은 바닷가로 달려가 물에 빠져 죽기도 했는데, 얼굴을 가린 수건이 어지러운 구름처럼 물에 떠 누구네 집 여인인지 알 수 없었다. 난리가 평정되자 (공적에 따라 상을 주었는데) 되놈에게 붙잡혀 갔는데도 물에 빠져 죽었다면서 정문旌門을 세운 자도 있었다.

병자년 뒤에 조정에서는 지난 일을 뉘우쳐 군기軍器를 손질하고 말먹이와 군량미를 저축해, 비상시에 대비하게 했다. 그 뒤 100년이나 아무 일이 없어, 강화에 쌓아 둔 곡식이 100만 섬에 가까워졌다. 그러다가 숙종 말년에 흉년이 계속되자*, (이 곡식을) 각 도로 많이 옮겨 백성을 구제하는 밑천으로 삼았다. 추수 뒤에 거둬 각 고을에 그대로 보관하기도 했고, 서울 각 관청에 경비가 모자라면 쌀을 옮겨 달라고 청하기도 했다. 그렇게 군량미가 해마다 차츰 줄어 이제는 10만 섬도 되지 않는다.

숙종 계유년(1693)에 임금을 가까이에서 모시던 신하가 병자년 일을 아뢰자, 임금이 문수산에 성을 쌓으라고 명했다. 문수산을 지키지 못하면 강화도 역시 지킬 수 없기 때문이었다. 그 뒤 의정부와 장수들이 '통진읍을 성안으로 옮겨 따로 진鎭을 만들고, 난리를 만나면 온 고을 군사를 거느리고 산성으로 들어가 지키자'고 많이 청했다. 그러나 의논이 끝내 통일되지 않아 실행되지 못했다.

지금 임금(영조) 병인년(1746)*에 (강화) 유수 김시혁金始爀이 장계狀啓*를 올려 '강을 따라 성을 쌓자'고 청하자, 조정에서 허락했다. 김시혁은 동쪽부터 성을 쌓게 했는데, 북쪽으로 연미정燕尾亭에서 남쪽으로 손돌목까지였다. 일을 마치자 임금이 김시혁을 정경正卿*으로 삼았다. 그러나 얼마 안 돼 장마가 지자 성이 무너졌다. 성을 쌓을 때 평지에서 수령을 만나

* 숙종 33년(1707) 4월에 홍역이 전국적으로 퍼져 수만 명이 죽고, 그 이듬해 3월에도 전염병이 돌아 수만 명이 죽었다. 숙종 40년(1714) 1월에도 팔도에 지진이 났으며, 43년(1717) 2월에도 각도에 전염병이 돌았다. 흉년이 계속되어 세입稅入이 줄어들자, 44년 1월에는 호조戶曹의 재정이 모자라게 되었다. 2월에 다시 전염병이 전국적으로 돌아 수많은 사람이 죽고, 농사를 제대로 지을 수가 없게 되었다. 경종 2년(1722)까지도 흉년이 계속되자, 작황에 따라 세금 등급을 매기는 〈연분사목年分事目〉을 10월에 고쳐 전세율田稅率을 낮췄다.

병인년 김시혁은 강화 외성을 잘 쌓은 공으로 1744년에 한성부 판윤으로 승진했으며, 1745년에는 기로소耆老所에 들어갔다. '병인년'은 잘못 기록한 것이다.

장계 왕명으로 지방에 가 있는 신하가 중요한 일을 왕에게 보고하던 일, 또는 그 문서를 말한다.

정경 조선 시대 정2품 이상의 벼슬을 가리키는 말이다.

면 흙과 돌로 메워서 기초를 다졌기 때문에, 강 언덕이 모두 견고해져 사람이나 말이 다닐 수 있게 되었다.** 강을 따라 40리마다 배를 댈 수 있게 되었으므로, 이제는 (결국) 강화도를 지키지 못하게 되었다.***

강화도(에서 이어지는) 한 줄기가 서편 바닷가를 따라가다가 움푹 꺼진 석맥石脈이 되는데, 작은 개〔浦〕 하나를 지나면 바로 교동도喬桐島다. (이 섬이) 개성의 바깥 안산案山이다. 섬 북쪽은 한강인데, 이곳에 이르러 개성의 면수面水가 된다. 남쪽은 큰 바다에 임했고, 바다 남쪽은 충청도 해미·서산 등의 지역이다. 바다가 그리 멀지 않아서 양쪽 기슭의 산을 모두 바라볼 수 있다. 서북쪽으로는 황해도 연안·배천이 비스듬히 개를 사이에 두고 보인다.

(교동도가) 비록 강화보다는 작지만, 섬 전체가 모두 돌로 되었으며 바다 가운데 떨어져 있다. 조정에서 여기에 통어영統禦營*을 설치하고 수군절도사를 두어, 경기도·황해도·평안도의 수군을 거느리고 바다를 지키게 했다. 그러나 두 섬이 모두 땅에 염분이 있어, 자주 가물고 수확이 적다. 그래서 백성들이 모두 고기잡이와 소금구이로 살림을 돕는다.

수원부

수리산에서 (나온 줄기 가운데) 서쪽으로 간 것이 가장 짧은 줄기인데, 안산 바닷가에서 그쳤다. 이 줄기에는 서울 재상 집안의 조상 무덤이 많다. 서울과 가까운 데다 생선과 소금도

** 김시혁이 1741년 6월 강화 유수에 임명되었는데, 성을 다 쌓기 위해 연임했다. 1744년 7월에 '벽돌을 구워서 증축을 마쳤'고 아뢰었는데, 1745년 4월에 어영대장 박문수가 조사해 보고 '50리 가운데 4리가 무너졌으니 큰 문제가 아니'라고 보고했다.

*** 강 언덕이 모두 석벽이고 그 아래는 개펄이어서 예전에는 배를 대기 힘들었는데, 성을 쌓을 때 흙과 돌로 메워 단단해졌으므로 외적이 배를 대기 쉬워졌다는 뜻이다.

통어영 삼도의 수군을 통제하던 종2품 통어사가 주둔한 군영이다. 1633년에 설치했다가 한때 폐지되었으며, 1789년에 다시 설치되었다.

넉넉해, 대대로 사는 사대부 집들도 많다. 수리산에서 남쪽으로 간 줄기는 서남쪽으로 가다가 광주 성곶리聲串里에서 그쳤는데, 생선과 소금이 나는 갯마을이다. 근해의 장삿배들이 많이 모여들고 백성들도 생선 파는 것을 업으로 삼아 넉넉하게 산다.

(수리산에서) 동남쪽으로 간 줄기는 수원부水原府의 여러 산이 되었다가 바다에서 그쳤는데, 충청도 아산현과 개 하나를 사이에 두고 있다. 그 중간에 금수산이 있고 산꼭대기에 못이 있는데, 물빛이 노랗게 물들인 것 같다. 그 속에서 금이 난다는 말이 전하는데, 옛날에 지기地氣를 잘 살피는 당나라 사람이 '이 산에 금보金寶의 지기가 있다' 고 했다.

금수산에서 나온 다른 줄기가 또 서쪽으로 가다가 남양부南陽府가 되었으며, 부 서쪽에 있는 문판현文板峴을 지나 서쪽으로 바닷가에서 그쳤다. 충청도 당진과는 작은 바다를 두고 떨어져 있을 뿐이어서 매우 가까우며 밀물과 썰물이 통한다. 지세는 좌우로 개와 포구를 끼고서 곧바로 바다 가운데로 들어갔다. 소금 굽는 집 수백 호가 남북 바닷가에 별처럼 깔려 있다.

육지가 끝나는 바닷가에 화량진花梁鎭 첨사의 진鎭이 있고, 진에서 10리쯤 바다를 건너가면 대부도大阜島가 있다. 어민들만 사는 곳이다. 그러므로 남양부 서쪽 마을들이 한강 남쪽의 생선과 소금의 이익을 독차지하고 있다.

대부도는 화량진에서 움푹 꺼진 석맥이 바다 속으로 지나가서 이뤄진 섬이다. 석맥이 구불구불 뻗쳐 섬까지 이어졌는데, 그 위는 물이 매우 얕다. 옛날에 학이 물속에 있는 석맥

위를 걸어가는 것을 보고 섬사람이 따라가서 그 길을 발견했다. 그래서 (그 길을) 학지鶴指라고 부르는데, 섬사람들만 그 길을 잘 알고 다른 지방 사람들은 알지 못한다. 병자년에 섬사람들이 청나라 병사에게 쫓겨 석맥을 따라 달아났는데, 석맥이 모두 구불구불해서 찾기가 어려웠다. 청나라 기병들은 잘 알지도 못하면서 따라오다가 물에 빠져 버렸다. 그래서 섬은 온전할 수 있었다.

(대부도) 섬은 땅이 기름지고 백성이 많다. 남쪽에서 오는 뱃길의 첫 길목이어서, 강화도와 영종도의 바깥문 노릇을 한다. 예전에 수군 영營을 설치했는데, 교동도로 옮겨 간 뒤에 목마장牧馬場을 만들었다. 지금은 지키는 군사도 없는데, 이것은 옳지 못하다. 화량진을 이 섬에 옮겨서 영종도와 더불어 의지하게 해야 좋을 것이다.

여기서 서쪽으로 30리쯤 물길을 가면 연흥도燕興島가 있다. 고려 말엽에 종실 익령군翼靈君 기琦는 고려가 장차 망할 것을 알았으므로, 성명을 바꾼 뒤 가족을 모두 데리고 바다를 건너 이 섬으로 도망 와 숨었다. 그래서 고려가 망한 뒤에도 (다른 왕족들처럼) 물에 빠져 죽는 환난을 면했고, 자손들이 그대로 (이 섬에) 살게 되었다. 지금은 (그들의 신분이) 낮아져 목장의 목자가 되었다.

익령군이 살던 세 칸 집은 지금까지 엄중하게 잠겨 있어, 남이 들어가 보는 것을 허락하지 않는다. 방에 서책, 그릇 들이 쌓여 있지만, 어떤 물건인지 알지 못한다. 예전에 한 관원이 이 섬에 놀러 왔다가 자물쇠를 열어 보려고 했다. 그러자 남녀 목자 여러 명이 애걸하면서 말했다.

"이 문을 열면 번번이 자손 가운데 누군가 죽는 사고가 생깁니다. 그러므로 서로 경계하며 감히 열어 보지 않은 지 300년이나 됐습니다."

관원이 불쌍히 여겨 그만두었다.

수원 동쪽은 양성陽城과 안성安城이다. 안성은 경기도와 호남 바닷가 사이에 있는데, 화물이 모여 쌓이고 장인과 장사꾼들이 모여들어 한양 남쪽의 도회지가 되었다. 그러나 고을 밖은 비록 평지라 해도 땅에 살기가 있어 살 만한 곳이 못 된다.

수원 북쪽은 과천果川이고, 과천에서 북쪽으로 15리를 가면 동작진銅雀津이다. 여기서 강을 건너 북쪽으로 15리를 더 가면 서울 남대문이다.

한양부

함경도 안변부 철령의 한 줄기가 남쪽으로 500~600리를 달리다가 양주에 이르러 자잘한 산이 되고, 다시 동쪽으로 비스듬히 돌아들면서 갑자기 솟아나 도봉산道峰山 만장봉萬丈峰이 되었다. 여기서 다시 동남쪽을 향해 가면서 잠시 끊어졌다가 다시 우뚝 솟아 삼각산 백운대가 되었고, 여기서 다시 남쪽으로 내려가 만경대萬景臺가 되었다. (여기서) 한 가지는 서남쪽으로 가고, (다른) 한 가지는 남쪽으로 가서 백악산白岳山이 되었다. 형가形家가 이르기를 "하늘에 치솟는 목성木星*의 형국이어서, 궁성의 주산이 될 만하다." 했다.

동·남·북쪽으로는 모두 큰 강이 둘러 있고, 서쪽으로는

목성 풍수설에서 성星은 산을 가리키는데, 오행설에 기초해 다섯 가지로 나누었다. 《청낭경靑囊經》에, '경經에 이르기를 하늘에는 오성五星이 있고 땅에는 오행五行이 있다고 했다. 하늘의 오성은 별자리로 나뉘고, 땅의 오행은 산천으로 벌리어, 기氣는 땅으로 흐르고 형形은 하늘에 걸려 있다'고 했다. 이 구절이 산의 모습을 오성에 비겨 보는 근거가 되었다. 산꼭대기가 둥글면서도 우뚝 솟은 산이 목성이다.

삼각산
백운대·인수봉·만경대, 세 봉우리를 합해 삼각산이라고 한다. 북한산의 다른 이름이다. 북한성도 | 서울대 규장각 한국학연구원 소장

바다의 조수와 통한다. 여러 곳의 물이 모여드는 그 가운데 (백악산이) 서리고 얽혀, 온 나라 산수의 정기가 모인 곳이라고 한다. 옛날 신라 시대의 중 도선道詵의 《유기留記》에서도 "왕씨를 이어 왕이 될 사람은 이씨李氏인데, 한양에 도읍할 것이다."라고 했다. 그래서 고려 중엽에 윤관尹瓘을 시켜 백악산 남쪽에 터를 잡아 오얏[李]을 심게 하고는, 무성하게 자라면 문득 잘라서 왕성해지려는 기운을 눌렀다.

그러다가 우리 왕조에서 왕위를 물려받게 되자, 중 무학無學을 시켜 도읍터를 정하도록 했다. 무학이 백운대에서 줄기를 따라 만경대에 이르고 다시 서남쪽으로 가다가 비봉碑峯에 이르렀는데, 한 비석을 보니 '무학이 (줄기를) 잘못 찾아 이곳

에 온다[無學誤尋到此]'는 여섯 글자가 크게 새겨져 있었다. 바로 도선이 세운 것이었다. 무학이 그제야 길을 바꿔, 만경대에서 정남쪽 줄기를 따라 곧바로 백악산 아래에 이르렀다. 세 줄기가 합쳐져 한 들판이 된 것을 보고 드디어 궁성 터로 정했는데, 바로 고려 때 오얏을 심던 곳이었다.

진흥왕순수비
비봉은 북한산에 있는 봉우리인데, 이곳에 승가사가 있다. 여기 있는 비석은 신라 진흥왕 순수비다.

(조정에서 한양에) 외성外城을 쌓으려고 했는데, 둘레의 범위를 미처 결정하지 못하고 있었다. 그러던 어느 날 밤에 큰 눈이 내렸다. 그런데 바깥쪽에만 (눈이) 쌓이고, 안쪽에서는 녹아 버렸다. 태조가 이상하게 여겨, 눈을 따라 성터를 정하라고 명했다.* 이것이 바로 지금의 성 모습이다. 비록 산세를 따라 성을 쌓기는 했지만, 정동쪽과 서남쪽이 낮고 허하다. 게다가 성 위에 작은 담을 쌓지 않았고, 해자도 파지 않았다. 그래서 임진년과 병자년 두 난리 때 모두 지킬 수가 없었다.

(그래서) 숙종 을유년(1705)에 조정에서 도성을 고쳐 쌓자는 의논이 있었다. 하지만 "동쪽이 너무 낮아서, (성을 고쳐 쌓는 것은 위험하다.) 만약 강을 막아서 (그 물을) 성 안으로 댄다면 (성 안의 백성들은) 모두 물고기 신세가 될 것이다."라고 말하는 자가 있어, 그 의논이 결국 중지되고 말았다. 그러나 이곳이 300년 동안이나 명성과 문물의 중심 지역이 되어 유풍儒風을 크게 떨치고 학자가 무리 지어 나왔으니, 엄연한 하나의 중화中華였다.

* 눈[雪]을 따라 울을 쌓았으므로 '서울'이라는 이름을 얻었다고도 한다.

양주楊州 · 포천抱川 · 가평加平 · 영평永平은 동교東郊이고, 고양高陽 · 적성積城 · 파주坡州 · 교하交河는 서교西郊인데, 양쪽 교외가 모두 땅이 메마르고 백성이 가난해 살 만한 곳이 적다. 사대부 집이 가난해지고 권세를 잃게 되어도, 삼남으로 내려간 자는 그 집안을 그대로 보전하게 된다. 그러나 교외로 나간 자는 가난하고 쇠잔해져서, 한두 세대를 내려오면 신분까지 낮아지니 품관品官이나 평민이 되는 자가 많다.

한양 앞쪽에는 커다란 강이 가로막혀, 서쪽으로만 길 하나가 황해도 · 평안도와 통한다. 도성에서 서쪽으로 5리를 가면 사현沙峴이 되고, 그 고개를 넘으면 녹번현綠礬峴이 있다. 당나라 장수가 이곳을 지나면서 '한 사람이 관문을 막으면 만 사람이라도 열 수 없겠다'는 말을 했다고 한다.

(여기서) 또 서쪽으로 40리를 가면 벽제령碧蹄嶺인데, 임진왜란 때 (명나라 장수) 이여송이 패전한 곳이다. 왜적이 평양에서 (명나라 군사에게) 패하고 한양으로 돌아온 뒤에, 야위고 약한 군사들만 고양현에 드나들게 했다. 이여송이 개성에 있다가 이 소문을 듣고는 공을 세우려는 욕심으로, 큰 부대는 (개성에) 머물러 있게 하고 경무장한 군사들만으로 왜적을 덮쳤다. 그런데 벽제령을 겨우 넘자마자 왜적이 사방에서 크게 몰려들어, 이여송의 휘하 장병 가운데 총에 맞아 죽는 자가 많았다. 본디 힘이 세어서 낙천근駱千斤이라고도 불리던 대장 낙상지駱尙志가 겹갑옷을 입고 이여송을 자기 겨드랑이 밑에 껴서 한편으로는 싸우고 한편으로는 물러나와 겨우 목숨을 건졌다.

이여송은 이때부터 기운이 꺾였고, 이어 군사를 후퇴시켰

교 서울 바깥 100리를 교郊라고 했다.

품관 지방에 있는 낮은 벼슬이다.

사현 지금의 서울 서대문구 홍제동 근처인데, 이 고개 밑으로 흐르는 냇물이 모래내다. 이 고개 동남쪽에 중국 사신을 맞아 대접하던 모화관慕華館이 있었다.

다. 왜적이 한양에서 떠났다는 소문을 들은 뒤에야 비로소 군
사를 정돈하고 남쪽으로 추격해, 경상도까지 이르렀다가 돌
아왔다. 이 두 고개와 벽제령은 모두 관문을 설치할 만한 곳
이다. 그러나 온 나라에 길을 가로질러 관문을 만든 곳이 없
다. 그러므로 천연적으로 험한 지형을 버리게 됐으니, 참으로
안타까운 일이다.

벽제령에서 서쪽으로 40여 리를 가면 임진臨津 나루터다.
이곳은 한양의 북쪽 강 하류인데, 강 언덕 남쪽 기슭은 천연
의 성채 모양이다. 서쪽으로 가는 길목인 데다 강가에 임해
아주 험하니, 참으로 지킬 만한 곳이다. 성을 설치하지 않을
수 없는 곳이건만 지금까지도 성을 쌓지 않았으니, 매우 한스
러운 일이다.

개성부

임진 나루를 건너 장단長湍을 지나서 서쪽으로 40리를 가면
개성부開城府가 되니, 곧 고려의 도읍터다. 송악산松岳山이 진
산이고, 그 아래가 만월대滿月臺다. 《송사宋史》에서 '큰 산에
의지해 궁전을 지었'는 곳이 바로 이곳이다. 김관의金寬毅
가 지은 《통편通編》*에는 이곳을 '금돼지가 누운 곳'이라 했
고, 도선은 '메기장을 심는 밭'이라고 했다.

(옛 기록을) 삼가 살펴보니 이러하다.* 당나라 선종宣宗이
젊었을 때 십륙원十六院*을 떠나 오랫동안 외지에서 고생하
다가, 장삿배를 따라 바다를 건너왔다. 개성 후서강 북쪽에

《통편》 고려 의종 때 나
온 역사책 《편년통록編
年通錄》을 가리킨다.

* 여기 인용된 옛이야
기는 《고려사》 권1 〈세
계世系〉에 실린 작제건作
帝建의 이야기다.

십륙원 수隋나라 양제
煬帝가 서원西苑에 지은
16궁원宮院인데, 미인들
로 가득 찼다고 한다.

돈개 예성강 하류 벽란
도 북쪽에 있는 나루다.
개성부 서쪽 36리다.

기로세련계도
송악산 남쪽에 있는 고려의 왕궁 터인 만월대에서 개성 노인들의
잔치가 벌어졌다. 김홍도는 이 작품에서 송악산을 담은 풍경화와
잔치 모습을 담은 풍속화를 함께 보여 준다. 개인 소장

이르러 갯가 언덕이 수렁인 것을
보고 배 안에 실었던 돈을 수렁에
깔아 땅을 만들고 육지에 올라왔
다. 그래서 지금까지도 그곳을 돈
개[錢浦]라고 한다. 이곳에서 오
관산 밑에 있는 보육寶育의 집에
이르자, 보육은 그를 보고 당나라
의 귀한 사람임을 알았다. 그래서
자기 작은딸 진의辰義에게 잠자리
시중을 들게 했다. (선종이) 이별
할 때 (진의가) 임신한 것을 알고
붉은 활 하나를 주면서 말했다.

"만약 아들을 낳으면 이것을 가
지고 중국에 찾아오게 하라. 아들
이름은 작제건作帝建이라 하라."

작제건이 자라서 아비가 준 붉
은 활을 가지고 활쏘기를 익혔는
데, 솜씨가 정묘했다. 그가 장삿배
를 타고 바다를 건너 당나라에 들
어가는데, 바다 한가운데 이르자
배가 빙빙 돌면서 가지 않았다. 배
안의 사람들이 크게 두려워하면서
각자 갓을 던져서 누가 길하고 흉
한가 알아보기로 했다. 그러자 작
제건의 갓만 물속에 잠겼다. 그래

서 양식을 마련해 작제건을 작은 섬에다 내려놓고, 배가 돌아올 때까지 기다리게 했다. 작제건이 섬에 혼자 있으니, 한 동자가 물속에서 나와 말했다.

"용왕께서 만나 보자고 하십니다. 눈만 감고 있으면 저절로 가게 됩니다."

작제건이 그 말대로 수부水府에 이르러 한 늙은이를 만났는데, 그가 이렇게 말했다.

"이 늙은이가 이곳에 산 지 이미 오래되었는데, 요즘 백룡 한 마리가 나타나 내 굴을 빼앗으려 한다오. 그래서 내일 그와 싸우기로 했소. 그대가 활 잘 쏘는 것을 아니, 나를 도와서 저놈을 쏘아 주시오."

작제건이 말했다.

"(어느 용이 누구인지) 어떻게 알겠습니까?"

늙은이가 말했다.

"내일 한낮에 비바람이 치고 물결이 일어날 텐데, 그때가 바로 싸우는 시간이라오. 싸움이 심해지면 각자 등이 물 밖으로 드러나게 될 텐데, 등이 푸른 것은 나고, 등이 흰 놈은 그놈이라오."

작제건이 그러겠다고 하고 섬으로 나와서 정세를 살폈다. 이튿날 과연 그의 말과 같은 일이 일어났다. 작제건은 섬 위에 서서 흰 놈을 쏘아 맞췄다. 조금 뒤에 하늘이 맑아지고 물결이 가라앉더니, 동자가 나와서 (작제건을) 다시 맞아들였다. 작제건이 수부에 이르자, (늙은이가) 소녀를 나오게 해 아내로 삼게 하고는 "그대는 귀한 집안 자식이니, 고향에 돌아가면 자연히 큰 복이 있을 것이오." 했다. 한동안 머물게 하다가 아내와 함께 보내 주었다. 섬 위로 나오자 마침 장삿배가 도착해, 드디어 용녀와 함께 창릉昌陵으로 돌아와 배를 댔다. 염백鹽白 태수는 작제건이 용녀에게 장가들고 왔다는 소식을 듣고, 재물을 추렴하고 힘을 내 집을 지어 살게 했다.

(작제건 부부는) 창릉에서 송악산 아래로 옮겨 살면서, 아들 하나를 낳아 이름을 융隆이라고 했다. 그 뒤 용녀는 작제건이 신의 없다고 꾸짖으면서, 작은딸을 데리고 우물*로 들어가 용이 되어 서해로 돌아갔다. 융이 또 아들을 낳아 (자기의 성인 이씨와는) 따로 성명을 지어 왕건王建이라 했는데, 실은 이씨였다.

왕태조가 즉위한 뒤에 아비가 살던 곳을 정전正殿으로 만들었다. 용녀를 추존해 온성왕후溫成王后로 삼고, 작제건은 의조懿祖라고 했다. 그가 고려를 세우던 시기는 마침 오대五代•의 초기였다. 소선제昭宣帝•는 중국에서 망했지만, 왕태조가 해외에서 일어나 삼한을 통합하고 자손이 국운을 계승해 500년을 내려왔다. 이는 당나라 태종이 남긴 공업이니, 마치 진陳나라가 망하자 전씨田氏가 제나라에서 커진 것과 같다. 그러니 하늘이 (착한 사람에게) 보시한 것이 박하다고 할 수는 없다.

용녀에 대한 일은 사람들이 혹 믿지 못하지만, 전해 오는 말로는 태조가 낳은 자녀들의 양쪽 겨드랑이에 간혹 용의 비늘이 있다고도 한다. 태조의 외가가 이미 용인데, 용녀가 바다로 돌아갈 때 어린 딸을 데리고 가서 (도로) 용이 된 것은 딸들이 신하에게 시집가서 혹 왕이 될 자를 낳을까 봐 짐짓 두려워했기 때문이다. 그러므로 딸들 가운데 비늘이 없는 자는 신하에게 시집보냈지만, 비늘이 있는 자는 모두 대를 잇는

다시 용으로 변해 우물로 들어가 다시는 돌아오지 않았다고 한다."

오대 중국에서 당나라와 송나라 사이에 있던 다섯 나라, 또는 그 시대를 가리킨다. 이 다섯 나라는 양梁·당唐·진晉·한漢·주周다. 이 나라들은 이미 예전에 있었던 나라의 이름을 그대로 따서 자기 나라 이름으로 삼았으므로, 앞의 나라들과 구별하기 위해서 후량·후당·후진·후한·후주라고도 한다. 양왕 주전충朱全忠이 당나라 애제哀帝를 폐하고 황제를 칭하며 후량의 태조가 된 907년부터 조광윤趙匡胤이 후주 공제恭帝를 폐하고 황제를 칭하면서 송나라가 시작된 960년까지가 오대다.

소선제 당나라 마지막 황제인 애제哀帝로, 904년부터 907년까지 재위했다. 당나라는 907년에 망하고, 왕건은 고려를 918년에 세웠다.

임금으로 하여금 후궁으로 삼아 (궁 안에) 머물게 했으니, 윤리와 기강을 더럽히는 부끄러운 짓도 서슴지 않았다. 중엽에 이르러 누이를 비妃로 삼은 왕도 있어서 《송사宋史》에서 이를 비난했지만, 이는 왕실에서만 그러했고 민간 풍속은 그렇지 않았음을 몰랐기 때문이다.

우리 태조가 위화도에서 회군한 뒤에 왕우王禑가 신돈辛旽의 자식이라며 폐위시키고, 공양왕 요瑤를 임금으로 세웠다. 그러고는 공양왕으로 하여금 왕우를 강릉에서 베어 죽이게 했다. 왕우가 사형당할 때 겨드랑이를 들어 구경꾼들에게 보이면서 말했다.

"내가 신씨라고 하지만, (우리) 왕씨는 용의 씨라서 겨드랑이 밑에 비늘이 있다. 그대들은 보라."

구경꾼들이 가까이 가서 보니 과연 그 말과 같았다. 이는 참으로 이상한 일이었다.

홍무洪武 임신년(1392)에 우리 태조가 공양왕으로부터 왕위를 물려받고, 도읍을 한양으로 옮겼다. 왕씨의 신하로서 대대로 높은 벼슬을 한 큰 집안들 가운데 태조에게 신하로 복종하지 않으려는 자들은 모두 (개성에) 남고 따라가지 않았는데, 그(들이 살던) 동네를 지방 사람들이 두문동杜門洞●이라고 했다. 태조가 그들을 미워해, (개성) 선비에게는 100년 동안 과거를 보지 못하도록 명했다. 그래서 (개성에) 남아 살던 자의 아들과 손자에 이르러서는 마침내 평민이 되어, 장사를 생업으로 삼고 선비의 학업을 닦지 않았다. 그렇게 300년이 지나고 보니 (개성에는) 드디어 사대부라는 이름이 없어졌고, 서울 사대부 가운데도 (개성으로) 옮겨가 사는 자도 없게 되었다.

두문동 개풍군 광덕면 광덕산 서쪽 기슭에 있던 옛 마을이다. 이성계가 고려를 멸망시키고 조선을 건국하자, 이씨의 조선을 반대하던 고려의 유신 신규·신혼·신우·신순·조의생·임선미·이경·맹호성·고천상·서중보 등 72명이 끝까지 고려에 충성을 다하고 지조를 지키며 항거하다가 이성계에게 몰살당한 곳이다. 조선 정조 때 왕명으로 표절사表節祠를 세워 그들의 혼을 추모했다.

대정리 개성 서쪽 20리에 있는 동네로, 용녀가 친정을 드나들던 큰 우물의 이름을 따서 '대정리'라고 했다.

＊ '순舜이 천자가 되자, 요임금과 (순의 아버지인) 고수가 모두 신하가 되어 순을 섬겼다'는 소문을 함구몽咸丘蒙이 듣고, 그 소문이 사실이 나고 맹자에게 물었다. 그러자 맹자가 그 이야기는 군자의 말이 아니라, 제나라 동쪽 시골 사람들의 이야기라고 부정했다. 제나라 동쪽 사람들이 어리석어, 그들이 하는 말은 믿을 수가 없다는 뜻이다.

내가 일찍이 대정리大井里● 옛 사당에 있는 온성왕후의 소상塑像과 창릉 토성을 본 적이 있는데, 늘 이상스럽게 여겼다. (용녀에 대한 이야기가) 참이 아니고 거짓이라기엔 유적이 너무 뚜렷하게 남아 있다. 그렇다고 해서 거짓이 아니고 참이라기엔 제나라 동쪽 야인野人의 말*과 거의 비슷하니, 어느 쪽을 믿을 것인가?

가장 통탄할 점은 정도전이 목은 이색의 문인으로서, 고려 말엽에 재상 반열에 있었으면서도 왕검王儉과 저연褚淵●이 하던 짓을 본받아 나라를 팔아서 이익을 챙기고 스승을 해치며 벗을 죽인 것이다. 게다가 고려가 망하자 또 왕씨 종실들을 없애는 계책까지 냈다. 자연도紫燕島에 귀양 보낸다고 핑계를 대고서 큰 배 한 척에 왕씨들을 가득 태워 바다에 띄운 다음, 남몰래 보자기에게 배 밑바닥에 구멍을 뚫으라고 해서 가라앉힌 것이다. 그때 왕씨와 친하게 지내던 중 하나가 있었는데, 언덕에서 바라보니 (한) 왕씨가 시 한 구절을 읊었다.

천천히 노 젓는 소리가 물결 너머로 들리니
비록 산승山僧이 있다고 하지만 네 어이하랴.

그 배가 가라앉은 곳에 지금은 모래와 진흙이 쌓여, 바다 한가운데 큰 섬이 되었다. 정주해貞州海가 바로 이곳인데, 보련강 하류에 있다.

태조가 즉위하자, 공양왕을 관동으로 옮겨 살게 했다. 왕씨의 태묘太廟●는 헐어 버리고, 신주는 큰 배에 실어 임진강에 띄워 버렸다. 배는 저절로 물을 거슬러 올라가, 마전현麻田

왕검과 저연 왕검은 송나라 명제 때 비서승秘書丞 벼슬을 하다가 배반하고, 새로 생긴 제나라로 가서 육부를 총괄하던 상서성에서 두 번째로 높은 벼슬인 상서 좌복야(고려에서는 정2품이었다.)가 되었다. 당시 제나라는 초창기였으므로 모든 의식 절차를 왕검이 정했다.
송나라 명제가 472년에 세상을 떠나면서 원찬袁粲과 상서우복야 저연을 함께 불러, 어린 임금(폐제)의 장래를 부탁했다. 저연은 산기상시 소도성蕭道成이 비상한 사람인 것을 알았으므로, 이 자리에 함께 참석시켰다. 그 뒤 477년 7월에 소도성이 폐제를 죽이고 순제를 세우자, 11월에 원찬이 소도성을 치려고 했다. 그러자 저연이 그 계획을 소도성에게 미리 알려 주었다. 소도성이 479년에 순제를 폐하고 황제를 칭한 뒤 저연을 공신에 봉하면서 상서령尙書令 벼슬을 주었다.

태묘 종묘. 왕실의 위패를 모시던 사당이다.

縣 강 기슭에 있는 절 앞에 이르러 멈췄다. 고을 사람들이 이일을 (관청에) 알리자, 태조가 불상을 다른 절로 옮기고 (왕씨의) 신주를 그 절에 모시도록 했다. 그 절 이름을 숭의전崇義殿●이라 부르고, 왕씨를 찾아 전감殿監●으로 삼게 했다.

그러나 왕씨 가운데 이름이 있거나 벼슬했던 자들은 그 전에 이미 다 죽어 없어졌다. 그 나머지 자들도 모두 도망쳐 숨어서 성명마저 바꾸고 있었다. 혹은 마씨馬氏, 혹은 전씨全氏, 혹은 옥씨玉氏가 되어, 모두 왕王 자를 자획 속에 숨기고 살았다. 자신이 왕씨라고 스스로 인정하지도 않았다. 그래서 장헌대왕(세종) 때*에 이르러서야 비로소 왕순례王循禮 한 사람을 찾아냈다. 그래서 선우씨鮮于氏를 기자전箕子殿의 전감으로 삼던 전례에 따라 그에게 논밭과 노비를 주고, 전참봉殿參奉을 세습해 그 제사를 받들게 했다. 이는 거룩하신 임금의 훌륭한 덕에 의한 것이다. 임금께서는 일찍이 "왕씨를 없앤 것은 태조의 뜻이 아니고, 공신들의 꾀에서 나온 것이다."라고 말한 적도 있다.

성 안에 있는 선죽교善竹橋는 포은 정몽주가 죽임을 당한 곳이다. 공양왕 때 정공이 재상으로 있으면서 혼자만 태조에게 아부하지 않았다. 그래서 태조 문하의 여러 장수가 조영규를 시켜 이 다리 위에서 철퇴로 때려죽이게 했다. 그러자 고려의 왕업이 드디어 (이씨에게로) 옮겨졌다. 그 뒤 우리 왕조에서 우리 왕조의 직함인 의정부 영의정을 추증해 용인 무덤 앞에 세우자, 곧 벼락이 쳐서 그 비석을 부쉈다. 정씨 자손이 '고려 문하시중門下侍中'이라는 직함으로 고쳐 쓰기를 청해 (다시 세웠더니) 지금까지도 무사하다. 충성스러운 혼과 굳센

숭의전 마전현 서쪽 5리에 있는 전각인데, 태조 원년(1392)에 예조에 명해 고려 태조를 비롯한 여덟 임금의 제사를 지내게 했다. 그러나 세종 7년(1425)에 '우리 왕조의 종묘도 다섯 임금만 제사 지내는데, 전 왕조의 임금들을 여덟 명이나 제사 지내는 것은 예에 어긋난다'는 논의가 있어, 태조·현종·문종·원종만 모시게 되었다.

전감 숭의전의 일을 맡아보던 종6품 관원이다.

* 실제로는 문종 2년(1452)의 일이다.

144

선죽교

넋이 죽은 뒤에도 없어지지 않았음을 볼 수 있으니, 이 또한 두려워할 만한 일이다.

성에서 동남쪽으로 10여 리 되는 곳에 덕적산德積山이 있는데, 이 산 위에 최영崔瑩 장군의 서당이 있다. 사당에는 소상塑像이 있는데 지방 사람들이 기도하면 효험이 있어, 사당 옆에 침실을 만들고 민간의 처녀를 두어 사당을 모시게 했다. (그 처녀가) 늙거나 병들면 다시 젊고 어여쁜 처녀로 바꿔서, 지금까지 300년을 하루같이 그렇게 했다. 그 시녀가 말하길 '밤이 되면 신령이 내려서 교접한다'고 했다. 그러나 나는 이렇게 생각한다.

최영은 무모하고 용맹만 있는 사내여서, 자기 딸을 왕우王禑의 비妃로 삼았고, 나랏일을 잘못해 마침내 사직社稷이 다른 사람의 손에 넘어가게 했다. (죽은 뒤에도 혼이) 하늘에 오르지 못하고 땅에도 들어가지 못해, 국사國祀도 교사郊祀도 받지 못하는 귀신이 되었다.* 그런데도 남녀의 즐거움을 잊지 못했으니, 그가 자신의 죽음에 대해 심복하지 않았음을 알 수 있다. 그는 어리석고도 음탕하다고 말할 만하다. 그러나 수십 년 전부터 이 사당의 영험이 끊어졌다고 하니, 역시 이상한 일이다.

만월대는 올려다보아야 하는 긴 언덕이다. 도선이 지은 《유기》에 '흙을 허물지 말고 흙과 돌로 (땅을) 북돋워 궁전을 지어야 한다'고 했다. 그러므로 고려 태조가 다듬은 돌로 층계를 만들어 기슭을 보호하고, 그 위에 궁전을 세웠다. 고려가 망하자 궁전은 헐어 버렸지만, 층계의 돌만은 완연했다. 오래 지나 관청에서도 돌보지 않아, 개성의 부유한 장사치들이 몰래 메어다 묘석을 만들었다. 그래서 요즘은 남아 있는 돌이 차츰 드물게 되었다.

만월대 뒤에는 자하동紫霞洞이 있는데, 송악산 아래다. 시내와 바위가 그윽하면서 기이하다. 성 안 동남쪽에 있는 남산男山은 바로 적신賊臣 최충헌崔忠獻이 살던 곳이다. 최씨가 망하자 공민왕이 그곳에 화원과 팔각전八角殿을 세웠는데, 왕우가 (태조의 군사에게) 포위당한 곳도 여기다.

남쪽에는 용수龍首·진봉進鳳 두 산이 있는데, 둘 다 송악에서 내려온 줄기이며 성 안의 안산案山*이다. 감여가는 이렇게 말했다.

"진봉산은 옥녀玉女의 화장대 모습이다. 고려 임금들이 여러 대에 걸쳐 상국上國의 공주와 짝을 짓게 된 것도 이 때문이다. 또 필산筆山이 있기 때문에 나라 사람들이 중국 과거에서 많이 장원했다. 그러나 백호 쪽의 산이 강하고 청룡 쪽의 산

* 국사國祀는 제왕이 거행하는 나라의 큰 제사이고, 교사郊祀는 천자가 교郊에서 상제上帝에게 지내는 제사다. 우리나라에서는 강화도 마니산 참성단에서 교사를 지냈다. 원문의 '국교지외國郊之外'는 나라에서 제사를 받지 못하고 민간 무속인들에게 받는 것을 가리킨다.

안산 풍수지리에서 집터와 묏자리의 앞에 있는 나즈막한 산을 가리킨다. 주산主山과 객산客山이 마주앉은 사이의 책상이라는 뜻으로 안산案山이라 한다.

이 약하기 때문에 나라에 훌륭한 재상이 없었다. 무신란이 자주 있었던 것도 이 때문이다."

성 동북쪽에는 산대암山臺巖이 있는데, 의종이 무신란을 만난 곳이다. 만월대 서북쪽에는 영통동靈通洞이 있는데, 보육이 살던 곳이다. 예전에 (그곳에 있던) 귀법사歸法寺는 지금 없어졌다. 영통동 북쪽에는 화담花潭●이 있는데, 바위와 샘물이 아주 기이하다. 중종 때 징사徵士●였던 서경덕徐敬德이 숨어 살던 곳이다. 그곳에서 북쪽으로 고개 하나를 넘으면 현화사玄化寺 옛터인데, 지금은 비석과 탑만 남아 있다.

현화사 서쪽은 대흥동大興洞인데, 오관산과 성거산 사이에 위치한 큰 별천지다. 숙종 때 여기에 쌓은 산성이 바깥쪽은 험하고 안쪽은 평탄하니, 참으로 자연이 만들어 준 험한 요새다. 관청에서 양곡과 병기를 쌓아 두고 큰 절을 세워 중들로 하여금 지키게 했는데, 갑작스러운 변고를 대비한 것이다. 골안의 봉우리와 암벽이 높고도 크다. 시냇물도 넓고 깊게 감돌아 괴었다가 밑에서 큰 폭포가 되었으니, 이것이 바로 박연朴淵이다.

부성府城 서문 밖에는 만수산萬壽山이 있는데, 고려 왕조의 일곱 능이 있다. 여기서 북쪽으로 작은 고개를 넘으면 청석동靑石洞인데, 긴 골짜기가 10여 리나 구불구불 감돌아 펼쳐졌다. 양쪽 언덕이 천 길이나 벽처럼 서 있고, 큰 시냇물이 한가운데서 솟아나는 데다 문 같은 산이 여러 겹으로 감싸고 있다. 청나라 황제가 병자년에 우리나라를 습격하다가 이곳에 이르러 크게 두려워하더니, 용골대를 죽이려 했다. 용골대가 지키는 군사가 없을 것이라고 생각하고는, 염탐해서 확실히

화담 영통동 어귀에 있는 못이다. 이곳에 살던 서경덕이 못 이름을 자기의 호로 삼았다.

징사 벼슬하지는 않았지만, 나라에서 높게 대우한 선비다.

알고 난 뒤에 지나갔다. (청나라로) 회군할 때에는 길을 바꿔서 개성 동북쪽 백치白峙 길로 지나갔다.

개성부 남쪽은 풍덕부豊德府, 동쪽은 장단이다. 영평강은 동쪽에서 흘러오고 징파강은 북쪽에서 흘러오다가 마전麻田에서 합친 뒤, 장단 남쪽을 돌아 임진강이 된다. 임진강은 다시 서쪽에서 한강과 만나는데, (이곳이) 풍덕부 승천포昇天浦다.

장단읍은 임진강 북쪽 백학산白鶴山 아래 있다. 읍 북쪽에 있는 화장사華藏寺에는 서역西域에서 온 중 지공指空이 남긴 패엽경貝葉經●과 전단향旃檀香이 있다. 화장산 남쪽은 산기슭이 모두 곱고 시냇물이 평평한데, 고려 때부터 조선에 이르기까지 공경公卿의 무덤이 많으므로 사람들이 (중국) 낙양의 북망산●에 견준다.

임진강 동쪽에는 연천漣川과 마전이 있고, 북쪽에는 삭녕朔寧이 있다. 한양에서 북쪽으로 100여 리 되는 곳인데, 물길로 모두 서울

박연폭도

황진이, 서경덕과 함께 송도삼절松都三絶로 꼽히는 박연폭포의 모습을 겸재 정선이 화폭에 담았다. 그는 진경산수라는 새로운 경지를 열었다고 평가받는데, 이 그림에서는 폭포의 길이를 실제보다 길게 하는 과장을 보였다. 한편 이 폭포의 이름에 관한 전설이 있다. 박 진사라는 이가 못 위에서 피리를 불자 그 소리에 감동한 용녀龍女가 감동해 그를 남편으로 삼았다는 것이다. 개인 소장

과 통한다. 그러나 이 고을들은 모두 땅이 메마르고 백성이 가난해 살 만한 곳이 적다. 그 가운데 삭녕은 땅이 제법 좋고, 강가에 경치가 좋은 곳도 많다. 연천에는 미수眉叟 허목許穆이 살던 곳이 있다.

패엽경 이 절에 있던 불경을 '서축패엽경'이 라고 하는데, 인도(西쯧) 에서는 패다라수貝多羅 樹 잎에다 바늘로 불경 을 새겼다.

북망산 중국 낙양 서쪽 에 있는 산 이름인데, 이 산에 역대 공경의 무 덤이 많다. 우리나라에 서도 이 산의 이름을 따 서, 공동묘지를 흔히 북 망산이라고 한다.

《택리지》에 나타난 이중환의 실학사상

조기영 사단법인 유도회 한문연수원 교수

이중환은 《성호사설》의 저자인 이익의 재종손으로서 그에게서 실사구시實事求
是 학풍의 영향을 받았다. 이중환이 《택리지》를 지을 때 조선의 사정을 보면,
영조의 탕평책으로 정국이 평온하고 문물도 발달했지만 건국 이래 정치 교화
의 근본이던 인본주의적 유교이념이 점차 유명무실한 이념으로 전락해 갔다.
백성의 생활이 도탄에 빠져 허덕거리는데도 위정자라는 이들은 아무런 대책
을 강구하지 못했다. 이러한 정치사회적 문제와 모순 들을 비판하고 혁신하자
는 실질적인 사상이 대두되면서 사회 전반에 걸쳐 많은 변화가 일어났고, 실
사구시에 입각한 경세치용經世致用을 주장하는 학문이 활발하게 전개되기 시
작했다. 이 가운데 유형원이나 이익과 같은 인물이 등장했으며, 이중환은 바
로 성호 이익의 실학사상에서 큰 영향을 받았다. 그리고 30여 년간 전국 각지
를 돌아다니면서 얻은 지식과 수집한 정보를 가지고 지리 · 경제 · 사회 등의
문제를 고민하고 연구해 자신만의 실학사상에 근거하는 종합인문 지리서 《택
리지》를 저술한 것이다.

이중환은 《택리지》에서 당시의 정치 · 경제 · 문화 등 각 방면에 대해 주목할
만한 견해를 보여 주었다. 먼저 신분제도에서는 사농공상士農工商을 가르는 것
이 단순한 직업의 차이일 뿐이라는 사민평등 사상을 제시했으며, 지배계급의

특권을 인정하지 않았다. 그리고 경제·지리 분야에서는 유교적 실용주의 사상을 보여 주었다. 그는 자원의 개발과 이용에는 각 지역의 자연환경, 자원 분포, 인구 분포, 교통수단, 교역 체계 등에 관한 지식이 필요하다고 인식했다. 그리고 '세상의 인심이 공명에만 힘쓰고 실용을 등진 지가 오래되었다'며 '재화는 결코 하늘에서 내려오거나 땅에서 솟아나는 것이 아니'라고 강조하면서 의식주 문제 해결에 도움이 되는 실용적인 전문 지식의 필요성을 역설했다. 상업, 곧 경제의 중요성을 강조하면서도 의식주 생활 자원의 대부분이 땅에서 생산된다는 사실을 중시해 농업의 토대 위에서 교역을 추진해야 한다고 주장했다. 아울러 미곡을 중심으로 한 재래 농업도 중요하지만, 목화·담배·생강·삼베 등 환금작물을 재배하는 농업을 육성해야 한다고 강조했다.

실용적인 전문지식이 필요하다

따라서 이중환이 가장 좋은 지리적 환경으로 꼽는 땅은 기름진 곳이고, 그 다음은 배와 수레와 사람과 물자가 모여들어 필요한 것을 서로 바꿀 수 있는 곳이다. 그는 무엇보다 인간의 생산 활동, 창조적인 생명력이 있는 땅을 중시했다. 인간은 자신의 생존을 위해 생산 활동에 참여할 수밖에 없는데, 생산 활동에서 무엇보다 중요한 것이 지리적 환경을 이용하는 것이라고 주장했다. 이런 주장은 나아가 그의 국방론과도 연결된다. 우리나라의 지리적 환경이 상선商船의 운용에 가장 좋은 조건을 갖추고 있는데도 이것을 최대한 이용하지 못해 모든 물자를 말[馬]로만 운송하는 문제점을 지적했다. 또한 그런 문제는 조선술이 발달하지 못한 데 있다고 보았으며, 물자의 운반 수단에 대한 대대적인 개선을 주장하기도 했다. 이는 박지원·박제가 등이 배·수레의 제조 및 활용을 주장한 것과 연관이 있다.

이러한 《택리지》에도 한계점이 없는 게 아니다. 지금까지 학자들이 지적한 문제점은 훌륭한 천지인삼재天地人三才 사상에 기초한 인문 지리서이기는 하지만 풍수 사상, 자연과 인간의 관계에 대한 환경결정론적 시각, 선호하는 지방이나 지역에 대한 편견에서 벗어나지 못했고, 지리적 패러다임을 구체적으로 제시하지 못한 점 등이다.

물론 《택리지》가 풍수지리의 내용을 담고 있다고 해서 큰 문제가 되는 것은 아니다. 이것은 이중환 자신의 사상이라기보다는 18세기 사회 전반에 팽배한 길흉화복에 대한 음택풍수陰宅風水의 사유를 수용하고 나타낸 것뿐이다. 또한 《택리지》의 〈복거총론〉에서 언급된 수구水口·야세野勢·조산조수朝山朝水· 토색土色 등은 풍수 사상이라기보다는 오히려 중요한 취락 입지 조건이 되는 배산임류背山臨流의 지형, 굳고 건조한 지반, 수질 등과 더 밀접한 관계에 있다고 할 수 있다.

자연을 지배하거나 자연에 복종해 가면서 살아온 서양의 자연관과는 달리 동양에서는 천지인 삼재사상에 기초해 인간이 자연의 일부이며 모든 자연물 가운데 가장 존엄한 존재라는 사고 아래 자연과의 조화를 도모하며 살아왔다. 따라서 자연을 편의대로 이용하거나 개조할 수 있다는 서양의 환경론적 시각으로 《택리지》를 이해해서는 안 된다.

선호하는 지방이나 특정 지역에 대한 편견은 《택리지》의 가장 큰 결점이라 할 수 있다. 각 지방의 인심과 풍속을 바라보는 데 균형 감각을 잃은 이중환에게 나름대로 이유가 있기는 하지만 전라도·황해도·강원도·함경도를 바람직하지 않은 곳으로 보고, 경기도·경상도·평안도를 좋게 평해, 주목받을 만한 저작임에도 시비거리를 만들고 말았다.

이상향을 그리다

《택리지》의 〈복거총론〉은 이중환이 설정한 주요 취락 입지를 정리한 것에 해당한다. 그 가운데 공자가 "인덕仁德이 있는 곳에 사는 것이 좋다. 인덕이 있는 곳을 골라 살지 않으면 어찌 지혜롭다 하겠는가〔里仁爲美 擇不處仁 焉得知〕?"라 했듯이 이중환에게는 유교적 실용주의에 기초한 인문과학적 기본 패러다임이 있었다. 무엇보다 공자의 '인仁' 사상에 주목하고 실천했다. 그리고 그는 자신이 안주할 곳을 찾기 위해 전국을 답사했지만 결국 이상적인 곳을 찾지 못했다. 그래서 그는 자신이 설정한 이상적인 4대 조건에 꼭 맞는 곳이 존재하지 않을지라도 그 조건들 가운데 몇 가지를 갖춘 곳을 택해 스스로 적응하며 산다면 분명히 살기 좋은 곳이 된다는 현실적이고 실질적인 생각을 제시했다.

《택리지》에 나타난 이중환의 인문 지리적 사상의 핵심은 이상향의 추구에 있다. 그 이상향은 자연과 인간의 조화, 곧 거주환경 및 취락 조건의 이상세계를 뜻한다. 그래서 《택리지》의 이상향은 경제 및 사회 문제를 중시하는 유교적 실용주의, 유토피아를 동경하는 낙원 사상 등에 기초한 자연환경·사회조직·문화구조·경제체제 등이 조화를 이룬 하나의 생활공간으로 구체화되었다.

이상향에 대한 관심은 이중환이 살던 18세기를 전후해 마치 주요한 이념처럼 작용해 신분 상승 및 부귀영화를 갈구하는 인간 심리와 상합相合했다. 그런데 이런 이상향의 추구는 이중환의 개별적인 특성이 아니라 인간이라면 누구나 내면에 존재하는 본질적이고 본원적인 의식의 발로라는 점에 유념해야 한다. 엄격하고 고고한 선비뿐 아니라 모두가 내재적 이상향을 꿈꾸며 동경한 것이 사실이다. 따라서 《택리지》에 나타난 이중환의 이상향도 이런 관점에서 이해해야 할 것이다.

결국 《택리지》에 나타난 이중환의 사고는 바로 천지인삼재 사상, 도덕적 인본주의, 유교적 실용주의, 경제 중심적 실리주의, 만민평등사상 등을 종합적으로 드러낸 실학사상인 셈이다.

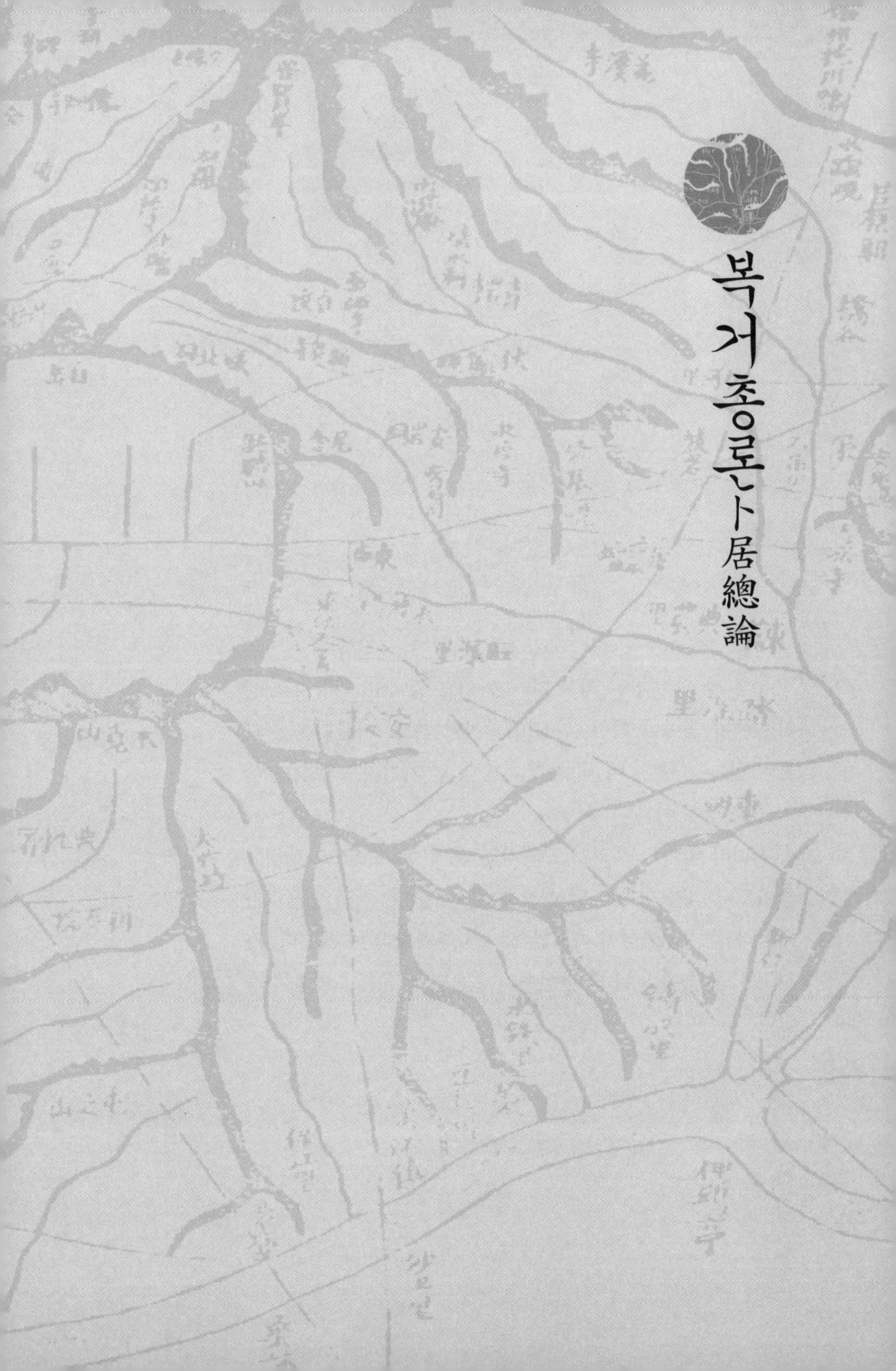

복거총론 卜居總論

무릇 살 터를 잡는 데는 지리地理가 으뜸이고, 다음으로 생리生利*가 좋아야 하며, 인심이 좋아야 하고, 아름다운 산과 물이 있어야 한다. 이 네 가지 가운데 한 가지라도 없으면 살기 좋은 땅이 아니다.

지리가 좋아도 생리가 모자라면 오래 살 수 없고, 생리는 좋아도 지리가 나쁘면 역시 오래 살 수 없다. 지리와 생리가 아울러 좋아도 인심이 나쁘면 반드시 후회할 일이 생긴다. 또한 가까운 곳에 노닐 만한 산수가 없으면 성정을 도야할 수가 없다.

생리 그 땅에서 생산되는 이익이다.

지리地理

어떻게 지리를 논할 것인가. 먼저 수구水口를 보고, 그 다음에는 들판의 형세를 본다. 그 다음에 산의 모양을 보고, 그 다음에 흙의 빛깔을 본다. 그 다음에 수리水理를 보고, 그 다음에 조산朝山과 조수朝水●를 본다.

무릇 수구가 엉성하고 넓기만 한 곳에는 비록 좋은 밭 만 이랑과 넓은 집 천 칸이 있다 해도 대를 이어 전하지 못하고 저절로 흩어져 없어진다. 그러므로 집터를 잡으려면 반드시 수구가 꼭 닫히고 그 안쪽으로 들이 펼쳐진 곳을 눈여겨보아서 구해야 한다.

산속에서는 수구가 닫힌 곳을 쉽게 구할 수 있지만, 들판에서는 (수구가) 굳게 닫힌 곳을 찾기 어렵다. 그래도 반드시 물이 거슬러 흘러드는 사砂●를 찾아야 한다. 높은 산이나 그늘진

조수 앞으로 흘러드는
냇물(강물)이다.

사 그 터의 전후좌우에
보이는 산과 물을 가리
키는 말이다.

언덕을 가릴 것 없이, 힘 있게 거슬러 흐르는 물이 판국을 가로막았으면 길하다. (막은 것이) 한 겹이라도 참으로 좋지만, 세 겹이나 다섯 겹으로 감싸지면 더욱 길하다. 이런 곳이라야 굳건하게 오래도록 대를 이어 나갈 수 있는 터가 된다.

무릇 사람은 양기를 받고 사는데, 하늘이 바로 양명한 빛이다. 그러니 하늘이 조금만 보이는 곳은 결코 살 곳이 못 된다. 그러므로 들이 넓을수록 터는 훌륭하다. 해와 달과 별이 언제나 환하게 비치고, 비·바람·추위·더위가 순조롭게 알맞아야만 인재가 많이 나고 병이 적다.

사방에 산이 높아서 해가 늦게 돋았다가 일찍 지고, 밤에 북두칠성이 안 보이기도 하는 곳은 가장 꺼려야 한다. 이런 곳은 양명한 빛이 적고 음기가 쉽게 침입해, 혹 잡귀의 소굴이 되기도 한다. 또는 아침저녁으로 산안개나 장기가 사람을 병들게 하기 쉽다. 그래서 산골에 사는 것이 들에 사는 것만 못하다. 큰 들판에 낮은 산이 둘러선 것은 산이라 하지 않고, 통틀어 들이라 한다. 하늘의 빛이 막히지 않고, 물의 기운이 멀리 통하기 때문이다. 높은 산속에서도 들이 펼쳐진 곳이라면 좋은 터가 될 수 있다.

무릇 산 모양의 조종祖宗을 찾는다면, 감여가가 말하는 대로 다락처럼 우뚝 솟은 형세여야 한다. 주산이 수려하고 단정하며 청명하고 아담한 것이 으뜸이다. 뒤에서 내려온 산줄기가 끊어지지 않으면서 들을 지나 갑자기 높고 큰 봉우리로 솟아나고, 지맥支脈이 감싸 돌면서 골을 만들어 마치 궁성 안에 들어온 듯하며, 주산의 형세가 온화하고 넉넉해 큰 겹집이나 높은 궁전 같은 곳이 그 다음이다. 그리고 사방의 산이 멀리 있어 평탄하고 넓으며, 산줄기가 평지에 뻗어 내렸다가 물가에서 그쳐 들판의 터를 만든 곳이 그 다음이다. 가장 꺼리는 것은 뻗어 내린 산줄기가 약하고 둔해 생생한 빛이 없거나, 산 모양이 부서지고 비뚤어져서 길한 기운이 적은 곳이다. 땅에 생생한 빛이나 길한 기운이 없으면 인재가 나지 않는다. 이런 까닭으로 산 모양을 살피지 않을 수가 없다.

무릇 시골살이는 물 가운데나 물가를 가릴 것 없이, 토질이 모래로서 굳고 촘촘하면 우물물이나 샘물이 맑고도 차다. 이와 같은 곳이면 살 만하다. 만약 붉은 찰흙이나 검은 자갈이나 누런 진흙이면, 이것은 죽은 흙이다. 그 땅에서 솟아나는 우물물이나 샘물에는 반드시 장기가 있으니, 이와 같은 곳은 살 만한 곳이 못 된다.

무릇 물이 없는 곳은 자연히 살 곳이 못 된다. 산은 반드시 물이 있어야 한다. 물과 짝한 뒤에야 바야흐로 생성하는 묘미를 다할 수 있다. 그러나 물은 반드시 흘러오고 흘러가는 것이 지리에 합당해야만 바야흐로 (강산의) 정기를 모아 기르게 된다. 이에 대해서는 감여가의 책이 있으므로, 자세히 논하지 않겠다. 그러나 집터는 묘터와는 다르다. 물은 재록財祿을 맡은 것*이므로, 물가에 부유한 집과 이름나게 번성하는 마을이 많다. 비록 산속이라도 시냇물이 모여드는 곳이라야 대를 이어 오래 살 만한 터가 된다.

무릇 조산에 돌로 된 추악한 봉우리가 있든지, 비뚤어진 외딴 봉우리가 있든지, 무너지거나 떨어져 나간 모양이 있든지, 엿보거나 넘보는 모양이 있든지, 이상한 돌과 괴이한 바위가 산 위에나 아래에 보이든지, 긴 골짜기에 높은 사砂가 있

* 마을 근처에 깊은 호수나 못이 있어야 부자가 난다고 했다. 《산서山書》에 '호수에 1000년 흐려지지 않을 물이 있으면, 집에 1000년 흩어지지 않을 재물이 생긴다'고 했다.

어 전후좌우에 보이면, 모두 살 곳이 못 된다. (산은) 반드시 멀리 있으면 맑게 빼어나 보이고, 가까이 있으면 밝고 깨끗해야 한다. 사람이 한 번만 보아도 기쁨을 느끼며, 울퉁불퉁하게 밉살스러운 모양이 없어야 길한 것이다.

조수는 물 너머 물을 말한다. 작은 냇물이나 작은 개울물은 거슬러 흘러드는 것이 길하지만, 큰 냇물이나 큰 강물은 거슬러 흘러드는 것이 결코 좋지 않다. 무릇 큰 물이 거슬러 흘러드는 곳은 집터나 묘터를 논할 것 없이, 처음에는 비록 잘 되는 것 같아도 오래되면 패망하지 않을 수 없다. 그러므로 이런 곳은 경계하지 않을 수 없다.

흘러드는 물은 반드시 산줄기의 방향과 음양 이치에 맞아야 한다. 또 구불구불하게 유유히 흘러드는 것이 좋고, 일직선으로 활을 쏘는 것처럼 흘러들면 좋지 않다. 이런 까닭에 장차 집을 지어서 자손 대대로 전할 계획이라면 지리를 살펴택하지 않으면 안 된다. 이러한 여섯 가지*가 바로 그 요지다.

여섯 가지 수구·들·
산모습·흙빛·물길·
조산조수를 가리킨다.

생리生利

왜 생리를 논하는가? 사람이 세상에 태어나서 이미 (음식 대신) 바람을 들이마시거나 이슬을 마시며 살 수 없게 되었고, (의복 대신) 깃을 입고 털로 몸을 가릴 수 없게 되었다. 그러므로 사람은 입고 먹는 일에 종사하지 않을 수 없다. 위로는 조상과 부모를 봉양하고 아래로는 처자와 노비를 길러야 하니, 재물을 경영해 (살림을) 넓히지 않을 수 없다.

　공자의 가르침에도, 넉넉해진 뒤에 가르친다고 했다. 제 몸도 가리지 못하고 빌어먹게 되어, 조상의 제사도 받들지 못하고 부모를 봉양하지도 못하며 처자의 윤리도 모르는 자에게 어찌 가만히 앉아서 도덕과 인의를 말할 수 있겠는가?

　무릇 세상 사람들이 헛된 이름에만 힘을 쓰고, 실제를 버린 지 오래되었다. 늘 하기 어려운 일을 억지로 하기 때문에,

남몰래 악한 짓을 하면서 겉으로는 착한 척하는 자들이 없지 않았다. 그러므로 '먼저 의식衣食의 원천이 되는 일에 힘쓰고, 그 뒤에 예의의 단서를 다스린다'는 말은 사람에게 악한 일을 숨기지 않고 나타내도록 하자는 뜻이다.

푸른 소나무를 벗하고 흰 구름과 짝하거나, 돌을 베고 흐르는 물에 양치질하며, (아침) 안개 속에서 밭 갈고 (저녁) 달빛 아래 물 긷는다면, 그 이름이 어찌 아름답지 않겠는가. 그러나 이것은 상고시대에 예의가 갖춰지지 않고 온 세상 사람들이 모두 백성이었을 때의 일이다. 만약 이런 일을 본으로 삼는다면 관례冠禮에 빈상儐相*을 모시지 않고, 혼례에 반드시 친영親迎*하지 않으며, 초상에 반드시 관곽을 갖추지 않고, 제사에 반드시 제기를 쓰지 않을 것이다. 이런 일들을 어찌 오늘날 행할 수 있으랴.

그러므로 사람이 세상을 살아가면서 산 사람을 봉양하고 죽은 자를 보내는 데 모두 재물이 쓰이는 것이다. 그런데 재물은 하늘에서 내려오거나 땅에서 솟아나지 않는다. 그러므로 (사람이 살 만한 곳으로는) 땅이 기름진 곳이 으뜸이고, 배와 수레와 사람과 물자가 모여들어, 있는 것과 없는 것을 서로 바꿀 수 있는 곳이 그 다음이다.

땅이 기름지다는 것은 땅이 오곡 가꾸기에 알맞고, 목화 가꾸기에도 알맞은 것을 말한다. 논에 볍씨 한 말을 종자로 뿌려서 60말을 거두는 곳이 으뜸이고, 40~50말을 거두는 곳은 그 다음이다. 30말 이하를 거두는 곳은 땅이 메말라서 사람이 살 수 없다.

나라 안에서 가장 기름진 땅은 전라도의 남원·구례와 경

빈상 예식을 주관하는 사람이다.

친영 혼인할 때 신랑이 신부의 집에 가서 신부를 맞아다가 다시 자기 집으로 와서 혼례를 치르는 일로, 육례六禮 가운데 하나다.

상도의 성주·진주 등 몇 곳이다. 이런 곳에서는 논에 볍씨 한 말을 뿌려서 최상은 140말을 거두고, 그 다음은 100말을 거두며, 최하 80말을 거둔다. 그러나 다른 고을들은 그렇지 못하다.

경상도에서 좌도左道는 땅이 모두 메마르고 백성이 가난하지만, 우도右道는 풍요롭고 기름지다. 전라도에선 좌도의 지리산 부근이 모두 풍요롭고 기름지다. 그러나 바닷가 고을들은 물이 없고 가뭄이 많다. 충청도에서는 내포와 차령 이남에 기름진 곳과 메마른 곳이 반반인데, 가장 기름진 곳이라도 볍씨 한 말을 뿌려서 60말을 넘게 거두지 못한다. 차령 이북에서 한강 남쪽까지도 기름진 곳과 메마른 곳이 반반인데, 차령 남쪽보다는 못하다. 기름진 곳이라도 40말을 넘게 거두지 못한다. 한강 북쪽은 대체로 땅이 메마르다.

동쪽으로 강원도에서 서쪽으로 개성부까지는 논에 (볍씨) 한 말을 뿌려도 30말을 넘게 거두지 못한다. 그보다 못한 곳은 이 숫자에도 미치지 못한다. 강원도의 영동 아홉 고을에서 함경도까지는 땅이 더욱 메마르다. 황해도는 기름진 곳과 메마른 곳이 반반이다. 평안도는 산속 고을들이 메마르고, 바닷가 고을들은 매우 기름져서 충청도보다 못하지 않다.

산속 고을에서는 밭에 조를 많이 심고, 바닷가 고을에서는 콩과 보리만 심는다. 들판에 있는 고을 가운데 산과 바다가 모두 떨어진 곳에서는 잘 되지 않는 작물이 없다.

목화는 영남과 호남에서 가장 잘 돼, 산골 땅이나 바닷가 땅을 가릴 것 없이 모두 심기에 알맞다. 강원도 영동에서 북쪽으로 함경도까지는 모두 목화가 종자조차 없으며, 심는다

해도 자라지 않는다. 강원도 영서 지방은 산기운이 쌀쌀해 목화를 심기에 더 안 좋다. 원주와 춘천 가까운 들에서만 조금씩 심는데, 역시 겨우 자란다.

경기도 한강 이북의 산속 고을들은 산이 높고 물이 차서 (목화를) 심기에 적당치 않다. 들판에 있는 고을들이 심기도 하고 심지 않기도 하는데, 개성부만은 많이 심는다. 한강 남쪽 바닷가에 있는 고을들이나 충청도 바닷가에 있는 내포 · 임천 · 한산은 모두 목화 가꾸기에 알맞지 않다. 비록 심어도 땅이 단단하지 않아서, 잎만 무성하게 자라고 꽃은 피지 않는다. 한강 남쪽에 바다와 멀리 떨어진 곳에서도 이따금 많이 심지만, 매우 드물다. 충주 근처인 괴산 · 연풍 · 청풍 · 단양에서만 많이 심는다. 그러나 차령 이남에서 고을마다 모두 목화를 심는 것보다는 못하다. 황간 · 영동 · 옥천 · 회덕 · 공주가 으뜸이고, 그 다음은 청주 · 문의 · 연기 · 진천 같은 고을들이 잘 된다.

황해도는 바닷가 고을들이 (목화 가꾸기에) 알맞지 않지만, 산속 고을들과 들판 고을들이 모두 (목화 가꾸기에) 알맞은 땅이어서 많이 가꾼다. 평안도는 산속 고을 가운데는 심는 곳이 드물지만, 들판 고을에는 목화 가꾸기에 알맞지 않은 곳이 없다.

이 밖에 진안의 담배밭, 전주의 생강밭, 임천과 한산의 모시밭, 안동과 예안의 왕골밭이 있는데, 나라 안에서 제일이며, 부자들이 이익을 독점하는 물자들이다. 이것이 우리나라 밭의 대략이다.

물자를 옮겨서 교역하는 방법은 신농神農● 성인이 만들었

신농 중국 전설 속의 제왕으로, 농업 · 의료 · 주조 · 상업의 신으로 통한다.

164

다. 이러한 법이 없으면 재물이 생길 수 없다. 그런데 (물자를 옮기는 방법으로는) 말이 수레보다 못하고, 수레가 배보다 못하다.

우리나라는 산이 많고 들이 적어서, 수레가 다니기에는 불편하다. 그래서 온 나라의 장사꾼들이 모두 말에다 짐을 신는다. 그러나 (갈) 길이 멀면 옮기는 비용은 많이 들면서도 소득은 적다. 그러므로 (말로 짐을 옮기는 것이) 배에 짐을 실어 옮겨서 교역하는 이익보다는 못하다.

우리나라는 동ㆍ서ㆍ남쪽이 모두 바다이므로, 배가 통하지 않는 곳이 없다. 그런데 동해는 바람이 높고 물살이 급해 경상도 동해 가의 여러 고을과 강원도 영동 및 함경도의 배들은 서로 통하지만, 서해나 남해의 배들은 동해 물살에 익숙하지 못해 왕래가 드물다. 또 서해와 남해는 물살이 느리므로, 남쪽으로는 전라도와 경상도에서 북쪽으로는 황해도나 평안도와도 통한다.

배로 드나드는 장사꾼들은 반드시 강과 바다가 서로 통하는 곳에서 배를 세내고, 이익도 얻는다. 경상도에서는 김해 칠성포가 낙동강이 바다로 들어가는 목이 된다. (여기에서) 북쪽으로 상주까지 거슬러 올라가고, 서쪽으로는 진주까지 거슬러 올라갈 수 있는데, 오직 김해가 그 출입구를 관할한다. (김해 칠성포는) 경상도 전체의 수구에 자리해 남북으로 바다와 육지의 이익을 다 차지하고, 관청이나 개인이 모두 소금 판매로 큰 이익을 얻는다.

전라도는 나주의 영산강ㆍ영광의 법성포ㆍ흥덕의 사진포ㆍ전주의 사탄이 비록 짧은 강이지만 모두 조수가 통하므로 장삿배가 모여든다.

충청도는 금강 한 줄기뿐이다. 근원은 멀지만 공주 동쪽은 물이 얕고 여울이 많아서 배가 통하지 못한다. 부여나 은진에 서부터 비로소 조수와 통해, 백마강 이하 진강鎭江 일대에 모두 배가 통한다. 그런데 은진의 강경 마을만은 충청도와 전라도의 바다와 육지 사이에 자리해, 금강 남쪽의 들판 가운데 큰 도회지가 되었다. 바닷가 사람과 산골 사람이 모두 이곳에 물건을 가지고 와서 교역한다. 봄여름 동안 고기를 잡고 해초를 뜯어 마을에 비린내가 가득하고, 큰 배와 작은 배들이 밤낮으로 몰려들어 물이 둘로 갈라진 항구에 담같이 늘어선다. 한 달에 여섯 번 열리는 큰 장에는 멀고 가까운 곳의 화물들이 모여 쌓인다.

내포에서는 아산의 공세호貢稅湖와 덕산의 유궁포由宮浦가 수량이 많고 근원도 길다. 홍주의 광천과 서산의 성연은, 비록 시냇가 항구지만 조수가 통하기 때문에 장삿배가 머물러 짐을 싣고 부리는 곳이 되었다. 경기도의 바닷가 고을들은 조수가 통하는 냇물이 있어도 서울이 가까우므로 장삿배가 많이 모여들지 않는다.

한양 남쪽 7리쯤에 용산호龍山湖가 있다. 옛날에는 한강 본줄기가 남쪽 언덕 밑으로 흘러 지나가고, 다른 줄기는 북쪽 언덕 밑으로 둘러 들어와서, 10리나 되는 긴 호수로 되어 있었다. 서쪽의 염창鹽倉 모래언덕이 막아서 물이 새지 않고, 그 안에 연蓮이 자랐다. 고려 때는 임금의 행차가 이를 때마다 이곳에 머물러 연꽃을 구경했는데, 우리 왕조에서 (한양에) 도읍을 정한 뒤에 염창 모래언덕에 갑자기 조수가 밀어닥쳐 무너지고 말았다. 그래서 조수가 바로 용산까지 통하게 되자, 팔도의 수송을 맡은 배들이 모두 용산에 머무르게 되었다.

용산 서쪽은 마포·토정·농암 같은 강마을들인데, 모두 서해와 통해 팔도의 배들이 모여드는 곳이다. 성 안에 사는 공후公侯* 귀척貴戚*들이 모두 이곳에 정자를 지어 놀이와 잔치를 베푸는 곳이 되었다. 그런데 지금까지 300여 년 동안 한강 물이 차츰 얕아져서, 한강 위쪽으로는 조수가 들어오지 못하고 염창 모래언덕이 있던 곳에는 해마다 진흙이 모여서 장차 막히게 될 것 같은데, 어떻게 되는지 알 수가 없다.

개성부에는 수구문 밖 10리 되는 곳에 동강이 있다. 조수와 통해 화물선들이 머무르는 곳이 되었는데, 고려가 망한 뒤부터는 조수가 물러가고 밀려들지 않는다. 이제는 얕은 개울이 되어서 배가 들어오지 못한다. 승천포는 개성에서 40여 리나 떨어져 있다. 지금은 후서강만이 개성에서 30리밖에 떨어져 있지 않아 다른 도의 배들이 드나든다. 배가 크면 바다에 나가서 장사하고, 배가 작으면 강을 따라 드나든다. 북쪽으로는 강음에서 서쪽으로는 연안까지 이르며, 동쪽으로는 한강과도 통한다.

강화도와 교동도, 두 큰 섬은 후서강의 남쪽에 있는데, 강과 바다가 둘러 있어서 생선과 소금을 내는 고장이다. (한양과 개성) 두 도회지에서 이익을 노리는 무리들이 이곳에서 많은 이익을 얻는다.

평안도는 평양의 대동강과 안주의 청천강에 배편이 통한다. 그러나 남쪽에 험준한 장산곶이 있으므로 남쪽에서 오는 배는 드물다. 장산곶은 위에 기록한 황해도 장연 땅이다. 땅

공후 공작과 후작. 또는 군주가 내려 준 땅을 다스리던 사람을 가리킨다.

귀척 임금의 인척이다.

이 바다 가운데로 들어가 뿔처럼 뾰족하게 되었고, 암초가 있는 데다 물살이 험하게 여울지므로 뱃사람들이 모두 두려워한다.

충청도 내포의 태안 서쪽에도 안흥곶安興串이 있는데, 장산곶처럼 (땅이) 바다로 쑥 들어가서 된 곳이다. 바다 가운데 두 개의 바위가 가파르게 솟았는데, 배가 두 바위 사이로 지나가야 하므로 뱃사람들이 몹시 두려워한다. 남북 두 곶이 바다 가운데 우뚝하게 마주 서 있으므로, 배들이 다니다가 여기에서 낭패를 많이 당한다.

전라도·경상도·충청도의 부세賦稅는 모두 배에 실어 서울로 옮긴다. 그러므로 물길에는 모두 조군漕軍●을 두어 그해안으로 차례차례 실어 나른다. 또 서울의 여러 궁가宮家●와 사대부 집안 가운데 삼남에 농장을 갖지 않은 집이 없는데, (이 집들이 받아 가는 세곡도) 모두 배로 옮겨 주기를 바란다. 그러므로 뱃사람들이 물길에 익숙하게 되고 장사꾼들도 많아서,

조군 현물로 받은 각 지방의 조세를 서울까지 나르던 배의 일꾼이다.

궁가 대원군·왕자군·공주·옹주 등이 왕실에서 나와 살던 집을 가리킨다.

관가의 짐을 나르는 행렬
줄지어 선 마소에 사람은 타지 않고 짐만 잔뜩 실렸다. 20세기 초 관가의 짐을 나르는 행렬의 모습이다.

안흥곶을 마치 자기 뜰을 밟는 것처럼 (쉽게) 여긴다.

평안도와 함경도에서는 고을의 부세를 서울로 옮기는 예가 없다. 그 지방에 그대로 두어 칙사의 행차와 국경 수비의 비용으로 쓴다. 그러므로 관청에서 배로 옮길 일도 없고, 사대부가 살지 않는 곳이어서 개인적으로 운송할 일도 아주 없다. 그 도의 장삿배만 가끔 서울로 오가고, 이따금 다른 지방의 장삿배가 오기도 하지만 삼남같이 많지는 않다. 그러므로 뱃사람들이 물결을 넘는 데 익숙지 못해, 장산곶을 두려워하는 것이 (남쪽 뱃사람들이) 안흥곶을 두려워하는 것보다 더하다.

만약 (바다의) 조수가 통하는 곳을 그만두고 오로지 강가의 배가 오가는 것만 논하자면, 강가의 배는 작아서 바다에 나가 이익을 얻을 수 없다. 나라 안에서는 한강이 가장 크고 근원이 멀어서, 조수를 많이 받는다. 동남쪽으로는 청풍의 황강黃江, 충주의 금천金遷과 목계木溪, 원주의 흥원창興元倉, 여주의 백애촌白崖村, 동북쪽으로는 춘천의 우두촌牛頭村, 낭천의 원암촌元巖村, 정북쪽으로는 연천의 징파도澄波渡까지 (한강의) 배편이 통하며, 이곳들이 모두 장삿배를 세내는 곳이다. (이 가운데서도) 오직 한양이 좌우로 해협과 통하는 이로움이 있으며, 동쪽과 서쪽에 있는 강으로 온 나라의 물자를 운송하는 배들이 모여드는 이로움이 있다. 그래서 이익을 얻어 부자가 된 사람이 많으니, 오직 이곳이 으뜸이다. 이것이 우리나라에서 물길과 배편으로 얻은 이익의 대략이다.

부유한 상인이나 큰 장사꾼이 되면 (한 곳에) 앉아서 물건을 파는데, 남쪽으로는 일본과 통하고 북쪽으로는 (청나라) 연경燕京과 통한다. 몇 년 동안 천하의 물자를 실어다 팔아서 혹 수백만 금의 재물을 모은 자도 있다. 이런 자는 한양에 많이 있고, 그 다음은 개성에 있으며, 그 다음으로는 평양과 안주에 있다. 모두 연경과 통하는 길목에 있으면서 큰 부자가 되었으니, 이는 배를 통해 얻는 이익과 비교할 바가 아니다. 삼남에는 이런 부자가 없다.

그러나 사대부는 이런 장사를 할 수 없다. 다만 생선이나 소금이 서로 통하는 곳을 살펴서 배를 마련해 두고 이득을 얻어, 관혼상제의 예의치레에 드는 비용을 마련하는 것이야 무엇이 해로우랴.

인심人心

팔도 인심

어찌하여 인심을 논하는가? 공자께서 "마을 인심이 착한 곳이 좋다. 착한 곳을 가려서 살지 않는다면 어찌 지혜롭다고 하랴." 하셨다. 옛날 맹자의 어머니가 세 번이나 집을 옮긴 것도 아들을 (잘) 교육시키기 위해서였다. (살 고장을 찾을 때) 풍속이 올바른 곳을 가리지 않으면 자신에게 해로울 뿐만 아니라, 자손들도 반드시 나쁜 물이 들어서 그르치게 될 염려가 있다. 그러므로 살 터를 잡을 때는 그 지방의 풍속을 살피지 않을 수 없다.

우리나라 팔도 가운데 인심이 순박하고 두텁기로는 평안도가 으뜸이다. 그 다음에는 경상도의 풍속이 질박하고 진실

하다. 함경도는 지역이 오랑캐 땅과 닿아 있으므로 백성들이
모두 굳세고 사나우며, 황해도는 산과 물이 험하기 때문에 사
납고 모진 백성들이 많다. 강원도는 산골 백성들이어서 많이
어리석고, 전라도는 오로지 간사한 짓을 좋아해 올바르지 않
은 일에도 쉽게 움직인다. 경기도는 도성 밖 들판 고을의 백
성과 물자가 보잘것없고, 충청도는 권세와 이익만 좇는다. 이
것이 팔도 인심의 대략이다.

동서 당쟁의 시초

그러나 이것은 서민을 논한 것이고, 사대부의 풍속은 그렇지
않다. 우리나라의 벼슬 제도는 옛날과 달라서, 비록 3공과 6경°
을 두어 여러 관청을 통솔하도록 되어 있지만, 대간臺諫을 중하
게 여겼다. (관리의) 풍문을 들어 조사하고, 혐의스러운 일을 피
하며, (잘못을) 처치하는 법규를 마련해, (이 모든 일을) 오로지
(대간에 맡겨서) 의논하는 정치를 했다.

　무릇 내외 관원을 임명하는 권한은 (가장 높은) 3공에게 있
지 않고 이조에 있다. 한편으로는 이조(판서)의 권한이 너무
커지는 것을 염려해, 3사司°의 관원을 (임금에게) 추천할 때는
판서에게 맡기지 않고 오로지 (이조의) 낭관郞官°에게 맡겼다.
그러므로 이조의 정랑과 좌랑이 대간을 추천하는 권리를 주
장하게 되었다. 3공과 6경의 벼슬이 비록 높고 크지만, 그들
에게 조금이라도 불미스러운 일이 있으면 이조의 낭관이 (자
기가 추천해 준) 3사의 관원들에게 (3공과 6경의 죄를) 논박하게

3공과 6경　3공은 의정
부의 영의정·좌의정·
우의정(정1품)이며, 6경
은 이조·호조·예조·
병조·형조·공조의 판
서(정2품)다.

3사　사헌부와 사간원
양사兩司에 홍문관까지
아울러 일컫는 말이다.

낭관　판서를 돕는 낭관
으로는 정랑正郞(정5품)
과 좌랑佐郞(정6품)이 있
었다.

했다. 조정의 풍속이 (예의와) 염치를 높이 여기고 명망과 절조를 중하게 여겼기 때문에, 한 번이라도 탄핵당하면 그 벼슬을 내놓지 않을 수 없었다.

그러므로 이조낭관의 권세는 바로 3공과 비슷하다. 이는 큰 벼슬과 작은 벼슬이 서로 얽히고, 위아래가 서로 견제하도록 만든 장치다. 그래서 300년 동안 크게 권세를 농간한 자가 없었고, 신하의 권세가 커져 임금이 제대로 다스리지 못하는 폐단도 없었다. 이것은 조선조 임금들께서 고려 때 임금은 약하고 신하는 강했던 폐단을 거울삼아, 그런 점을 가만히 예방하도록 정치한 것이다.

이런 까닭에 3사 관원 가운데서도 명망과 덕행이 있는 자를 매우 가려서 이조의 낭관으로 삼았으며, (낭관으로 있던 자에게) 스스로 그 후임자를 추천하게 했다. (추천권을 이조의) 관장에게 맡기지 않은 까닭은 인사의 권한을 중요시해 모두 공정한 논의에 부치려 한 것이다. 그러므로 무릇 (관원들의) 품계를 올릴 때는 반드시 이조의 낭관부터 올려서 보임補任한 뒤에 다른 관청까지 올리게 했다. 한번 이조의 낭관을 지낸 사람이 다른 사고만 없으면 쉽게 공경의 지위에까지 오를 수 있다. 그러므로 (이조의 낭관에게는) 명예와 이권이 다 갖춰져 있어, 나이 젊은 신진 사대부들 가운데 (이 자리를) 바라지 않는 자는 없었다. 그런데 이 제도를 시행한 지 오래되자, (추천하는) 선후의 차례와 추천하고 거부하는 사이에 싸움의 단서가 없을 수 없었다.

선조 때 김효원金孝元이 훌륭한 명망이 있다고 (이조낭관에) 추천되자, 당시 이조참의였던 왕실의 외척 심의겸沈義謙

이 김효원의 추천을 거부해 허락하지 않았다. 김효원은 명문가 자제로서 학행과 문장이 있었으며, 어진 사람을 추켜세우고 유능한 사람에게 양보하기를 즐겨 젊은 선비들의 마음을 크게 얻고 있었다. 그러던 중에 (이런 일이 일어났으므로) 선비들이 시끄럽게 들고일어나, 심의겸을 가리켜 '어진 사람을 막고 권세를 농간한다'고 공박했다.

심의겸이 비록 왕실의 외척이긴 해도, 일찍이 권세 부리며 간사한 자를 물리치고 선비들을 도와서 뿌리내리게 한 공이 있었다. (그래서 젊고 새로 진출하는 사대부들은 김효원을 지지하고) 나이 많고 벼슬 높은 자들은 심의겸을 옹호하게 되었다. 이에 선배와 후배 사이에 논의가 갈렸는데, 처음에는 하찮은 일에서 비롯되어 차츰 커진 것이다.

계미년·갑신년 사이(1583~1584)에 동인東人과 서인西人이라는 이름이 비로소 나뉘었다. 김효원의 집이 동쪽에 있었으므로 동인이라 하고, 심의겸의 집이 서쪽에 있었으므로 서인이라고 했다. 동인들은 김효원·유성룡·김우옹·이산해·정지연·정유길·허봉·이발 등을 추대하고, 서인들은 심의겸·박순·정철·윤두수·윤근수·구사맹 등을 추대했는데, 이것이 붕당의 시작이었다.

이보다 앞서 재상 이준경李浚慶이 임종하면서 표문*을 올려 "조정 신하들 가운데 장차 붕당을 이룰 조짐이 있습니다." 라고 했다. 그러자 옥당玉堂* 이이李珥가 상소해 '임금과 신하 사이를 이간하는 말'이라 했고, '사람이 죽을 때 (마지막 말이 착한 법인데, 이준경이 죽으면서 남긴) 말은 악하다'고까지 비난했다. 그러다가 동서 당파가 갈리게 되자, 이이가 자기 말이

이이

1536~1584. 조선 중기의 학자·정치가로 호는 율곡栗谷·석담石潭이다. 어머니가 사임당 신씨다. 29세 때 호조좌랑에 임명된 뒤로 중앙 관서의 청요직을 두루 거치며 왕의 신임을 받았다. 당파 간 갈등을 풀고자 노력하고 왕에게 '시무육조', '10만 양병설' 같은 국정 개혁안을 제시했으나 받아들여지지는 않았다. 주요 저서로 《격몽요결》, 《동호문답》, 《성학집요》 등이 있다.

인순왕대비 1532~1575. 청릉부원군 심강沈鋼의 딸로, 명종이 즉위하던 1545년에 왕비로 책봉되었다. 순회세자를 낳았지만 13세로 세상을 떠나자, 덕흥군 초岹의 아들 하성군 균鈞에게 왕위를 전하고 잠시 수렴청정을 했다. 심의겸의 누이동생이다.

들어맞지 않았음을 걱정하면서, 동인과 서인 사이에 들어서 양편이 화해하도록 조정하기에 힘썼다.

그러나 나라에서 여러 번 사화를 겪은 것이 모두 왕실의 외척 때문이었으므로, 선비들이 왕실의 외척에 대한 미움이 쌓였다. 그러다가 심의겸이 마침 그와 같은 처지가 되자, 많은 사람들이 그에게 분노했다. 그때 인순왕대비 仁順王大妃는 세상을 떠났고, 선조는 지파支派에서 양자로 들어와 대통을 이었으므로, 심의겸은 대궐 안의 도움이 딱 끊어진 상태였다. 그런데도 동인들은 (심의겸이 왕실의 외척이라는) 허물만 좋은 명목으로 잡고서 너무 지나치게 공격했으며, 심의겸을 돕는 자들은 모두 그릇됐다고 비난했다. 게다가 신진 선비들은 아름다운 명망만 흠모했으므로, 동인이 매우 많았다.

이이가 비록 처음에는 조정해 보려고 힘썼지만, 이때 이르러서는 선비들의 논조가 더욱 과격해지는 것을 보고, 대사헌이 된 뒤에는 심의겸을 탄핵하기까지 했다. 그러니 이이가 정말 서인은 아니었다.

그가 병조판서로 있을 때 하루는 옥당 홍적洪迪의 집에 갔다가 '지는 꽃잎이 높게도 떨어지고 낮게도 떨어져 고르지 않네[落花高下不齊飛].'라는 홍적의 시를 읊으면서, 당나라 시의 격조가 있다고 칭찬했다. 이때 명사들이 많이 모여 있었는데,

홍적이 "우리가 모여서 의논하는 것은 공을 탄핵하는 일 때문이라오." 하고 말했다. 그러자 이이가 "이미 공적인 의논이 있었다면, 내가 여기에 있을 수 없소." 하고는 일어나 나가 버렸다. (동인의 선봉이던) 허봉許篈이 (이이를 탄핵하는) 소疏를 올리자*, 임금이 노해 그를 귀양 보냈다. 대사간 송응개宋應漑가 또 이이를 탄핵하자 임금이 또 귀양 보냈고, 도승지 박근원朴謹元이 동료들을 거느리고 이 일을 다시 아뢰자 임금이 또 귀양 보냈다. 이것이 (계미)삼찬三竄*이다. 허봉이 탄핵한 내용에는 억지가 많았고, 실제 잘못은 적었다. 이때 이이를 지지하는 자가 심의겸을 지지하는 자보다 많았고, 서인도 이때 이르러 많아졌다.

이이는 유학자로서 훌륭한 명망이 있었고, 서인이라고 자처하지도 않았지만, (동인의 선봉이었던) 이 세 사람을 귀양 보낸 일에 손을 쓴 것은 경솔한 일이었다. 이 일로 정국이 한바탕 바뀌어 다시는 수습할 수 없게 되었으니, 세 사람을 귀양 보낸 일에 대한 책임을 벗어날 수 없게 된 것이다.

이이가 죽은 지 얼마 안 되어 기축년(1589)에 정여립鄭汝立의 옥사獄事가 있었는데, 임금이 (서인의 영수였던) 정철鄭澈을 위관委官*으로 삼아 옥사를 다스리게 했다. 그러자 (정철이 너무 지나치게 심문해) 동인 가운데 평소 과격했던 자들은 모두 죽지 않으면 귀양 가고, 조정이 텅 비게 되었다. 기축년에서 신묘년(1591)까지 옥사가 그치지 않고 잇따라 퍼져 (죽거나 귀양 가게 된 범위가) 매우 넓어졌다.

이때 (동인의 영수) 이산해李山海는 영의정으로 있고, 정철은 좌의정으로 있었는데, 이산해는 정철이 옥사를 핑계로 자

* 소의 내용은 이렇다. "(이이는 군사행정의 중한 일들을 아뢰지도 않은 채 먼저 시행했고, 내병조(조선 시대에, 궁궐에서 시위侍衛와 의장儀仗에 관한 일을 맡았던 관아.)까지 들어왔다가도 끝내 임금의 명을 받들지 않았습니다. 그는 병권을 마음대로 행사하고 임금을 업신여긴 죄를 범한 것입니다. 대간에서는 사실에 의해 탄핵하지 않을 수 없었고, 이이 자신도 스스로를 돌이켜 허물을 반성하기에 겨를이 없어야 하는데, 오히려 남을 의심하고 시기하며 매우 분해하고 원망하는 마음을 품었습니다."

삼찬 선조가 처음에는 허봉을 창원 부사로, 송응개를 장흥 부사로 좌천시켰다. 그래도 임금의 분이 풀리지 않자, 허봉을 종성으로, 송응개를 회령으로, 박근원을 강계로 귀양 보내라고 명했다. 이때 경원부에서 오랑캐가 반란을 일으켜 종성의 치안이 어지러웠으므로, 허봉은 다시 갑산으로 유배되었다. 이 세 사람이 계미년(1583)에 이이를 탄핵하다가 오히려 귀양 갔으므로 '계미삼찬'이라고 한다.

위관 옥사를 다스리는 임시 벼슬인데, 대신 가운데서 임명했다.

송강정

전라남도 담양군에 있는 정자다. 조선 명종·선조 때의 문신이자 가사문학의 대가로 꼽히는 송강松江 정철(1536~1593)이 머무르며 〈사미인곡〉을 썼다고 한다. 《송강가사》에 전하는 〈사미인곡〉은 동인의 압박으로 벼슬에서 물러난 정철이 임금을 향한 자신의 마음을 남편과 헤어진 부인의 심정에 빗대 읊은 것으로 알려졌다.

기를 넘어뜨리려는 것이 아닌지 의심해 뜬소문을 만들어 퍼뜨렸다. 정철이 의금부에서 옥사를 다스리고 있는데, 임금이 비망기備忘記●를 내려서 그를 내쫓았다. 그러자 사헌부와 사간원에서 함께 계사啓辭●를 올려 정철을 논박하며 멀리 강계江界로 귀양 보냈다. 양사兩司에서는 (정철에게) 벌을 더하려고 했는데, 이산해가 옳지 못하다고 해 그만두었다.

정철이 귀양 간 뒤에 이산해는 동인 가운데 정철에게 쫓겨났던 자들을 불러들여 조정의 관직을 메웠으며, 정철에게 아부하던 서인들을 쫓아냈다. 이것이 신묘년에 일진일퇴하던 정국이었다. 이때부터 동인이 정국을 맡았다.

임진년에 선조께서 피난하다가 개성부에 잠시 머물게 되었는데, 종실 가운데 한 사람이 상소해 (후궁 인빈의 오라버니)

비망기 임금이 간단한 명령을 적어서 승지에게 내리는 문서다.

계사 어떤 사람의 죄상을 논할 때 올리던 글인데, 사건이 클 때는 사헌부와 사간원에서 함께 올렸다.

김공량金公諒이 궐내와 통해 정사를 어지럽힌 죄를 다스리도록 청했다. 또 이산해가 국정을 잘못 다스린 죄를 논박하며 귀양 보내기를 청하자, 임금이 이산해만 귀양 보내라고 명했다. 이산해는 재상에서 파면되고 평해로 귀양 갔다.

임금이 남문루南門樓에 오르자, 정철을 소환하도록 청하는 글을 올리는 자가 있었다. 임금이 정철을 용서하고, 행재소行在所로 오게 했다. 임금이 의주에 이르러 시* 한 수를 승정원에 내렸다.

> 국경의 달을 바라보며 통곡하고
> 압록강 바람에 마음 아파라.
> 조정의 신하들이여 오늘 후에도
> 또다시 동인 서인 다투려는가.

임금의 행차가 서울로 돌아온 뒤에도 왜적은 남해 가에 진을 치고는 돌아가지 않았다. 조정에서 밖으로는 왜적을 막아 싸우고 안으로는 명나라 장수들을 접대하느라 일이 많았다. 그래서 동인과 서인이 조정에 함께 벼슬하면서도 서로 공격할 겨를이 없었다. 그러다 무술년(1598)에 도요토미 히데요시가 죽자, 왜적이 비로소 돌아갔다.

남인과 북인

이때 이산해는 사면되어 서울로 돌아와 원임대신原任大臣으로

* 이 시는 원래 5언 율시인데, 이 책에는 뒷부분만 실려 있다. 앞부분은 이렇다.
"나랏일이 오늘처럼 다급해진 날에 누가 곽자의 · 이광필(당나라의 장군으로 안녹산의 난을 평정했다.)처럼 충성하려나. 큰 계책 세우려 서울을 떠났으니 나라의 회복은 그대들에게 달렸도다."

있었고, 그의 아들 이경전李慶全은 이미 과거에 올라 있었다. 옥당을 뽑게 되었는데, 이경전이 글을 잘한다는 명성이 있고 대신의 아들이어서 이조에게 추천할 자격도 되었다. 대개 조정의 관례로는 옥당을 뽑을 때 이조의 낭관이 추천된 사람 가운데 첫째를 골라 자기의 후임자로 추천했는데, 이것을 이조홍문록吏曹弘文錄이라고 했다.

이때 영남 사람 정경세鄭經世가 이조낭관으로 있었는데, 이경전이 추천되는 것을 막으려고 했다. 그래서 '이경전이 유생 때부터 남에게 많은 비방을 받았으니 이조에 들여서는 안 된다'는 말을 퍼뜨렸다. 그러자 이산해와 그에게 아부하는 자들이 모두 크게 노했다. 그때 이덕형李德馨이 재상이었는데, 사람을 시켜 이준李埈에게 "자네가 경임景任*에게 말하게. 만약 이경전이 이조에 추천되는 것을 막으면, 반드시 큰 풍파가 생길 것일세. 이는 조정을 편안케 하는 도리가 아닐세. 내가 사사로운 정 때문에 말하는 것은 아닐세." 하고 청했다. 이준은 정경세와 같은 고향 사람이었고, 이경전이 이덕형에게는 처남이었기 때문에 그렇게 말한 것이다. 그러나 정경세는 그 말을 듣지 않았다.

(얼마 뒤에) 대간臺諫 남이공南以恭이 수상 유성룡을 참혹하게 탄핵했다. 정경세는 본래 유성룡의 제자였으므로, 이산해는 정경세가 유성룡의 사주를 받은 것이 아닌지 의심했다. 그래서 남이공이 (유성룡을) 탄핵하도록 했는데, 유성룡의 허물은 아니었다. 이때 유성룡을 편든 이원익李元翼·이덕형·이수광李睟光·윤승훈尹承勳·한준겸韓浚謙을 모두 남인이라고 불렀는데, 유성룡이 영남 사람이기 때문이었다. 이산해를 편든 유영

경임 정경세의 자다. 그의 호는 우복愚伏이다.

경류永慶·기자헌奇自獻·박승종朴承宗·유몽인柳夢寅·박홍구朴弘耉·
홍여순洪汝淳·임국로任國老·이이첨李爾瞻을 모두 북인이라고 불렀
는데, 이산해의 집이 서울에 있었기 때문이다. 동인이 비록
남인과 북인으로 갈리기는 했지만, 남인은 아주 적었다.

대북과 소북

선조 말년부터 북인이 10년 동안 국정을 맡았고, 광해군이 즉
위하자 서인과 남인은 함께 세력을 잃었다. 얼마 뒤에는 북인
이 다시 대북과 소북으로 나뉘었는데, (인목대비) 폐모론廢母論
을 주장한 자들은 대북이고, 의논을 달리한 자들은 소북이다.
대북은 이이첨을 우두머리로 해 허균許筠·한찬남韓纘男·이성
李惺·백대형白大珩 등이 도왔고, 소북은 남이공을 우두머리로
해 기자헌·박승종·유희분柳希奮·김신국金藎國 등이었다.
이들은 벼슬이 남이공보다 높기는 했지만, 폐모론을 공격하
면서 소북이 되어 그를 도왔다.

　이경전이 처음에는 이이첨과 사이가 좋았지만, 뒤에 이이
첨이 여러 사람에게 미움받는 것을 보고 자신에게도 화가 미
칠까 봐 두려워했다. 그래서 계축년에 자기 아들인 진사 이부
李阜를 시켜, 이이첨을 참斬하도록 청하는 소를 올렸다. 이이
첨이 마침 이경전과 바둑을 두고 있던 참에 소보小報*가 왔는
데, 이부가 이이첨을 참하도록 청한 소가 실려 있었다. 이이
첨이 놀라 "영공令公의 아들이 나를 죽이려고 하오." 했다. 이
경전이 "어찌 그럴 리가 있겠소. 이는 반드시 같은 이름을 가

소보 승정원에서 그날
접수되거나 처리된 일
들을 간추려서 각 관원
들에게 알리던 문서다.

180

진 자가 있었을 것이오." 하자, 이이첨이 그 말을 믿고 판을 마친 뒤에 일어났다. (이이첨이) 나중에야 속은 것을 알고 절교했으며, 그때부터 이경전은 소북이 되었다.

인조반정과 서인 집권

계해년(1623)에 인조가 서인 김류·이귀李貴·홍서봉洪瑞鳳·장유張維·최명길崔鳴吉·이서李曙·구인후具仁垕 등을 거느리고 반정한 뒤에, 대북파를 다 죽였다. 서인이 집권하면서 남인과 소북을 섞어 등용했다. 그러나 그 뒤 소북은 제대로 일파를 유지하지 못해, 남인이 되거나 서인이 되었다. 소북이라고 칭한 자는 아주 적어져, 다시는 회복되지 못했다.

그 뒤 반정에 참여했던 공신들이 많이 방자해지고 교만해지자, 인조는 강한 서인을 억누르고 약한 남인을 편들려 했다. 남인으로서 대간에 있는 자가 서인을 공박하면, (인조가) 반드시 남인을 편들었다. 김류가 임금의 뜻을 돌이킬 수 없게 된 것을 알고는 세력을 잃게 될까 봐 염려해, 자기 편에게 몰래 명령을 내렸다.

"이조참판 이하의 벼슬은 모두 남인에게 주어도, 이조판서 이상 의정부의 관직을 남인에게 주어서는 안 된다."

그러므로 당하관 가운데서도 청환淸宦*인 한림翰林*이나 이조낭관부터 위로 이조참의나 이조참판까지는 (남인이) 서인과 함께 벼슬했지만, 참판이 되면 오래도록 품계를 올려 주지 않았고, 혹 품계를 올려 주어도 이조판서 자리는 주지 않았다. (남인 가운데서는) 오직 이성구李聖求[*]만 병자호란 덕분에 상부相府를 주장할 수 있었다.

효종이 초년에 김자점金自點을 제거하려고 특별히 (서인) 송시열과 송준길宋浚吉을 등용했으며, 김자점을 죽인 뒤에는 두 송씨를 대관大官으로 발탁했다.

경신대출척과 서인의 분열

현종 말년에 남인 허목許穆·윤휴尹鑴·윤선도尹善道가 '기해년 (1659)에 있었던 국례國禮를 그르쳤다'는 죄목으로 두 송씨를 공격하자, 현종이 그 말을 받아들여 바로 고쳤다. 이때 남인 허적許積이 수상이 되었으며, 이어서 임금의 유언까지 부탁받았다.

숙종 초년에는 허적이 국정을 맡았다. 이보다 앞서 대비의 친정아버지인 청풍부원군 김우명金佑明이 그 아비를 장사하면

이성구 1584~1644. 자는 자이子異, 호는 분사汾沙로, 이조판서 이수광의 아들이다. 1609년 문과에 급제한 뒤 여러 벼슬과 판서를 거쳐, 병자호란 때는 남한산성에서 인조를 모셨다. 세자가 청나라 심양에 인질로 끌려가게 되자 좌의정으로 수행했으며, 청나라에 사신으로 두 차례 다녀온 뒤, 1641년에 영의정이 되었다.

송시열

1607~1689. 조선 숙종 때의 문신·학자다. 호는 우암尤庵이다. 율곡 이이의 학통을 계승한 주자학자로서, 나중에 효종이 된 봉림대군의 교육을 맡은 바 있으며 효종의 북벌 계획을 지지하고 돕기도 했다. 효종의 장례 때는 상복을 몇 년 동안 입을지를 두고 서인의 영수로서 남인의 영수인 허목許穆(1595~1682)과 목숨을 건 논쟁을 벌였다. 지지자뿐만 아니라 정적政敵도 많던 그는 부침을 거듭하던 정계에서 물러나 청주에서 은거 생활을 하다가 1689년 왕세자 책봉을 반대하는 상소를 했는데 그것 때문에 국문鞫問을 받을 처지가 돼 서울로 오는 도중 사약을 받고 죽었다. 주요 저서로 《송자대전宋子大全》, 《우암집尤庵集》 등이 있다.

서 수도隧道*를 만들었는데, 송시열이 그를 크게 공격했다. 그러자 김우명은 민신閔愼*이 자기 아비 대신 상을 치른 일로 두 송씨를 공격해, 드디어 틈이 크게 벌어졌다. 그러자 김우명의 조카인 김석주金錫冑가 허적과 합세해 남인을 끌어들이고, '국가 의례를 그르쳤다'는 죄목으로 송시열을 공격해 귀양 가게 했다. 서인과 남인은 이때부터 논쟁이 벌어지기 시작했다. 김석주는 옥당에서 1년 만에 병조판서로 뛰어올랐다.

경신년(1680)이 되었다. 허적의 서자 허견許堅은 본래 교만 방자하였는데, 급제하고서도 높은 벼슬에 오르지 못한 것을 항상 한스럽게 여기고, 바라서는 안 될 것을 바랐다. 종실 (복창군) 정楨*·(복선군) 남枏 형제와 사귀면서, 김석주와는 차츰 틈이 벌어졌다. 김석주가 이를 의심스럽게 여겨, 은밀히 자기 사람 정원로鄭元老가 허견의 동정을 엿보게 했다. 그래서 허견이 정·남과 왕래하면서 요망스러운 말까지 하는 것을 알고는, 그를 제거하려고 했다.

이때 임금이 허적에게 궤장几杖*을 하사하고 잔치를 내렸다. 어주御酒와 어악御樂을 내리고, 백관에게 명해 그 잔치에 참석케 할 정도로 총애했다. 김석주는 이날 잔치에 가지 않고 바로 대궐로 가서 정원로의 말을 그대로 아뢰었다. 임금은 곧 국청鞫廳*을 설치하라고 명하고는, 허견을 잡아다 정원로와 대질시켰다. 허견이 드디어 자복하자, 곧 수레로 사지를 찢어 죽였다. 이어 옥사가 크게 일어났다. 정楨·남枏 및 허적·윤휴·오정창吳挺昌을 죽이고, 유혁연柳赫然·이원정李元禎·조성趙惺·이덕주李德冑까지 화가 미쳤는데, 모두 재상이었다. 이에 남인은 물러나고 서인이 다시 진출했다. (이것이 경신대

수도 무덤 속 관을 두는 곳에 굴을 뚫고 문을 달아서 사람이 드나들 수 있게 만들고, 사철 새 옷과 음식을 관 앞에 바칠 수 있게 만드는 건축양식이다.

민신 할아버지 민업閔業이 죽자, 정신병자인 아버지 민세익閔世益을 대신해 손자인 자신이 상주가 되었다. 그가 이 문제를 송시열과 의논해 상을 치렀으므로, 김우명과 허적이 이들을 패륜이라고 하며 송시열을 공격했다. 그는 결국 형조에서 심문을 받고, 장형을 받은 뒤에 유배되었다.

정 선조의 손자이고 인평대군의 아들인데, 허견의 역모에 연루되어 아우 복선군 남·복평군 연과 함께 역모죄로 죽임을 당했다.

궤장 70세가 된 대신에게 임금이 내리던 의자와 지팡이인데, 이를 받는 것은 가장 영예스러운 일이었다.

국청 역모죄 같은 중한 죄인을 다스릴 때 임시로 설치한 관청으로, 정국庭鞫과 친국親鞫이 있다. 정국은 형조에서 죄를 다스렸고, 친국은 여러 대신이 모인 자리에서 임금이 친히 죄인을 심문했다.

출척이다.)

임술년(1682)에 다시 허새許璽*의 옥사가 일어나 여론이 물끓듯 하다가, (남인 숙청에 대한 태도에 따라) 서인 가운데 노론과 소론이 다시 나뉘었다. 노론은 김석주와 김만기金萬基가 우두머리로 송시열·김수항金壽恒·김수흥金壽興·민유중閔維重·민정중閔鼎重 등이 그들을 도왔다. 소론은 조지겸趙持謙을 우두머리로 해, 한태동韓泰東·오도일吳道一·남구만南九萬·윤지완尹趾完·박태보朴泰輔·최석정崔錫鼎이 함께 어울렸다. 노론이 남인을 다 죽이려고 하자 소론이 이의를 내세웠는데, 이 때문에 갈라지게 된 것이다.

경신년 이후 10년 만에 남인 민암閔黯·민종도閔宗道 무리가 세력을 잡자 경신년 옥사에 억울하게 죽은 자들의 원통함을 풀어 주었는데, 정楨과 남枏은 용서하지 않았다. 이들은 또 송시열·김수항·이사명李師命·김익훈金益勳을 죽였다. 또 6년 뒤에는 서인이 다시 집권해 민암과 이의징李義徵을 죽였다. 이때부터는 노론과 소론이 함께 국정을 맡았지만, 조정에서 몇 십 년 동안 서로 다투었다. 숙종 말년에는 오로지 노론에게만 정권을 맡기고, 소론은 물리쳤다.

경종 신축년(1721)에 (소론) 조태구趙泰耈와 최석항崔錫恒이 정권을 잡고 노론을 쫓아내더니, 임인년(1722)에 다시 옥사를 일으켜 노론 재상이었던 이이명李頤命·김창집金昌集·이건명李健命·조태채趙泰采를 죽였다.

허새 병마절도사 김환이 반역 행위를 고발해 역모죄로 처형당했는데, 남인을 숙청하려던 서인의 조작극으로 밝혀져 뒷날 신원되었다.

경연 학식과 덕망이 높은 신하들이 임금 앞에서 정기적으로 경서를 강론하던 자리로, 강론이 끝난 뒤에는 (신하들이) 일반 국정에 관한 의견을 아뢰기도 했다. 세종 때는 경연청을 설치하기도 했는데, 주로 세 의정과 홍문관·예문관·승정원의 관원들이 겸직했다.

탕평비

탕평은 《서경》 〈홍범〉 조의 '탕탕평평蕩蕩平平' 에서 나온 말인데, 어느 한 편에 치우치지 않음을 가리킨다. 영조는 즉위하기 전부터 노론과 소론의 당쟁을 뼈아프게 경험했으므로, 양반 세력의 균형을 위해 1725년에 당쟁의 폐해와 탕평의 정신을 하교했다. 1730년에는 노론의 영수 민진원과 소론의 영수 이광좌를 불러들여 서로 화목하기를 권했다. 탕평책에 반대하는 호조참의 이병태와 설서 유최기 등을 쫓아내고, 노론 홍치중을 영의정에, 소론 조문명을 우의정에 임명해 노론과 소론을 아울러 등용했으며, 유생들에게도 당론을 금하게 했다. 1742년에는 성균관 입구에 탕평비蕩平碑를 세워 학생들에게 불편부당한 군자의 도를 익히게 했다. 영조의 뒤를 이어 즉위한 정조도 선왕의 탕평책을 이어받아, 자신의 침실을 탕탕평평실이라고 부르며 당론의 조화를 위해 힘썼다.

탕평책

지금 임금(영조) 초년에 노론을 등용하고 소론을 물리쳤는데, 정미년(1727)에 다시 소론이 진출했다. 무신년(1728)에는 역변이 일어나서 김일경金─鏡과 박필몽朴弼夢이 앞뒤로 역적으로 몰려 죽임을 당하고, 이사상李師尙·이진유李眞儒·윤성시尹聖時·서종하徐宗廈·이명의李明誼도 같은 당파로 몰려 죽었다. 그러자 소론 재상 조문명趙文命과 노론 재상 홍치중洪致中이 앞장서서 탕평론蕩平論을 주장해, 노·소·남·북 사색四色을 합쳐 등용하게 되었다.

지금 임금(영조) 경신년(1740)에 경연經筵•에 참석했던 신하가, 붕당이 이조의 낭관에서 비롯된 것이니 그 권한을 없애서 치우친 논의가 없게 하기를 청했다. 그러자 임금이 그 말을 옳게 여기고 윤허해, 이조의 낭관이 자기 후임자를 추천하던 권한과 삼사의 관원을 추천할 때 주장하던 법규를 모두 없애라고 명했다. 이때부터 이조낭관의 권한이 낮아져 다른 관청의 낭관들과 같아졌으며, 300년 내려오던 규례가 비로소 폐지되었다.

우리 왕조 중엽인 옛날 선조 때는 인재들이 수풀처럼 많았다. 신진 선비들이 명망을 닦으면서 이조에 추천되기를 바라지 않는 자가 없었다. 한 이름난 관원이 여러 사람이 모인 가운데 머슴을 불러 말에게 콩을 더 주라고 했으며, 한 이름난 관원은 여러 사람이 모인 가운데 뜰에 널어 놓은 벼에 앉은 새를 손으로 쫓았다. 그러자 명사들이 모두 이들을 천하게 여겨, 이조낭관에 추천될 길까지 막혔다.

이 두 가지 일은 성품이 소탈한 자에게 혹 있을 수 있는 일이지, 인품이 높고 낮음에 관계되는 일은 아니다. 그런데도 동료들에게 배척당했으니, 참으로 웃을 만한 일이다. 그러나 (이를 보아서) 당시 인재를 가리는 일에 엄정했음과 선비들이 언행을 닦는 데 힘쓰던 풍습을 상상할 수 있다. 이는 곧 선대 임금들께서 깨끗한 명망과 좋은 벼슬을 온 세상 선비들의 기풍을 고무하는 도구로 삼은 것이다.

인조 때에도 이조(의 권한)에 대한 논쟁이 있어, 이조의 권한을 없애자고 청한 자가 있었다. 그래서 임금이 대신에게 물었더니, 대신이 선왕들의 옛 제도를 경솔하게 고쳐서는 안 된다고 답해 그만두었다. 당시 대신은 우리 왕조에서 이조낭관의 권한을 막중하게 해 준 까닭은 대신의 잘못을 막으려고 한 것임을 알았기 때문에, 자기에게 혐의가 끼치는 것을 피하고 (이조낭관의 권한을 없애는 책임을) 맡지 않은 것이다.

그런데 이때 이 제도를 없애자, 신진 선비들은 (이조에서 추천하는 권한에 의해) 통솔하던 힘이 없어졌으므로 각자 마음대로 생각하게 되었으며, 제한이 없어졌으므로 모두 차례를 뛰어넘을 생각만 하게 되었다. 명예를 바라는 마음이 없어졌으므로 오로지 사사로운 이익만 좇아서, 외직을 중하게 여기고 내직은 가볍게 여기게 되었다. 모두 감사나 수령만 되려고 했으며, 염치나 예절 따위는 아주 내팽개쳐서 뒤돌아보거나 꺼리는 일도 없게 되었다.

　또 조정에서는 탕평책을 실시한 지 오래되어, 사색당파가 함께 벼슬을 했다. 그래서 벼슬은 적은데 (하려는) 사람은 많았다. 이미 경쟁이 많아진 데다 이조의 권한마저 없어졌으니, 더욱 혼란스럽게 되었다. 그래서 (높은 관직을) 조급하게 탐내는 기풍이 크게 일어나고 조정 관원들의 풍속이 온통 무너져 다시는 회복할 수 없게 되었다. 조정의 큰 권한은 모두 재상들에게 돌아갔다.

사대부가 살 곳과 사색당파

서울은 사색당파가 모여 살아 풍속이 뒤섞여 고르지 않다. 지방은 서북 삼도를 빼고는, 사색당파가 동남 오도에 나뉘어 살고 있다. 경상도만은 모두 예안禮安 이황李滉의 학문을 숭상하는데, 유성룡은 이황의 문인이었다. 남인이라는 이름이 유성룡 때문에 생겼으므로, 온 도의 사대부들이 남인이 되어 의논이 통일되었다. 그러나 다른 도에는 사색당파가 고을마다 섞여 살고 있다.

　이보다 앞서 이이李珥의 문인이던 김장생金長生이 벼슬에서 물러나 연산에 살면서 후진을 가르쳤는데, 회덕 사람 송시열·송준길과 이산尼山 사람 윤선거尹宣擧 형제가 와서 배웠다. 또 윤선거의 아들 윤증尹拯은 송시열에게 배웠는데, 얼마 뒤 (그들 사이에) 틈이 생겼다.

　경신년 (대출척) 뒤에 송시열은 노론이 되고 윤증은 소론이 되었다. 세월이 오래되면서 회덕의 문인과 이산의 문인들이 서로 공격해, 마치 물과 불 같았다. 그러므로 연산과 회덕 근처는 모두 김씨와 송씨 문인의 자손이지만, 그 가운데 오직 이산 고을은 모두 소론이니, 세 윤씨 때문이었다.

강원도나 경기도에서 강가에 있는 정자 가운데 남인의 옛집이 많다. 전라도에는 국조 중엽 이후 큰 벼슬을 지낸 사람이 드물어서 인재를 길러 내지 못했으므로 인물이 적고, 사대부는 서울 친지에 따라 당파가 나뉘었다. 그러므로 예전에는 남인과 북인이 많았지만, 이제는 노론과 소론이 많다. 도내에서 큰 씨족이라고 불리는 집안은 열댓 집에 지나지 않으며, 부유한 자는 많지만 드러나게 출세한 자는 적다. 기대승이나 이항李恒＊ 외에는 선생이나 장자長者＊로서 선비들을 지도·훈계할 만한 자가 없었으므로 인심이 더욱 메말라, 위쪽 도에 미치지 못한다.

사대부가 사는 곳 치고 인심이 고약하지 않은 곳은 없다. 당파를 만들어 죄 없는 자를 거둬들이고, 권세를 부려 평민을 침해한다. 자신의 행실도 단속하지 못하지만, 남이 자기를 논하는 것은 미워하고 모두 한 지방의 패권 잡기를 좋아한다. (다른 당파와는) 한 고장에 함께 살지 못하며, 마을끼리도 상상할 수 없을 정도로 서로 헐뜯는다.

신축년·임인년 이래 조정에는 노론·소론·남인 세 색목色目＊ 사이에 원한이 나날이 깊어져 서로 역적이라는 이름을 덮어씌웠는데, 그 영향이 아래로 시골까지 미쳐 전쟁터가 되었다. 서로 혼인만 통하지 않는 것이 아니라, 서로 용납하지도 않는 형세가 되었다. 한 색목이 다른 색목과 친하게 지내면 절

장자 덕망이 뛰어나고 경험이 많아 세상일에 익숙한 어른을 가리킨다.

색목 사색당파의 갈래를 가리킨다.

조가 없다고 하거나 투항했다고 하면서 서로 배척했다. 일 없는 선비나 천한 종들까지도 한번 아무 집 사람이라고 불리면, 아무리 다른 집안으로 바꿔서 섬기려고 해도 용납되지 않는다.

사대부의 성품이 현명한지 어리석은지, 높은지 낮은지 하는 것은 오직 자기 패거리 같은 색목에게만 통할 뿐이지, 다른 색목에게는 통하지 않는다. 이 색목의 사람이 저 색목에게 배척당하면 이 색목에선 더욱 귀하게 여기고, 저 색목에게 공격당하면 시비와 곡직을 따지지도 않고 떼 지어 일어나 도와주어, 도리어 허물이 없는 사람으로 만든다. 아무리 행실이 독실하고 숨은 덕이 있어도, 같은 색목이 아니면 반드시 그 사람의 옳지 못한 점부터 찾아낸다.

대개 당색이란 것이 처음에는 아주 조그만 것에서 일어났는데, 자손들이 자기 조상의 논의를 지키면서 200년 내려오다 보니 결국 깨뜨릴 수 없는 굳은 당파가 되었다.

노론과 소론은 서인에서 분열된 지 겨우 40년밖에 안 되었으므로, 혹 형제나 숙질叔姪 사이에도 노론과 소론으로 갈린 자들이 있다. 명색이 한번 나뉘면 심장이 초나라와 월나라* 같아져, 같은 색목끼리는 서로 의논해도 가까운 친척끼리는 서로 말하지 않는다. 이에 이르러 하늘이 내린 인륜도 없어진 것이다. 근래에는 (탕평책 때문에) 사색이 함께 (조정에) 나아갔지만, 벼슬만 할 뿐 예부터 각자 지켜 오던 의리는 모두 고깔 씌우듯 숨겨 버렸다. 사문斯文*의 옳고 그름이나 나라의 충신·역적에 대한 논란도 모두 지나간 일로 돌려 버린다.

그러다 보니 왕성한 기운으로 피나게 싸우던 버릇은 전보

초나라와 월나라 양자강 남쪽에 있던 두 나라는 가까이 있으면서도 늘 원수같이 싸웠다.

사문 유학의 도의나 문화다. 유학자들이 자신의 학문을 가리킬 때 쓰던 말이다.

다 적어졌지만, 예전 습속에 약하고 게으르고 부드럽고 매끄러운 새 병통이 보태졌다. 그 마음이 실제로는 서로 다르면서도, 겉으로 입에 올릴 때는 모두 두루뭉술한 한 색이다. 공식적인 자리나 많은 사람이 모였을 때 조정의 일이 이야기에 오르면 서로 모나게 말하지 않으려 하고, 대답하기가 곤란하면 문득 우스갯소리로 우물쭈물 넘겨 버린다.

그러므로 의관을 갖춘 자들이 모인 자리에는 오직 대청에 가득한 웃음소리만 들리고, 정사 다루는 것을 보면 자신의 이익을 도모할 뿐이며, 실제로 나라를 걱정하고 공적인 일을 받드는 사람은 적다. 관직을 매우 가볍게 여기고, 관청 보기를 주막집처럼 여긴다. 재상은 중용이나 지키는 것을 어질다 내세우고, 삼사三司는 말하지 않는 것을 고상하다고 하며, 지방관들은 청렴하고 검소한 것을 바보라고 생각한다. 점점 이런 상태로 가다 결국 어찌할 수 없는 지경에 이르렀다.

인심이 좋은 곳

개벽 이래 천지간 여러 나라에서 인심이 일그러지고 무너져 본성을 잃었지만, 지금처럼 붕당 때문에 걱정한 적은 없다. 이를 그대로 두고 고치지 않으면 장차 어떤 세상이 될 것인가. 한 귀퉁이의 탄환만 한 나라가 비록 작다고는 하지만 산 백성이 100만이나 되니, 장차 그 심성을 다 잃어버려 구제할 수 없게 된다면 그 또한 슬픈 일이다.

그러므로 장차 시골에 살려고 하면 (그곳의) 인심이 좋은지

나쁜지는 말할 것도 없고, 비록 건조하거나 습한 것이 몸에 맞지 않아도 같은 색목이 많이 모여 사는 곳을 찾지 않을 수 없게 되었다. 그렇게 해야 비로소 찾아오고 함께 이야기하는 즐거움이 있으며, 문학을 연마할 수도 있을 것이다.

그러나 (같은 색목끼리 모여 사는 즐거움도) 사대부가 없는 곳을 가려서 문을 닫고 교제를 끊으며, 홀로 자신을 착하게 하는 것보다는 못하다. 그렇게만 되면 비록 농사꾼이 되거나 장인이 되거나 장사꾼이 되어도 (참된) 즐거움이 있을 것이다. 이와 같이 되면 (그 고장의) 인심이 좋은지 나쁜지도 따질 필요가 없을 것이다.

산수山水

산수는 어떻게 논하는가. 백두산은 여진과 조선의 경계에 있으면서, 온 나라의 빛나는 지붕이 되어 있다. 산 위에 커다란 못이 있는데 둘레가 80리다. (그 못물이) 서쪽으로 흘러 압록강이 되고, 동쪽으로 흘러 두만강이 되었으며, 북쪽으로 흘러 혼동강混同江*이 되었다. 두만강과 압록강 안쪽이 바로 우리나라다.

백두산에서 함흥까지는 산줄기가 가운데로 내려오다가, (거기서) 동쪽 가지는 두만강 남쪽으로 뻗어 가고, 서쪽 가지는 압록강 남쪽으로 뻗어 갔다. 함흥에서 등마루 산줄기가 동해 쪽으로 바싹 치우쳐서 서쪽 가지는 길게 700~800리나 뻗었지만, 동쪽 가지는 (동해에 막혀) 100리도 못 된다.

(백두)대간은 끊어지지 않고 옆으로 뻗었는데, 남쪽으로 수

혼동강 흑룡강과 송화강이 만주 길림성 동강현 북쪽에서 합류하는데, 그 하류가 혼동강이다.

192

천 리를 내려가면서 경상도 태백산까지 한 줄기 영嶺으로 통한다. 함경도와 강원도의 경계에서는 철령鐵嶺이 되었는데, 이 고개가 북도로 통하는 큰길이다. 그 아래쪽으로는 추지령湫池嶺·금강산·연수령延壽嶺·오색령五色嶺·설악산·한계산·오대산·대관령·백봉령白鳳嶺이 되었다가, 마지막에는 태백산이 되었다. 모두 험한 산에 깊은 두메고, 가파른 봉우리에 겹쳐진 멧부리들이다.

영嶺이라는 것은 등마루 산줄기가 조금 나지막해지고 평평해지는 곳을 말한다. 이런 곳에다 길을 내어 영 동쪽(영동)과 통한다. 그 나머지는 모두 산이라는 이름으로 부른다.

평안도에 있는 산은 청천강 남쪽과 북쪽을 막론하고 모두 함흥에서 뻗어 온 서쪽 가지가 맺혀서 된 산들이다. 황해도와 개성부는 고원과 문천 사이에서 뻗어 온 서쪽 가지가 맺혀서 된 산들이다. 철원과 한양은 안변 철령에서 나온 줄기가 맺혀서 된 산들이며, 강원도는 모두 철령 서쪽에서 뻗어 나온 산들인데, 서쪽은 용진에서 그쳤으니 우리나라에서 가장 짧은 산줄기다. 이곳을 지나면 (산다운) 산이 없다.

태백산에서 등마루가 좌우로 갈라져, 왼쪽 가지는 동해를 따라 내려갔다. 오른쪽 가지는 소백산에서 남쪽으로 내려갔는데, 태백산 쪽과는 비교할 바가 못 된다. 비록 만첩 산속이지만 산등성이가 자주 이어졌다 끊어지면서 큰 영이 넷이나 되고 작은 영이 일곱이나 되었다.

소백산 아래에서는 죽령이 큰 영이며, 그 아래쪽에 천주령과 화원령이 작은 영이다. 주흘산 아래에서는 조령(새재)이 큰 영이고, 그 아래쪽에 양산령과 율치령이 작은 영이다. 속

리산 아래의 화령과 추풍령, 황악산 남쪽의 무풍령도 작은 영
이다. 덕유산 남쪽에 있는 육십치와 팔량치는 큰 영인데, 여
기를 지나면 지리산이 된다. (이 영들은) 모두 남북으로 통하
는 길이며, 작은 영들은 평지에서 지나가는 산협이다.

이 가운데 속리산과 덕유산은 갈라짐이 더욱 심하다. 속리
산에서 남쪽으로 내려오다가 바깥쪽으로 되돌아간 산줄기는
기호 지방 남북 들판에 뒤섞여 있다. 덕유산의 정기는 서쪽으
로 가서 마이산과 추탁산이 되었고, 남쪽에서 지리산이 됐다.

마이산 서쪽과 북쪽으로 뻗은 두 가지는 진잠과 만경에서
그쳤는데, 그 가운데 가장 긴 가지는 노령에서 세 가닥으로
갈라져, 서북쪽 두 가지가 부안과 무안을 지난 뒤에 흩어져서
서해의 여러 섬이 되었다. 그 가운데 가장 긴 것은 동쪽으로
가서 담양의 추월산과 광주의 무등산이 되었으며, 추월산과
무등산 줄기가 또 서쪽으로 뻗어서 영암의 월출산이 되었다.

월출산 줄기가 다시 동쪽으로 가다가 광양의 백운산에서
그쳤는데, 구불구불한 산줄기가 갈지之자 같다. 월출산 한 가
지가 따로 남쪽으로 뻗어 해남현 관두리를 지난 뒤에 남해의
여러 섬이 되었고, 바닷길 1000리를 건너서 제주도 한라산이
되었다. 어떤 사람은 한라산 줄기가 또 바다를 건너 유구국琉
球國●이 되었다고도 한다. 이것이 사실인지는 몰라도, 아주 가
깝다는 것은 알 수 있다.

인조 때 왜국이 유구를 공격해 왕을 사로잡아 가자, 그 나
라 세자가 자기 나라의 보물을 싣고 (왜국으로 찾아가) 아비의
몸을 구하려고 했다. 그런데 배가 바람에 떠밀려 제주에 이르
렀다. (당시) 목사였던 아무개가 그 배 안에 실은 보물이 무엇

유구국 지금의 일본 오
키나와로, 조선 시대에
한때 교류가 있었다.

걸 폭군의 전형으로 꼽
히는 중국 하나라의 마
지막 임금이다.

어진 세 신하 원문의
삼량三良은 《시경》 〈황
조黃鳥〉에 나오는 어진
신하 세 사람, 즉 엄식
奄息 · 중행仲行 · 침호鍼
虎다. 진나라 목공이 죽
어 장사를 지내는데, 이
세 사람도 순장을 당하
게 되었다. 그러자 온
백성들이 슬퍼하면서
속贖(죄를 씻으려고 바친 재
물이나 노력이다.)을 바치
려 했다.

인지 묻자, 세자가 '주천석酒泉石과 만산장漫山帳이 있다'고 답했다. 주천석이라는 것은 모난 돌덩어리인데, 한가운데가 움푹하게 생겼다. (여기에) 맑은 물을 담을 때마다 아름다운 술로 변한다. 만산장은 거미줄을 약물에 담갔다가 짠 것인데, 작게 펴면 한 칸을 덮을 수 있고, 크게 펼치면 아무리 커다란 산이라도 덮을 수 있다. 빗물도 새지 않으니, 참으로 뛰어난 보물이었다. 목사가 (그 보물을 달라고) 청했지만, 세자가 허락하지 않았다. 목사가 군사를 보내 에워싸고 잡으려 했다. 세자가 잡히게 되자, 주천석을 바다에 던져 버렸다. 목사는 배 안의 물건들을 다 빼앗고, 세자에게 형장刑杖을 쳐서 죽이려고 했다. 세자가 죽기에 앞서 종이와 붓을 청하더니, 율시 한 수를 썼다.

요임금의 말씀도 걸桀* 같은 자를 깨우치기 어려우니
형을 당하는 몸이 어느 틈에 하늘에 호소하랴.
어진 세 신하*가 묻히게 되었으나 누가 속贖을 바치랴.
두 아들이 배에 탔다가 악한 자에게 해를 당했네.*
뼈다귀가 모래밭에 드러나면 잡초가 무성하게 얽힐 테니
혼이 고국에 돌아가도 조상해 줄 친척이 없네.
죽서루 아래 도도히 흐르는 물이
남은 원한을 분명히 전하며 천추에 울게 되리라.

(목사가) 세자를 죽인 뒤에 '국경을 침범한 도적을 죽였다'고 조정에 무고했다. 뒤에 일이 드러나, (목사는) 거의 죽을 뻔하다가 겨우 살아났다.

* 두 아들은 위나라 선공宣公의 두 아들 급伋과 수壽다. 선공은 자기 아버지인 장공莊公의 첩이자 자신의 서모인 이강夷姜과 정을 통해 세자 급을 낳았다. 그 뒤 제나라 왕녀 선강을 급의 아내로 맞았는데, 그녀의 아름다움을 보고는 자기 아내로 삼아 수와 삭朔을 낳았다. 그러자 선강에게 사랑을 빼앗긴 이강은 목매어 죽었다. 선강은 자기 큰아들 수를 세자로 세우려고 작은아들 삭과 함께 급을 선공에게 모함했다. 그러자 선공이 급을 제나라에 사신으로 보내고는 도적에게 그를 길에서 죽이라고 했다. 수가 그 사실을 급에게 알리자, 급이 '임금의 명이라서 안 갈 수가 없다'고 했다. 수는 급이 가졌던 문서를 훔쳐서 급보다 먼저 가다가 도적의 손에 죽임을 당했다. 급이 쫓아와서 '왜 수를 죽였느냐'고 하자, 도적이 또 급을 죽였다. 백성들은 의롭게 살려고 한 두 이복 왕자를 슬퍼하며 〈이자승주二子乘舟〉라는 노래를 불렀다. "두 아들이 한 배에 타니 뱃그림자도 두둥실 떴네. 죽으러 가는 아들 생각하니 가슴 속까지 울렁거리네. 두 아들이 한 배에 타고 두둥실 멀리 떠나가네. 죽으러 가는 두 아들 생각하니 피해나 있지 않았으면."

온 나라의 물이 등마루 너머 북쪽 함흥에서 남쪽 동래까지는 모두 동쪽으로 흘러서 바다로 들어가고, 경상도의 물과 섬진강만 남쪽으로 흘러서 바다로 들어간다. 철령 서쪽은 북쪽 의주에서 남쪽 나주에 이르기까지는 물이 모두 서쪽으로 흘러서 바다로 들어간다. 크면 강이고, 작으면 포구와 항구니, 이것이 모두 우리나라 산수의 대략이다.

옛사람들은 우리나라를 노인형老人形 지세라고 하면서, 해좌사향亥坐巳向●이어서 서쪽으로 얼굴을 들어 중국에 읍하는 형상이므로 예부터 중국과 친하게 지냈다고 했다. 또 1000리 되는 물과 100리 되는 들판이 없기 때문에 거인이 나지 못한다고도 했다. 서융西戎, 북적北狄, 동호東胡, 여진女眞 가운데 중국에 들어가 황제 노릇을 하지 않은 민족이 없건만, 우리나라만은 그런 적이 없다. 오직 우리에게 봉해진 땅만 조심스럽게 지켰을 뿐 감히 다른 뜻을 품지 않았다.

그러나 멀리 해외에 있는 별다른 구역이기 때문에, 기자箕子가 주周나라의 신하가 되지 않으려고 이곳에 와서 임금이 되었다. 그러므로 우리나라가 충신이 절의를 세우는 고장이 된 것이다. 그러한 풍습이 내려오고 운치가 남아, 우리 조선조에 이르러 비록 청나라에 항복하기는 했지만 임금과 신하, 윗사람과 아랫사람이 (모두 명나라가) 임진왜란 때 우리나라를 다시 살려 준 은혜를 잊지 않는 것으로써 큰 의리를 삼았다.

숙종 갑신년(1704) 3월에 마침 명나라가 망한 지 60년이 되자, 궁성 후원 서편에 대보단大報壇을 세우고 태뢰太牢●로 특별히 만력황제●에게 제사 지낸 뒤 해마다 한 차례씩 제사 지내도록 명했다. 지금 임금 경오년(1750)에 숭정황제●를 그

해좌사향 북북서를 등지고 남남동을 보는 방향이다.

태뢰 대뢰大牢. 나라 제사를 지내면서 소·돼지·염소를 통째로 드리던 제물이다.

만력황제 만력萬曆은 명나라 신종神宗의 연호인데, 1573년부터 1619년까지다. 신종은 임진왜란 때 이여송을 보내 조선을 도와주었다.

숭정황제 숭정崇禎은 명나라 마지막 황제인 의종毅宗의 연호다. 의종은 1644년 3월에 이자성의 반군이 북경에 들어서자 자살했다.

196

곁에 같이 모시고 제사하게 했으니, 매우 훌륭한 일이다.

제사는 반드시 밤에 지내는데, 아무리 맑게 개었던 하늘이라도 제사 때는 갑자기 음산한 바람이 불고 짙은 구름이 캄캄하게 끼다가, 제사를 마치면 곧 청명해지니 참으로 이상한 일이다.

나는 석성石星·형개邢玠·양호楊鎬·이여송을 함께 모시고 제사 지내는 것이 마땅하다고 생각한다. 이들이 모두 임진왜란 때 공로가 있는 자들이기 때문이다.

세상에 이런 이야기가 전해 온다. 역관 홍순언洪純彦이 젊었을 때에 북경에 들어갔다가, 수천 금을 가지고 절세미인을 구했다. 그러자 매파가 밤중에 (그를) 커다란 집으로 끌고 들어가 한 처녀를 보게 했다. 등불을 많이 밝히고 시비侍婢도 매우 많았는데, (그 처녀가) 홍순언을 보더니 울어 버렸다. (홍순언이) 그 까닭을 묻자, 처녀가 대답했다.

"제 아비는 사천四川 사람인데, 주사主事 벼슬을 하고 있었습니다. 이번에 부모가 함께 세상을 떠났기에, 제 몸을 팔아서라도 반장返葬*하려고 합니다. 저는 두 번 시집가지 않기로 맹세했는데, 오늘 밤에 서로 만났다가 곧 영 이별하게 될 것이므로* 우는 것입니다."

홍순언은 그 처녀가 귀한 집 딸인 것을 알고 크게 놀라서 남매의 예를 맺자고 청했다. 처녀가 울며 사례하고 그의 말을 따르더니, 시비를 시켜서 자기가 받은 금을 돌려주었다. 홍순언은 장사 지내는 데 보태라고 청하면서 물리치고 나왔다.

그 뒤 임진년(1592)에 홍순언이 (명나라에 원군을 청하러 간) 사신을 따라 병부상서 석성의 집에 이르자 석성이 그와 함께

반장 객지에서 죽은 사람을 고향으로 옮겨 장사 지내는 일이다. 조선 효종 때 문신인 정태제鄭泰齊가 보고들은 것을 기록한 잡록인《국당배어》를 인용한《연려실기술》을 보면, 처녀의 부모는 절강 사람인데 서울에서 벼슬하다가 염병에 걸려 죽었다고 한다. 부모의 시신을 고향까지 옮겨다 장사 지낼 돈이 없어서 자기 몸을 팔았다는 것이다.

* 당시 중국 여인은 외국으로 나갈 수가 없었다. 그래서 홍순언과 결혼해도 곧 헤어져야 했던 것이다.

후당後堂에 들어가 부인을 보게 했는데, 바로 지난날 의남매를 맺은 누이동생이었다. 석성이 처음부터 끝까지 우리나라를 힘껏 도운 까닭은 홍순언의 의기에 감동했기 때문이다. 그런데 필경 우리나라의 일 때문에 화를 당했으니, 더더욱 그의 제사를 지내지 않을 수가 없다.

석성의 부인이 평소에 손수 커다란 비단을 짜면서 필마다 보은報恩이라는 글자를 수놓아 홍순언에게 주었는데,* 그 값이 만 금이나 했다.

정유년(1597)에 선조께서 성 안에 형개와 양호의 생사당生祠堂●을 지어, 소사에서 왜군을 격파한 공로에 보답하도록 했다. 그러나 이여송에 대해서는 말이 없었으니, 이는 참으로 잘못된 일이었다.

산山

내가 전라도와 평안도는 가 보지 못했지만, 함경도·강원도·황해도·경기도·충청도·경상도는 많이 가 보았다.

내가 보고 들은 바로는, 금강산 1만 2000봉은 순전히 돌봉우리·돌구렁·돌시내·돌폭포다. 봉우리·멧부리·골·샘·못·폭포가 모두 흰 돌이 맺혀서 생긴 것들이다. 그러므로 산 이름을 개골산皆骨山이라고도 하는데, 한 치의 흙도 없음을 말한 것이다. 만 길이나 되는 산꼭대기에서 100길이나 되는 못까지 온통 하나의 돌로 되었으니, 이런 곳은 천하에 없다.

* 홍순언이 보은단을 가지고 돌아왔으므로, 그가 살던 동네를 보은단동報恩緞洞이라 했다. 이 이름이 후대에 오면서 잘못 발음되어 '곤담골'로 불리다가 다시 '미장동美墻洞'이라는 한자로 바뀌었다. 오늘날 을지로 1가와 남대문로 1가가 만나는 자리라고 한다.

생사당 공적을 찬양하는 뜻에서 살아 있는 사람에게 제사 지내는 사당이다.

금강전도

금강산을 봄에는 금강, 여름에는 봉래, 단풍이 드는 가을에는 풍악, 나뭇잎이 다 떨어지는 겨울에는 개골이라고 한다. 이 그림은 진경산수를 개척한 겸재 정선의 작품이다. 삼성문화재단 소장.

산 한가운데 정양사正陽寺가 있고, 그 절에 헐성루歇惺樓가 있다. 가장 중요한 곳에 자리해, 그 위에 올라앉으면 온 산의 참모습과 참정기를 볼 수 있다. 마치 구슬굴 속에 앉은 것처럼 맑은 기운이 상쾌해, 사람으로 하여금 위장 속의 티끌과

먼지를 어느 틈에 씻어 버렸는지 깨닫지 못하게 한다.

정양사 서쪽에는 장안사長安寺와 표훈사表訓寺가 있다. 이 절에는 원나라 때와 고려 때의 자취가 많고, 궁중에서 하사한 값진 보물도 많다.

정양사 북쪽으로 들어가면 만폭동萬瀑洞이 되는데, 못이 아홉 군데나 있어 경치가 훌륭하다. 구렁 벽에는 양사언楊士彦이 '봉래 풍악 원화동천蓬萊楓嶽元化洞天*'이라고 크게 쓴 것이 있는데, 글자 획이 날아가는 듯하다. 마치 살아 있는 용과 범이 날개를 달고 너울너울 날아가는 것 같다.

그 안쪽에는 마하연摩訶衍과 보덕굴普德窟이 허공에 매달려 있다. 그 지음새가 신의 솜씨와 귀신의 힘 같으니, 사람의 생각으로는 상상할 수 없을 지경이다.

가장 위에 있는 중향성衆香城은 만 길 봉우리 꼭대기에 자리했는데 바닥이 모두 흰 돌로 된 데다 층계가 있어, 마치 상과 탁자를 벌여 놓은 것 같다. 그 위에 놓인 선돌은 불상 같으면서도 눈썹과 눈이 없다. 이것은 저절로 생긴 것이다. 좌우 석상石床 위에도 작은 석상石像들이 두 줄로 벌여 서 있는데, 이들도 눈썹과 눈이 없다. 전하는 말로는 담무갈曇無竭*이 이곳에 머물러 있었다고 한다.

그 앞에는 만 길 절벽의 골짜기가 있는데, 오직 서북쪽 가느다란 길을 따라서만 들어갈 수 있다. 만 봉우리가 하얀 데다 물과 돌, 못과 골이 굽이굽이 기이해 다 표현할 수가 없다. 이름난 암자와 작은 요사채들이 그 위에 뒤섞여 있어, 마치 칠금산七金山*과 인조산人鳥山*의 제석궁전帝釋宮殿* 같다. 인간 세상에 있는 것 같지가 않다.

봉래 풍악 원화동천 봉래와 풍악이 별세계를 이루었다는 뜻이다.

담무갈 범어梵語 'dharmodgata'의 음역인데, 법기法起, 또는 법용法勇으로 번역한다. 중향성에 머문다는 보살 이름이다.

칠금산 불교에서 세상의 중심에 있다고 하는 수미산 주위를 일곱 겹으로 싸고 있는 산을 가리킨다.

인조산 월지국에 있는 산이다.

제석궁전 수미산 꼭대기에서 도리천을 다스리는 제석천의 궁전이다.

(금강산에서) 가장 꼭대기는 비로봉이다. 거센 바람이 바로 치솟기 때문에, 그곳에 오르면 여름에도 추워서 솜옷을 입어야 한다. 산 서북쪽에는 영원동靈源洞이 있는데, 따로 한 경계를 이루고 있다. 동쪽은 내수참內水站인데, 등마루 줄기다. 이 등마루를 넘으면 바로 유점사楡岾寺가 있다.

유점사 동북쪽에 구룡동九龍洞 큰 폭포가 있다. 높은 봉우리에서 (물줄기가) 날아 내리므로 구멍이 패어서 커다란 돌확으로 된 것이 아홉 층이나 되는데, 층마다 용 한 마리가 지킨다. 산벼랑과 물길이 모두 조촐하게 빛나는 흰 돌이다. 위태롭고 험해 발을 붙일 수 없을 뿐만 아니라, 삼엄하고 숙연해 아무런 소리도 들리지 않는다. 유점사에 고적이 가장 많은데, 중이 말하기로는 '불상 53구가 천축에서 바다를 건너오므로 지주 노춘盧春이 절을 세워 편하게 모셨다'고 한다. 말이 황당해서 언급할 것은 못 된다. 그러나 전세에 불탑과 불당을 숭봉했기 때문에 매우 굉장하게 꾸몄다.

유점사 서쪽을 내산, 동쪽을 외산이라 하는데, 물이 흘러서 동해로 들어간다. 내산과 외산은 예부터 뱀과 범이 없어 밤에도 거리낌 없이 다니니, 이는 천하에 기이한 일이다. 당연히 나라 안에서 제일가는 명산이라고 할 수 있으니, '고려에 태어나기를 바란다'는 말이 어찌 헛된 말이랴.

불가의 《화엄경》은 주나라 소왕昭王 뒤에 만들어졌다. 이때는 서천축이 중국과 통하지 않던 때니, 하물며 중국 너머에 있는 동이東夷와 통할 수 있었겠는가. 그러나 '동북쪽 바다 가운데 금강산이 있다'는 말이 이미 경문經文에 실려 있었으니, 부처의 눈이 멀리서 내다보고 기록한 것이 아닌가.

여기서부터 남쪽은 설악산과 한계산인데, 역시 돌산과 돌샘이다. 가파르게 낭떠러지를 이루었으며, 깊숙하고도 싸늘하다. 겹쳐진 멧부리와 높은 숲이 하늘과 해를 가렸다. 한계산에는 만길이나 되는 큰 폭포가 있는데, 옛날 임진년에 중국 장수가 보고서 여산廬山폭포보다도 낫다고 했다.

또 그 남쪽은 오대산인데, 흙산이면서도 천 바위·만 구렁이 겹겹으로 싸고 깊숙하게 막혀 있다. 꼭대기에 다섯 대臺가 있어 경치가 훌륭하며, 대마다 암자가 하나씩 있다. 중대中臺에는 부처의 사리를 간직했다. 상당上黨 한무외韓無畏●가 이곳에서 도를 깨치고 시해尸解●했는데, 연단鍊丹●할 복지福地를 꼽으면서 이 산이 제일이라고 했다. 예부터 병란이 침입하지 않았으므로, 나라에서 산 아래 월정사 옆에 사고史庫를 지어 역대 임금의 실록을 간직하고, 관원을 두어 지키게 했다.

여기부터는 등마루 산줄기가 조금 낮아져 대관령이 되면서 동쪽으로 강릉과 통한다. 대관령 아래 있는 구산동丘山洞도 천석泉石이 뛰어나게 아름답다.

태백산과 소백산도 흙산이지만, 흙빛이 모두 수려하다. 태백산에는 황지潢池라는 훌륭한 곳이 있다. 산 위에 들판이 펼쳐졌는데, 두메 백성들이 자못 많아서 마을을 이루고 모여 살며 화전을 일구어 산다. 지세가 높고 기후가 차서 서리가 일찍 내린다. 그래서 주민들은 조와 보리만 갈고 심는다. 황지 위쪽 작약봉 아래에 금혈禁穴이 있다. 세상에 전하는 말로는 나라에서 묘터를 잡았지만 장사를 지내지는 못한 곳이라고 한다. 산 아래 평지에는 각화사覺化寺와 홍제암弘濟庵이 있는데, 가끔 고승과 이상한 무리들이 그곳에 살기도 했다. 예부

한무외 조선 선조 때의 도사인데, 우리나라 도가의 계보를 기록한 《해동전도록海東傳道錄》을 지었다. 이 책은 인조 때 관동 지방을 지나가다가 도적으로 오해받아 심문받던 중의 바랑 속에서 발견되어 주부 김집의 손을 거쳐 택당 이식이 세상에 전했다.

시해 선도仙道를 깨친 뒤, 육신은 남겨 두고 혼만 신선이 되어 떠나가는 것을 가리킨다.

연단 몸의 기운을 단전에 모아 몸과 마음을 수련하는 일이다.

삼재 한재·수재·병화 등 세 가지 재난을 가리킨다.

터 삼재三災°가 들지 않은 곳이라고 해, 나라에서 이곳에도 사고를 설치했다.

소백산에 있는 욱금동郁錦洞은 아름다운 천석泉石이 수십 리나 이어졌다. 그 위에 있는 비로전毗盧殿은 신라 때의 절이다. 골 입구에는 퇴계 이황의 서원이 있다.

대개 태백산과 소백산의 천석은 모두 낮고 평평한 골 안에 있고, 산허리 위에는 돌이 없기 때문에, 산이 아무리 웅장해도 살기가 적다. 멀리서 바라보면 봉우리와 멧부리가 솟지 않고 얽혀 있다. 마치 구름이 가고 물이 흐르듯, 하늘에 닿아 북쪽을 막았다. 때때로 붉은 구름이나 흰 구름이 그 위에 떠 있기도 한다. 옛날에 남사고라는 술사가 소백산을 보고는 갑자기 말에서 내려 넙죽 절하며 "이 산은 사람을 살리는 산이다."라고 했다. 책을 쓰면서도 '태백산과 소백산이 병란을 피하는 데는 제일 좋은 곳'이라고 했다.

백두산에서 태백산까지는 한 줄기의 영으로 통했기 때문에, 좌우에 다른 봉우리가 없다. 소백산 아래부터는 맥이 자

사고

조선 왕조는 실록을 여러 권 펴낸 뒤 분산 보관했다. 귀한 자료의 훼손 및 유실을 대비한 것이다. 따라서 중앙의 춘추관과 충주, 전주, 성주의 깊은 산속에 사고를 짓고 보관했는데, 임진왜란 때 전주 사고의 실록만 온전히 남고 나머지는 불타 버렸다. 이에 전쟁 뒤 선조 39년(1606)에 사고를 재정비해 오대산 사고(사진)도 그때 지었다.

주 끊어지는데, (끊어졌다가 솟은 산으로는) 속리산이 처음이다. 감여가들은 속리산을 돌 화성火星이라고 한다. 그러나 돌의 형세가 크며 겹쳐진 봉우리의 뾰족한 돌 끝이 모두 소복하게 모여, 마치 처음 피어나는 연꽃 같기도 하고 횃불을 멀리 벌려 세운 것 같기도 하다. 산 아래는 모두 돌로 된 골이 깊숙이 감고 돌아 '팔곡구요八曲九遙'라는 이름이 있다.

산이 이미 빼어난 돌로 된 데다 샘물이 바위에서 나오기 때문에, 물맛이 맑고도 차갑다. 빛 또한 거무스름한 푸른빛이어서 아름다운데, 충주 달천의 상류다. 온 산을 빙 둘러 가며 기이한 골짜기와 별난 구렁이 많고, 그윽한 샘과 기묘한 돌이 많으니, 오묘하고 아늑한 형상으로는 금강산 다음간다.

속리산 남쪽에 있는 환적대幻寂臺는 천 봉우리 만 구렁이 깎아지른 절벽이 되고 깊숙한 골짜기가 되어, 사람이 들어가는 길을 알 수 없다. 이 골짜기의 물이 합쳐져 만들어진 작은 시내가 작은 들을 지나 청화산 남쪽을 따라 동쪽으로 용추龍湫에 흘러드는데, 이것이 병천甁川이다.

병천 남쪽의 도장산道藏山도 속리산의 한 가닥이 뻗어 내린 것으로, 청화산과 맞닿아 있다. 이 두 산 사이와 용추 위쪽을 통틀어 용유동龍游洞이라고 하는데, 골 안의 평지는 모두 반석이다. 큰 시냇물이 서쪽에서 북쪽으로 흐르며 돌 위에 평평하게 펼쳐졌는데, 돌이 울퉁불퉁한 곳을 만나면 작은 폭포가 되었다가, 돌이 비좁고 움푹한 곳을 만나면 작은 간수澗水가 된다. 돌이 모나게 넓은 곳을 만나면 작은 못이 되었다가, 돌이 둥글게 구덩이 진 곳을 만나면 작은 우물이 된다. 평탄한 곳을 만나면 물이 주렴珠簾 같아지고, 거슬러 도는 곳을 만나면 물이 전자篆字●처럼 (구불구불) 타오르는 향 연기 같기도 하다. 돌이 구유 같기도 하고, 솥 같기도 하다. 작은 섬 같기도 하다. 양이나 범 같기도 하고, 닭이나 개 같기도 해서 기기괴 괴하다. 물이 빙빙 돌며 흐르다가 치솟기도 하고, 괴어 있다 가 부딪치며 쏘기도 한다. 혹은 거꾸로 쏟아지기도 한다. 양 쪽 언덕에는 나무가 쓸쓸하고 골짜기 바람이 싸늘하니, 천하 에 보기 드문 경치다. 이 가운데 송씨의 정자가 있다.

청화산 동북쪽에는 선유산이 있는데, (정기가) 위에 모인 판국이어서 꼭대기는 평탄하고 골이 매우 길다. 위에는 칠성 대와 호소굴虎巢窟이 있다. 옛날에 진인眞人 최도崔鳿와 도사 남궁두南宮斗●가 여기서 수련했다. 그가 기록한 글에 '도를 닦 으려는 자는 이 산에서 편안히 살 만하다'고 했다.

이 골짜기 물이 흘러내려서 낭풍원閬風苑이 되었다가, 다시 양산사陽山寺 앞 골짜기의 물과 만나 가은창加恩倉으로 내려가 동쪽에 있는 문경 견탄犬灘으로 흘러든다. 칠성대에서 서쪽으 로 영 등성이를 넘으면 외선유동外仙遊洞이 되고, 조금 더 내 려가면 파곶葩串이 된다. 골이 깊숙하고, 큰 시냇물이 밤낮으 로 돌로 된 골과 돌벼랑 밑으로 쏟아져 내리면서 천번 만번 돌고 도는 모습을 다 표현할 수가 없다. 금강산 만폭동에 비 하면 덜 웅장하지만, 어떤 사람은 '기이하고 묘한 경치는 더 낫다'고도 한다. 금강산 다음으로는 이만 한 수석이 없으니, 마땅히 삼남 제일일 것이다.

청화산이 내·외 선유동을 뒤에 두고 앞에는 용유동을 마 주했으니, 앞뒤 수석의 기이한 절경이 속리산보다 훌륭하다. 산이 높고 큰 것으로는 비록 속리산에 미치지 못하지만, 속리

전자 한자 글씨체 가운 데 하나다.

남궁두 전라도 옥구에 살던 도사인데. 그가 도 를 닦은 자세한 이야기 가 허균이 지은 〈남궁선 생전〉에 실려 있다.

산처럼 험한 곳은 없다. 흙봉우리를 두른 돌이 모두 밝고도 깨끗해 살기가 적다. 모양이 단아하고 평온하며 빼어난 기운이 나타나서 가린 것이 없으니, 거의 복지福地에 가깝다.

화양동은 파곶 아래에 있는데, 파곶 물이 여기 와서 더욱 커지고 돌도 기이해졌다. 우암 송시열이 주자의 운곡정사雲谷精舍를 본떠서 그 가운데에 집을 지었다. 또 주자가 대의大義를 회복한 일을 본받아 골 안에서 명나라 신종황제의 제사를 모셨는데, 나중에 사당을 세워 만동묘萬東廟라고 했다. 그가 일찍이 이런 시를 지었다.

　　푸른 물은 성난 것처럼 시끄럽고
　　푸른 산은 찡그린 것처럼 잠잠하다.

속리산에서 남쪽으로 내려온 줄기가 만들어 낸 화령火嶺과 추풍령은 시내와 산의 경치가 자못 그윽하다. 모두 낮고 평평해 시골 살기에 알맞지만, 산이라고 할 수는 없다. 덕유산은 흙산이다. 그 위에 있는 구천동九泉洞은 천석이 그윽하다. 아래에 있는 적상산성赤裳山城은 석벽이 주위에 마치 치마처럼 둘렀으며, 그 위는 평탄하다. 그러므로 나라에서 이곳에 성을 쌓고 사기史記와 실록을 간직했다.

산 동쪽은 산음山陰과 지례知禮이고, 북쪽에는 설천雪川과 무풍舞豊이 있다. 남사고는 무풍을 복지라고 했다. 골 바깥은 온 산의 논밭이 기름져서 부촌이 많으니, 이 또한 속리산 위쪽의 산들과 비할 바가 아니다.

지리산은 남해 가에 있다. 이곳은 백두산 줄기가 크게 끝난 곳이므로, 다른 이름으로는 두류산頭流山이라고도 한다. 세상에서는 금강산을 봉래산, 지리산을 방장산方丈山, 한라산을 영주산瀛洲山이라고도 하는데, 이것이 이른바 삼신산三神山이다. 지리지에서는 지리산이 태을선인太乙仙人이 사는 곳이며, 신선들이 모이는 곳이라고 했다. 동부洞府가 서로 얽혀 깊고도 크다. 흙의 성질도 두텁고 기름져서, 모든 산이 사람 살기에 알맞다.

산 안에 100리나 되는 긴 골짜기가 있는데, 바깥쪽은 좁지만 안쪽은 넓다. 가끔 사람이 알지 못하는 곳도 있어서, 관청에 세금을 바치지 않는다. 지역이 남해에 가까우므로 기후가 따뜻해 산속에 대나무가 많고 감나무와 밤나무도 매우 많아, 저절로 열렸다가 저절로 떨어진다. 기장이나 조를 높은 산봉우리에 뿌려 두기만 해도 무성하게 자란다. 평지 밭에도 모두 심으므로, 산속에서는 촌사람들이 중들과 섞여 산다. 중이나 속인俗人들이 대나무를 꺾고 감과 밤을 주워, 수고하지 않아도 생리가 넉넉하다. 농부와 공장工匠이 힘써 일하지 않아도 살림이 넉넉하다. 온 산에 사는 백성들이 풍년인지 흉년인지 모르므로, 부산富山이라고 한다.

산 남쪽에 화개동花開洞과 악양동岳陽洞이 있는데, 모두 사람이 살고 산수도 매우 아름답다. 고려 중엽에 한유한韓惟漢이라는 사람이 살았는데, 이자겸의 횡포가 심한 것을 보고 장차 화가 일어날 것을 알았다. 그래서 벼슬을 버리고 집안 식구들과 함께 악양동에 숨어 살았다. 그 뒤 조정에서 그를 찾아 벼슬을 주고 불렀지만, 한유한은 달아나 숨고 세상에 나타나지 않았다. 언제 죽었는지도 모르는데, 신선이 되었다고도 한다.

서쪽에는 화엄사와 연곡사燕谷寺가 있고, 남쪽에는 신응사神凝寺와 쌍계사가 있다. 절에는 신라 사람 고운 최치원의 화상이 있고, 시냇가 석벽에는 고운이 쓴 큰 글자들이 많이 새겨 있다. 세상에 전하는 말로는 고운이 도를 통해, 지금까지도 가야산과 지리산 사이를 오간다고 한다. 선조 신미년(1571)에 이 절의 중이 바위 사이에서 종이 한 장을 주웠는데, 절구 한 수가 쓰여 있었다.

　동쪽 나라 화개동은
　항아리 속의 별천지일세.
　선인이 옥베개를 밀치고 잠을 깨 보니
　세상은 어느새 천 년이나 지나 있네.

글자의 획이 새로 쓴 듯한데, 필법은 세상에 전해 오는 고운의 필체와 같았다.

예부터 전하는 말로는 (지리산 안에) 만수동萬壽洞과 청학동靑鶴洞이 있다고 한다. 만수동은 지금의 구품대九品臺이고, 청학동은 지금의 매계梅溪인데, 요즘 들어 비로소 사람들이 조금씩 다니기 시작했다.

산 북쪽은 모두 함양 땅인데, 영원동·군자사君子寺·유점촌鍮店村이 있어 남사고가 복지라고 했다. 또 벽소운동碧霄雲洞과 추성동楸城洞이 있는데, 모두 경치가 좋은 곳이다.

지리산 북쪽 골짜기의 물이 만나 임천臨川과 용유담龍游潭이 되었다가 고을 남쪽에 있는 엄천嚴川에 이르는데, 시냇가 위아래의 경치가 아주 뛰어나게 아름답다. 다만 지역이 너무 깊숙이 막혀 있으므로 이 마을에 (죄를 짓고) 도망쳐 온 무리가 많고, 때때로 도적이 나타나기도 한다. 또 온 산에 잡귀신을 모신 신당이 많아서, 봄가을마다 사방의 무당들이 모여들어 기도한다. 드러난 곳에서 남녀가 서로 섞이기도 하고 술 냄새와 고기 비린내가 낭자해 아주 불결해진다.

산줄기들이 비록 크고 작게 뻗었지만, 서남쪽은 (결국) 섬진강 상류에서 가로막힌다. 물과 샘에 장기가 많은 데다 온 산을 통틀어 청명한 기상이 적은 것이 이 산의 결점이다.

오직 이 여덟 산이 등마루 산줄기에서 가장 큰 산들이다. 등마루 산줄기를 떠나서 명산을 들라 하면, 함경도는 산이 모두 크기만 하고 골짜기가 황량하므로 명산이라고 할 만한 산이 없다. 오직 명천의 칠보산이 동해 가에 있어서, 골에 들어가면 바위의 형세가 깎아지른 듯한데, 기묘하게 아로새긴 모습이 거의 귀신이 새긴 솜씨 같다.

다음은 평안도 영변의 묘향산인데, 바깥쪽은 모두 토산이고, 멧부리도 모두 토성土星*이다. 다만 산허리 아래는 모두 기이한 바위와 빼어난 돌인 데다 험악하지도 않다. 안쪽에는 많은 평지와 큰 냇물이 그 사이에 넓게 펼쳐져, 거의 들판 가운데 있는 마을 같다. 산과 골이 돌면서 겹쳐져 마치 성곽처럼 되었는데, 다른 길은 없고 오직 서남쪽 수구를 따라서만 들어갈 수 있다. 그런데 겨우 한 사람만 갈 수 있다. 예부터 전하는 말로는 태백산 위에 단군이 태어난 석굴이 있다고 한다. 산에 큰 절이 세 곳이나 있고 작은 암자가 아주 많은데, 중들이 선정禪定에 들고 설법하는 곳이다.

경상도에는 전체적으로 돌 화성火星이 없다. 오직 합천 가

토성 풍수에서 산의 모양을 나타낼 때 성星이라는 용어를 쓰는데, 토성은 비교적 뭉툭한 봉우리다.

야산만 뾰족한 바윗돌이 불꽃같이 이어졌으며, 공중에 따로 솟았는데 아주 높고도 빼어났다. 골 어귀에 홍류동과 무릉교가 있고, 흩날리는 샘물과 넓은 바위가 수십 리에 뻗쳐 있다. 세상에 전하는 말로는 최고운이 이곳에 신을 남겨 두었는데, 간 곳을 모른다고 한다. 돌에는 고운이 쓴 큰 글자를 새겼는데, 지금도 새로 쓴 것처럼 완연하다. 고운이 시에서 읊은 곳이 바로 여기다.

> 겹쳐진 돌 사이로 미친 듯 흐르며 물줄기가 봉우리를 거듭 올려서
> 사람의 말소리를 가까이서도 알아듣기가 어려워라.
> 옳고 그름을 다투는 소리가 귀에 들릴까 늘 두려워서
> 짐짓 흐르는 물로 하여금 온 산을 둘러싸게 하였네.

임진왜란 때 금강산·지리산·속리산·덕유산이 모두 왜적의 침입을 면치 못했지만, 오대산·소백산과 이 산에만은 이르지 못했다. 그러므로 예부터 삼재三災가 들지 않는 곳이라고 한다.

안쪽에는 해인사가 있다. 신라 애장왕이 죽어 이미 염까지 했는데, 다시 살아났다. 그래서 명부冥府의 관원에게 약속한 발원에 따라 사신을 당나라에 들여보내,《팔만대장경》을 구입해 배에 싣고 왔다. 목판에 새겨 옻칠을 하고 구리와 주석으로 장식한 뒤에, 장경각藏經閣 120칸을 지어 간직했다. 지금 1000년이 넘게 지났지만, 경판이 새로 새긴 것 같다. 날아가던 새도 이 집을 피해서 기와지붕 위에 앉지 않으니, 참으로

이상스러운 일이다. 유가儒家의 경전을 간직한 집이 비록 대궐 안에 있다고 해도 날아가던 새가 지붕 위를 지나가지 않을 리 만무하다. 그런데 불가의 경전은 이같이 신기하니, 아무리 생각해도 알 수가 없다.

해인사 서북쪽은 가야산 상봉인데, 바위 형세가 사면으로 깎아지른 듯해서 사람이 올라갈 수 없다. 그 위에 평탄한 곳이 있는 것 같기는 하지만, 사람이 알 수는 없다. 그 위에는 항상 구름이 자욱하게 덮여 있는데, 나무꾼과 목동들이 때때로 봉우리 위에서 풍악 소리가 들려온다고 한다. 절 중의 말로는 큰 안개가 끼면 산에서 때때로 말 발자국 소리가 난다고도 한다.

골 바깥에 있는 가야천 유역의 논밭은 아주 기름져서, 볍씨 한 말을 뿌리면 120~130말이나 나며, 적어도 80말을 밑

장경각과 팔만대장경

대장경은 불교 경전의 총서叢書를 가리킨다. 고려는 고종 때 몽고의 침입을 부처의 힘으로 막겠다는 바람을 담아 대장경을 목판에 새겼다. 그 결과 현존하는 것 중 가장 정확하고 가장 오래됐다고 평가받는 대장경판이 탄생했다. 유네스코는 얼마 전에 이 대장경판을 세계기록유산으로 지정했는데, 경판이 보관된 건물인 장경각은 그보다 앞서 세계문화유산이 되었다. 이는 장경각의 건축 기술 덕에 별도의 장치 없이도 경판의 보존에 딱 맞는 온도와 습도가 유지되어, 쉽게 훼손되기 쉬운 목판이 1000년을 버틸 수 있었기 때문이다.

돌지는 않는다. 물이 넉넉해서 가뭄을 모른다. 또 목화도 잘 되는 밭이어서, 의식衣食의 고장이라고 불린다.

가야산 동북쪽에는 만수동萬水洞이 있는데, 역시 깊숙하고 도 긴 골짜기다. 복지라고 하는데, 세상을 피해서 살 만하다.

안동 청량산은 태백산 줄기가 들판에 내렸다가 예안강 가에서 우뚝하게 맺힌 것이다. 밖에서 바라보면 흙으로 덮인 멧부리 두어 송이뿐이다.

그러나 강을 건너 골 안으로 들어가면 사면에 석벽이 둘러서 있는 데다 주위가 모두 만 길이나 돼, 삼엄하고 험준한 모습을 무어라고 말할 수가 없다. 그 안에 있는 난가대爛柯臺는 최고운이 바둑을 두던 곳인데, 바위에 네모난 줄이 그어진 듯하다. 그 곁에는 늙은 할미의 상 하나를 석굴 안에 모셨는데, 전해 오는 말로는 고운이 이 산에 살 때 음식을 받들던 계집종이라고 한다.

이 산에 있는 연대사蓮臺寺에 신라 김생金生이 쓴 불경이 많다. 근래 한 선비가 그 절에서 글을 읽다가 불경 한 권을 훔쳐왔는데, 집에 오자마자 염병에 걸려 죽었다. 그 집안 사람들이 이를 두려워해, 그 불경을 즉시 절에 돌려주었다고 한다.

오직 이 네 산이 태백산맥의 여덟 산과 함께 나라의 가장 큰 명산이고, (세상을 피해서) 숨어 사는 무리들이 수양하는 곳이다. 옛말에 "천하의 명산은 중들이 많이 차지했다." 했는데, 우리나라에는 불교만 있고 도교는 없다. 그러므로 이 열두 명산을 모두 불교의 절이 차지하게 되었다.

이 밖에도 크게 이름난 절 때문에 그 지역이 세상에 알려진 경우가 있는데, 기이한 자취와 이상한 경치가 태백산과 소백산 사이에 있으니, 신라 때의 절인 부석사浮石寺다. 불전 뒤에 큰 바위 하나가 옆으로 서 있는데, 그 위에 큰 돌 하나가 지붕을 덮어씌운 듯하다. 얼핏 보면 위아래가 서로 이어진 듯하지만, 자세히 살펴보면 두 돌 사이가 서로 이어지거나 눌려 있지는 않다. 조금 빈 틈이 있어, 노끈을 넘기면 걸리지 않고 드나든다. 그제서야 비로소 떠 있는 돌[浮石]인 줄 알게 된다. 절이 이 돌 때문에 '부석사'라는 이름을 얻었지만, 이렇게 떠 있는 이치는 자못 알 수가 없다.

절 문 밖에는 살아 있는 모래가 덩어리져 있는데, 예부터 부서지지도 않고, 깎아 내면 다시 솟아나니, 마치 살아 있는 흙덩이 같다.

신라 때 중 의상義相이 도를 깨치고 서역 천축으로 떠나려

부석

다, 자기가 머물던 요사채 문 앞 처마 밑에다 지팡이를 꽂으면서 "내가 떠난 뒤에 이 지팡이에서 반드시 가지와 잎이 날 것이다. 이 나무가 말라 죽지 않으면, 나도 죽지 않은 줄 알아라." 했다. 의상이 떠난 뒤에 절의 중이 의상의 상像을 빚어서 그가 머물던 곳에 모셨다. 창밖에 있는 나무는 가지와 잎이 나왔는데, 햇빛과 달빛은 받지만 비와 이슬에는 젖지 않았다. 늘 지붕 밑에 있으면서 지붕을 뚫지 않고 겨우 한 길만 자랐는데, 1000년이 마치 하루 같았다. 광해군 때 경상감사 정조鄭造가 절에 왔다가 이 나무를 보고 "선인仙人이 짚던 지팡이니, 나도 짚어 보고 싶다." 하면서 톱으로 자르게 해 가지고 갔다. 그러자 그 나무가 곧 두 줄기로 뻗어나 전과 같이 자랐다. 정조는 인조 계해년(1623)에 역적으로 몰려 죽었다. 나무는 지금까지도 사철 내내 푸르며 꽃이 피거나 지는 일도 없는데, 중들이 비선화수飛仙花樹라고 부른다.

옛날에 퇴계가 이 나무를 보고 읊은 시가 있다.

옥처럼 아름답게 절 문에 기대섰는데
중의 말로는 지팡이가 신령스런 나무로 화했다네.
지팡이 머리에 스스로 조계曹溪*의 물이 있어서
하늘이 내리는 비와 이슬의 은혜를 빌리지 않는구나.

절 뒤에 있는 취원루聚遠樓는 크고도 넓다. 마치 천지의 한가운데 솟은 것처럼 아득하다. 기세와 정신이 웅장해서 마치 온 경상도를 위압할 듯하다. 벽 위에는 퇴계의 시를 새긴 현판이 있다. 계묘년(1723) 가을에 내가 승지 이인복李仁復과 함

조계 중국 광동성에 있는 냇물이다. 양나라 때 중 지약智藥이 배를 타고 소주 조계 수구에 왔다가 물맛을 보고서, '이 물 상류에 훌륭한 곳이 있다'고 하며 터를 잡아 절을 지었다. 그리고 "앞으로 170년이 지나면 무상법보無上法寶(더할 수 없이 높은 중을 가리키는 말이다.)가 여기서 설법할 것이다."라고 했다. 과연 당나라 때 육조 대사 혜능이 여기서 설법해 불법이 크게 일어났다. 우리나라의 조계종도 여기서 법맥을 이어 온 것이다.

214

께 태백산에 노닐다가 이 절에 올라, 드디어 이 시의 운자韻字를 따서 시를 지었다.

> 아득히 높은 다락 열두 난간에
> 동남쪽 천 리 땅이 눈앞에 보이네.
> 인간 세상은 아득한 신라국이고
> 하늘 아래는 깊고 깊은 태백산일세.
> 가을 골짜기 어두운 연기는 날아가는 새 너머에 일고
> 해협에 지는 노을은 어지러운 구름 끝에 비치네.
> 가고 가도 위쪽 절에는 닿지 못하니
> 예부터 행로의 어려움을 어찌 알았으랴.

또 시를 읊었다.

> 아득한 태백산은 하늘과 통하고
> 옛 절은 웅장하게 바다 동쪽에 열렸네.
> 강과 산들은 천 리 밖에서 멀리 조회하고
> 불당과 다락은 날아갈 듯 천지 사이에 솟았네.
> 이름난 중이 처소를 떠났는데도 꽃은 나무에 피고
> 옛 나라야 흥하든 말든 새는 하늘을 날아가네.
> 누가 알랴, 주남周南° 나그네가 머뭇거리며
> 뜬 구름 지는 해에 하염없는 뜻을.

취원루 위 한쪽 구석에 방을 만들었는데, 그 방에 신라 이래 이 절에 머물렀던 중 가운데 사리가 나온 이름난 중의 화

상 10여 폭이 걸려 있다. 모두 얼굴 모습이 예스럽고도 괴이
하며 풍채가 맑고도 깨끗해, 엄연히 다락 위에서 서로 대좌해
선정에 든 듯하다. 지세는 구불구불 뻗어 내려가는데, 그 아
래쪽에 작은 암자가 있다. 불경을 강하거나 선정에 들어가는
중들이 거처하는 곳이라고 한다.

이 절은 경상도 순흥부順興府 지역이다. 또 양산에는 통도
사가 있고, 대구에는 동화사가 있다. 전라도에는 영광에 도갑
사가 있고, 해남에 천주사가 있으며, 고산에 대둔사가 있고,
금구에 금산사가 있다. 순천에는 송광사가 있고, 흥양에는 능
가사가 있는데, 모두 신라 때의 큰 절들이다.

통도사는 당나라 초엽에 자장법사慈藏法師가 천축국에 들어
갔다가 석가의 두골과 사리를 얻어 와서 절 뒤에 묻고, 탑을
만들어 모시게 한 곳이다. 세월이 오래돼 (탑이) 조금 기울어
지자, 숙종 을유년(1705)에 중 성능聖能이 탑을 중수하려고 허
물었다. 그랬더니 탑 안에 '외도外道의 성능이 중수한'고 쓰
여 있고, 두골이 비단 보자기에 싸여 은함에 담겼는데 크기가
동이만 했다. 비단은 이미 1000년 넘게 지났는데도 썩지 않
아, 마치 새것 같았다. 또 사리를 담은 작은 금합은 눈을 부시
게 하는 광채를 냈다. 탑을 다시 쌓은 뒤에 비각碑閣을 세웠는
데, 비문은 학사 채팽윤蔡彭胤이 짓고, 글씨는 내 선대부•께서
쓰셨다.

동화사는 신라 때 중 진홍眞弘이 지팡이를 공중에 날렸다
가, 지팡이가 이곳에 멈추어 드디어 절을 세우고 머물게 된
곳이다. 지형이 둘려 겹쳤고, 건물이 굉장하며, 예부터 이름
난 중과 수행자가 많았다.

선대부 이중환의 아버
지는 참판을 지낸 성재
省齋 이진휴李震休다.

도갑사는 신라 때 중 도선道詵이 떨쳐 일어난 곳이다. 동구 밖에 두 돌기둥이 서 있는데, 하나에는 '황장생皇長生' 석 자가 새겨져 있고, 다른 하나에는 '국장생國長生' 석 자가 새겨져 있다. 하지만 무슨 뜻인지는 알 수 없다.

천주사는 남해 가에 있는데, 지세가 깊은 두메 같다. 소나무·대나무·귤나무·유자나무가 골에 빽빽하게 들어섰다. 불전이 장려하고 재물이 넉넉해, 도에서 가장 커다란 절이다.

대둔사의 뒷산은 계룡산에서 뻗어온 줄기인데, 절 뒤에 백운암白雲庵이 있다. 임진왜란 때 함열 사람 손순목孫順穆이 어린 나이로 어미를 잃었는데,

국장생
전라남도 영암군 월출산 기슭에 있다. 도갑사의 경계를 표시하려고 세웠을 것이라는 추측이 있으나 확인된 사실은 아니다. 다만 이런 돌기둥이 장승으로 발전했다는 것이 학계의 지배적 의견이다.

(그 뒤) 이 암자에 이레 동안이나 수륙도량水陸道場을 베풀었다. 손순목이 엎드려 자다가 홀연히 꿈을 꾸었는데, 어떤 나한이 이르기를 '너의 어머니가 앞산에 있다'고 했다. 손순목이 놀라며 일어나서 둘러보았더니, 과연 한 할멈이 앞산 바위 위에 있었다. 급히 달려가 물어보았더니, 바로 그의 어미였다. 어미가 말하기를, "포로로 잡혀서 왜국에 가 있었는데, 밝은 아침에 동이를 가지고 물 길으러 가다가 어떤 중에게 업혀서 여기까지 왔다. 어찌 된 일인지는 (나도) 모르겠다."라고 했다. 사람들이 깜짝 놀라, 그 암자 이름을 득모암得母庵이라고 고쳤다.

금산사는 본래 용추龍湫였는데, 깊이를 헤아릴 수가 없다. 모악산 남쪽에 있다. 신라 때 조사祖師가 소금 수만 섬으로 못을 메우자, 용이 (다른 곳으로) 갔다. 그 자리에 터를 닦아 세운 대웅전의 네 모퉁이 섬돌 밑에는 가느다란 간수가 둘려 있다. 지금도 누각이 높고 빛나며, 골이 깊숙하다. 역시 호남에서 이름난 큰 절인데, 전주부에서 아주 가깝다. 《고려사》에서 신검神劍이 아비 견훤甄萱을 금산사에 가두었다고 했는데, 바로 이 절이다.

송광사는 불전과 요사채 건물이 많은데도 (모두) 정밀하고도 공교하며, 수석 또한 조촐하고도 그윽하다. 또 봉우리와 멧부리가 맑고 고우면서 높으며, 사면 경계가 모두 어두컴컴하고 쓸쓸하고도 아늑하다. 종루 앞에 수각水閣이 있고, 그 앞에 나무 한 그루가 있는데, 옛날에 보조국사가 죽으면서 "내가 죽은 뒤에 이 나무가 반드시 마를 것이다. 만약 가지와 잎이 다시 나면, 내가 다시 살아난 줄로 알라." 했다. 이제 1000년이 되어 잎은 나지 않지만, 사람이 칼로 껍질을 긁으면 안쪽에 촉촉한 생기가 있다. 만약 참으로 말랐다면 반드시 썩어 넘어졌을 텐데, 지금도 여전히 꼿꼿하게 서 있으니 괴이한 일이다.

능가사는 팔령산 아래에 있다. 옛날에 유구국 태자가 풍랑에 떠밀려 왔는데, 이 절 앞에서 관음보살에게 이레 밤낮이나 엎드려 기도하며 '고국에 돌아가게 해 달라'고 청했다. 그러자 커다란 장사가 모습을 나타내 태자를 옆에 끼고 물결을 넘어갔다고 한다. 절의 중이 그 모습을 벽에 그렸는데, 지금까지도 그대로 남아 있다.

산형山形

산 모양은 반드시 수려한 돌로 된 봉우리라야 산이 빼어나고 물도 맑다. 또 반드시 강이나 바다가 서로 모여드는 곳에 터를 잡아야 큰 힘이 있다. 이러한 곳이 나라 안에 네 군데 있는데, 개성의 오관산, 한양의 삼각산, 진잠의 계룡산, 문화의 구월산 등이다.

오관산

도선은 오관산에 대해 '모봉母峰은 수성水星이고 줄기는 목성木星'이라고 했다. 산세가 아주 길고 멀리까지 이어져, 크게 끊어졌다가 송악산이 되었다. 감여가가 말하는, 하늘에 모여드는 토성이다. 웅건한 기세가 넓고도 크며, 포용하려는 의사가 원만하고도 두텁다.

동쪽에는 마전강이 있고, 서쪽에는 후서강이 있으며, 승천포가 안수案水다. 교동도와 강화도, 큰 섬 둘이 바다 가운데 있으면서 일자로 가로 뻗어 남쪽으로 바다를 막고, 북쪽으로는 한강 하류를 담아 은연중에 앞산 너머를 둘러쌌다. 깊고도 넓으며 한없이 크다. (명나라 사신) 동월董越이 '기상이 평양과 비교해 더욱 짜임새 있다'고 한 곳이 바로 여기다.

오관산 좌우에는 골이 많다. 박연朴淵은 서쪽, 화담은 동쪽에 있는데, 샘과 폭포가 아울러 뛰어나다.

삼각산

한양의 삼각산은 동남쪽 100리 밖에서 푸른 하늘에 솟았는

데, 앞쪽이 평평하고도 좋다. 서북쪽은 높이 막히고 동남쪽은
멀리 트였으니, 이곳이 천연의 요새며 명당이다. 다만 부족한
점은 넓고 기름진 들판이 없다는 점이다.

삼각산은 도봉산과 잇따라 얽혀 있는 산세다. 돌 봉우리가
아주 맑고도 빼어나서 만 줄기 불꽃이 하늘에 오르는 것 같
고, 특별하게 이상한 기운이 있어서 그림으로 그려 내기가 어
렵다. 다만 보필해 주는 산이 없고, 골이 적다. 예전에는 중흥
사 골짜기가 있었지만, 북한산성을 쌓을 때 모두 깎아 버려
평평해졌다.

성 안에 있는 백악산과 인왕산은 바위의 형세가 사람을 두
렵게 하니, 살기를 벗은 송악산보다 못하다. 다만 믿음직스러
운 점은 남산의 한 가지가 강을 거슬러서 판국을 만들었다는
점이다. 내수구內水口가 낮고 허하며, 앞쪽으로 관악산이 강을
사이에 두고 있지만 너무 가깝다. 비록 화성이 앞을 비치고
있지만, 감여가는 정남향으로 위치를 잡는 것이 좋지 않다고
한다. 그러나 판국 안이 명랑하고 정숙하며 흙빛이 깨끗하고
단단해, 밥을 길에 떨어뜨렸다고 해도 다시 주워서 먹을 수
있을 것 같다. 그러므로 한양의 인사가 막히지 않고 명랑한
점은 많지만, 웅걸한 기상이 없는 것이 한이다.

계룡산

계룡산은 오관산보다 덜 웅장하고, 삼각산보다 덜 빼어나다.
또 앞쪽에 안수案水가 적고, 금강 한 줄기가 산을 둘러 돌았을
뿐이다. 대개 산줄기가 돌아서 원줄기를 돌아다 보는[回龍顧
祖] 지형은 본래 힘이 적다. 그러므로 금릉金陵을 보아도 언제

220

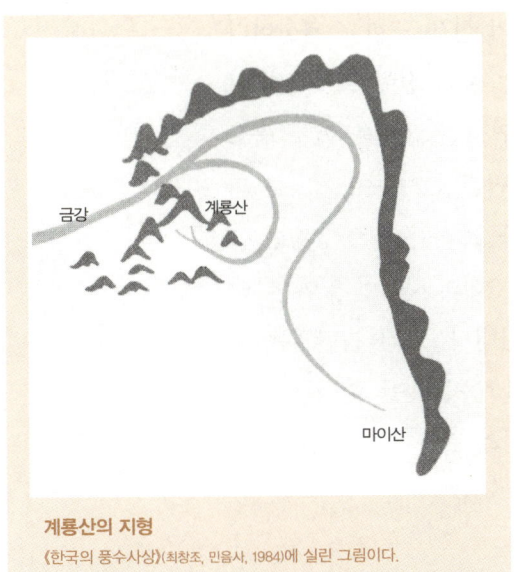

계룡산의 지형
《한국의 풍수사상》(최창조, 민음사, 1984)에 실린 그림이다.

나 한쪽의 패자覇者가 되는 고장이 될 뿐이다. 명나라 태조가 비록 천하를 통일했지만, 세대가 바뀐 뒤에는 도읍을 옮길 수밖에 없었다. 그러므로 계룡산 남쪽 골은 한양이나 개성과 비교할 때 기세가 훨씬 떨어진다. 또 판국 안에 명지가 적고, 동남쪽이 넓게 트이지 않았다.

그러나 산줄기가 멀리서 뻗어 내려와, 골이 정기를 깊이 함축했다. 판국 안 서북쪽에 있는 용연龍淵은 매우 깊고도 크다. 그 물이 넘쳐서 판국 안의 큰 시내가 되었는데, 이러한 시내는 개성이나 한양에도 없다.

산 남쪽과 북쪽에 훌륭한 경치가 많다. 동쪽에는 봉림사가 있고, 북쪽에는 갑사와 동학사의 기이한 경치가 있다.

구월산

구월산도 산줄기가 돌아서 원줄기를 돌아보는 지형이다. 서북쪽으로 바다를 등지고, 동남쪽으로는 평양과 재령 두 곳의 강물을 거슬러 받아들이는데, 두 강물에는 조수가 통한다. (그래서) 생선과 소금의 이익이 황해도 전체의 이익을 다 차지했다. 남쪽으로 5리 떨어진 곳에도 (사방) 100리나 되는 기름진 들판이 있다.

수세水勢와 지리가 험한 것이나 논밭이 기름진 것은 계룡산보다 훨씬 낮고, 톱니 같은 돌산의 산세 또한 오관산이나 삼각산보다 못하지 않다. 온 산을 빙 둘러 절이 열댓 군데나 있고, 그 위에는 산성을 쌓아서 천연적인 요새를 이룬 곳도 있다. 세상에서 전해 오는 말로는 '단군의 자손이 기자를 피해 평양에서 이곳으로 도읍을 옮겼다'고 하는데, 장당평藏唐坪이란 곳이 바로 여기다. 아직도 단군 3대의 사당이 있어, 나라에서 봄가을로 향을 내려 제사를 지낸다. 그러나 단씨는 이 산의 한쪽만 차지했을 뿐 이 지역의 승지勝地를 다 차지하지는 못했으니, 이곳이 (언젠가는) 한 차례 도읍지가 될 것이다.

그 밖의 명산들
이 밖에도 명산으로 춘천의 청평산이 있는데, (춘천은) 맥국의 옛 서울이다. 두 줄기 강 사이에 자리했는데, 서해에서 멀리 떨어져 있기 때문에 뻗어 내려온 산세가 짧다. 금구 모악산 아래에 평지로 된 골이 있어 도읍지로 삼을 만한 곳이라는 말이 전해 오지만, 뻗어 내려온 산세가 역시 짧다. 안동 학가산도 두 강줄기 사이에 있고 산세도 오관산이나 삼각산과 비슷하지만, 돌봉우리가 적은 것이 한스럽다. 밑에 풍산 들이 있어서 도읍이 될 만하다는 사람도 있지만, 이 세 산이 모두 위에서 말한 네 산만은 못하다.

들판에 내려앉은 산 가운데 큰 힘은 없어도 기이한 경치를 기술할 만한 곳은 많다. 원주 적악산은 비록 토산土山이지만 산속에 동부洞府와 천석泉石이 많고, 동서쪽으로도 이름난 마을들이 많다. 게다가 산에 영험靈驗이 많아, 이 산에서는 사냥꾼이 감히 짐승을 잡지 못한다. 사자산은 적악산 동북쪽에 있는데, 수석이 30리나 뻗쳐 있다. 주천강도 이곳에서 발원한다. 남쪽에 있는 도화동과 무릉동도 모두 골짜기의 경치가 아주 뛰어나다. 복지福地라고도 불리니, 참으로 세상을 피해서 살 만한 곳이다.

공주 무성산茂盛山과 천안 광덕산은 서로 이어져 있으며, 모두 토산이다. 그러나 두의 산 남북쪽으로 긴 골짜기가 매우 많다. 절과 요사채만 골짜기의 아름다운 경치를 차지한 것이 아니라 골짜기마다 여염집과 밭고랑이 서로 뒤섞여서 긴 숲과 시냇물 위에 그림자를 은연히 비추고 있으니, 완연히 한 폭의 '도원도桃源圖*'다.

해미 가야산의 동남쪽은 토산이고, 서북쪽은 석산이다. 동쪽에 있는 가야사 골짜기는 상고시대 상왕象王*의 궁궐 터고, 서쪽에 있는 수렴동水簾洞은 바위와 폭포가 뛰어나게 기이하다. 북쪽에 있는 강당동講堂洞과 무릉동도 수석이 아름다우며, 마을과 아주 가까워서 살 만한 곳이다. 비록 합천 가야사보다는 못하지만, 바닷가의 경치를 마음껏 즐기기에는 넉넉하다.

남포藍浦 성주산聖住山은 남쪽과 북쪽의 두 산이 모여 큰 골이 되었다. 산속이 평탄해 시내와 산이 밝고 깨끗하며, 물과 돌이 맑고 시원스럽다. 산 밖에서는 검은 돌이 나는데, 벼루를 만들면 기이한 물건이 된다. 옛날에 매월당 김시습이 홍산 무량사에서 죽었는데, 바로 이 산이다. 시내와 골 사이에 역시 살 만한 곳이 많다.

노령산맥 한 가지가 북쪽으로 부안까지 왔다가 서해 가운데로 쑥 들어갔다. 서쪽·남쪽·북쪽은 모두 큰 바다이고 산에는 많은 봉우리와 구렁이 있는데, 이곳이 바로 변산邊山이

도원도 세상과 떨어진 별천지를 담은 그림을 가리킨다.

상왕 여러 부처를 가리킨다. 《열반경》에서 '이 큰 열반은 오직 큰 상왕이라야 능히 그 뜻을 다 알 수 있다. 큰 상왕은 여러 부처를 가리킨다'고 했다.

다. 높은 봉우리와 깎아지른 산꼭대기, 평평한 땅이나 비스듬한 벼랑을 막론하고, 모두 축 늘어진 큰 소나무가 하늘에 높이 뻗어 해를 가렸다. 골 바깥은 모두 소금 굽고 고기 잡는 백성들의 집이다. 산속에는 기름진 밭이 많다. 주민들이 산에 올라가면 나물을 뜯고, 산에서 내려오면 고기를 잡거나 소금을 굽는다. 땔나무나 조개 따위는 돈을 주고 사지 않아도 넉넉하다. 다만 샘물에 장기가 있는 것이 한스럽다.

김시습
1435~1493. 호는 매월당이며, 단종의 왕위를 빼앗은 세조를 비판하며 벼슬을 버린 생육신 가운데 한 사람이다. 신동으로 이름이 높아 세종 앞에 불려가기까지 했는데, 절개를 지키다 보니 순탄한 삶을 살지 못하고 오랫동안 방랑 생활을 했다. 우리나라 최초의 한문소설로 꼽히는 《금오신화》를 지었다.

위에서 말한 산들 가운데 큰 산은 도읍지가 될 만한 땅이고, 작은 산은 고인高人이나 은사隱士가 숨어 살 만한 땅이다.

사람이 살 수는 없지만 명승이라고 불리는 산으로는 영평 백운산이 있는데, 삼부연三釜淵 폭포가 기이하고도 웅장하다. 곡산 고달산高達山은 아주 깊고도 막혔지만, 바위 구멍과 동굴들이 기이하다.

광주 무등산 위에는 가지처럼 뻗은 바위가 수십 개나 공중에 벌여 섰는데, 마치 커다란 홀笏 같다. 험준한 산세가 온 도를 위압한다. 영암 월출산은 뾰족한 바위가 도봉산이나 삼각산처럼 날아 움직일 듯한데, 바다에 너무 가까워서 골이 적다. 장흥 천관산天冠山은 바위 형세가 기이하고 훌륭하며, 언제나 붉은 구름과 흰 구름이 산 위에 떠 있다. 바다에 들어간 섬같이 생긴 흥양 팔영산八靈山은 남사고가 복지福地라고 했다. 임진년에 왜적의 배가 좌우에 드나들었지만, (이 산에는) 끝내 들어오지 않았다. 광주 백운산은 도선道詵이 도를 닦던 곳인데, 천석이 아름답다. 순천 조계산曹溪山은 남쪽에 송광사의 훌륭한 골짜기가 있다.

대구 팔공산도 돌봉우리가 옆으로 뻗쳤는데, 산 동쪽과 서쪽의 시내와 산이 아주 아름답다. 산 서쪽에 성을 쌓아 (외적을) 방어하는 중요한 진으로 삼은 것은 마음에 들지 않는다. 대구 비파산琵琶山에는 샘물이 솟는 바위가 있다. 청도 운문산雲門山과 울산 원적산圓寂山은 이어진 봉우리와 겹쳐진 멧부리들로 골이 깊숙하다. 승가僧家에서는 '성인 1000명이 세상에 나올 곳'이라 하고, '병란을 피할 복지'라고도 한다. 청하 내연산內延山은 바위와 폭포의 경치가 기이하고도 아늑해 청량산보다 나은 것 같다. 청송 주방산周房山은 골이 모두 바위로 되어서 눈과 마음을 놀라게 하는데, 샘과 폭포도 아주 기이하다.

그러나 이 산들은 다만 신선과 중이 살기에 알맞은 곳이고 한때 노닐며 보기에 좋은 곳이지, 집을 짓고서 길이 살 땅은 아니다. 이 밖에도 산이라고 불리는 곳이 많기는 하지만, 골〔洞府〕이 없는 곳은 논하지 않았고, 천석이 없는 곳도 기재하지 않았다.

바다 가운데 있는 산에도 기이한 곳이 많다. 제주도 한라산은
영주산이라고도 하는데, 위에 커다란 못이 있어서 사람들이
시끄럽게 말할 때마다 갑자기 구름과 안개가 크게 일어난다.
꼭대기에 있는 모난 바위는 마치 사람이 쪼아서 만든 것 같
다. 그 아래에는 잔디가 길을 이루었는데, 향긋한 바람이 산
에 가득하다. 때때로 들리는 젓대와 피리 소리는 어디서 나는
지 알 수가 없다. 전해 오는 말로는 신선들이 항상 노니는 곳
이라고 한다.

산 북쪽은 제주읍으로, 옛 탐라국이다. 신라 때부터 부속
국이 되었다. 원나라에서는 (제주도가) 방성房星*에 해당하는
지역이라고 해, 암수 준마를 산에 놓아 먹여서 목장으로 만들
었다. 지금도 좋은 말을 생산해 해마다 (공물로) 바친다.

제주읍 동쪽과 서쪽에 있는 정의旌義와 대정大靜, 두 현縣은
풍속이 제주와 대략 비슷하다. (제주) 목사와 두 고을 수령이
예부터 (본토에서) 왕래했지만 표류하거나 빠져 죽은 자가 없
고, 조정에서 벼슬하다가 이곳으로 귀양 온 자가 많았지만 역
시 표류하거나 빠져 죽은 자는 없다. (이를 보아도) 왕의 덕화
가 멀리 미쳐 온갖 신들이 받들고 따름을 알 수 있다.

경상도 고성 (앞)바다에 있는 남해현은 뭍에서 물길로 10
리 떨어져 있다. 섬에 금산동천錦山洞天이 있는데, 최고운이
놀던 곳이다. 고운이 쓴 큰 글씨가 아직도 석벽에 남아 있다.

완도는 전라도 강진 (앞)바다에 있는데, 뭍에서 10리 떨어
져 있다. 신라 때 청해진淸海鎭이었으니, 장보고張保皐가 근거

방성 하늘에 있는 28수
宿 가운데 넷째 별자리
다. 전국시대에 중국 본
토와 부근 국가의 영토
를 28구역으로 나누고,
방위에 따라 28수를 배
정했다.

지로 삼은 땅이다. 섬 안에 훌륭한 경치가 많은데, 지금은 첨사僉使*의 진이 설치되어 있다.

군산도群山島는 전라도 만경 (앞)바다에 있는데, 역시 첨사의 진을 두었다. 온통 돌산인 데다 뭇 봉우리가 뒤와 좌우를 빙 둘러 막았다. 그 가운데 항구가 있어, 배를 감춰 둘 만하다. 앞쪽은 어장漁場이어서 해마다 봄여름에 고기잡이 철이되면 각 고을 장삿배들이 구름처럼 모여들고 안개처럼 밀려들어, 바다 위에서 사고판다. 이로써 주민들은 부자가 되어의식주를 다투어 치장하는데, 그 사치가 육지 백성들보다도심하다.

덕적도는 충청도 서산 북쪽 바다 가운데 있는데 당나라 소정방이 백제를 정벌할 때 군사를 주둔시켰던 곳이다. 뒤에 있는 세 돌봉우리가 하늘에 꽂혔으며, 여러 산기슭이 빙 둘러쌌다. 그 안쪽이 항구가 되었는데, 물이 얕아도 배를 댈 만하다. 나는 듯한 샘물이 높은 곳에서 쏟아져 구불구불 흘러가며 평온한 시내가 되었는데, 층층 바위와 반석이 굽이굽이 맑고도기이하다. 해마다 봄가을에 진달래와 철쭉이 온 산에 두루 피어, 골과 구렁들이 수를 놓은 비단처럼 흐드러진다. 바닷가는모두 흰 모래밭인데, 가끔 해당화가 모래를 뚫고 올라와서 빨갛게 핀다. 바다 가운데 있는 섬이긴 해도, 참으로 선경仙境이다. 주민들은 모두 고기를 잡고 해초를 뜯어 부유한 자가 많다. 여러 섬에 장기가 있는 샘이 많지만, 덕적도와 군산도에는 없다.

울릉도는 강원도 삼척부 바다 가운데 있는데, 갠 날 높은곳에 올라가 바라보면 혹 구름같이 보인다. 숙종 때 삼척 영

첨사 조선 시대 종3품 무관인 첨절제사僉節制使의 약칭이다. 대개 관찰사가 겸하는 절도사 밑에 절제사와 첨절제사를 두었는데, 완도가 속한 전라도에는 병마첨절제사가 네 명, 수군첨절제사가 일곱 명 있었다. 대개 목牧이나 부府에서는 수령이 첨절제사를 겸했다. 하지만 바닷가의 중요한 진에는 전문 무관을 임명했으며, 이 경우에 첨사라는 약칭을 썼다.

장영장將 장한상張漢相이 함경도 안변부에서 흐름을 따라 배를 띄우고 동남쪽을 향해 가면서 이 섬을 찾았는데, 바람을 타고 이틀 가다가 비로소 이르렀다. 큰 돌산이 바다 가운데 솟아 있는 것을 발견했는데, 언덕에 올라 보니 사람이 살고 있지 않았다. 옛사람이 남긴 터만 있었다. 섬 안쪽에 석벽과 석간石澗●이 있으며 골과 구렁이 매우 많았다. 고양이와 쥐가 아주 컸는데, 사람을 보고도 피할 줄을 몰랐다. 대나무는 깃대만큼 컸고, 복숭아·오얏·뽕나무·산뽕나무·나물·꼭두서니 따위가 있었다. 진기한 나무와 기이한 풀 가운데 이름을 알 수 없는 것들도 많았다. 이곳이 바로 옛날 우산국于山國이 아닌가 생각된다.

왜국과 우리나라 사이에 있는 동해에 예전에는 물마루가 고개처럼 있어서 서로 통하지 못했다. 그런데 근일에는 수세水勢가 차츰 변했는지 왜국의 배들이 많이 표류해 영동에 이르니, 염려스러운 일이다.

위에서 산만을 논했다. 비록 명산 밑이 아니라도, 혹 두메 가운데 강이나 냇물을 끼어 경치 좋은 곳이 되었다든지, 혹 들판 가운데 아름다운 산과 이름난 호수가 서로 어울려 훌륭한 경치를 이룬 곳은 아래에 기록한다.

산수山水

산수의 경치가 훌륭한 곳으로는 강원도 영동을 첫째로 꼽아야 마땅하다. 고성의 삼일포三日浦는 맑고 묘한 가운데 화려하

석간 돌이 많은 산골짜기에 흐르는 시내다.

삼일포
북한땅 고성에 있는 석호潟湖로, 금강산 관광이 시작되기 전에는 그림으로밖에 볼 수 없었다.

며, 그윽하고 고요한 가운데 명랑하다. 숙녀가 곱게 단장한 것 같아서, 사랑스럽고도 공경할 만하다. 강릉 경포대는 한나라 고조의 기상 같아서, 활달한 가운데 웅장하고 막힘이 없으며 아늑한 가운데 안온해, 무어라고 말할 수가 없다. 흡곡歙谷의 시중대侍中臺는 명랑한 가운데 삼엄하고, 평이한 가운데 깊숙하다. 마치 이름난 재상이 관청에 좌정한 것 같아, 가까이 할 수는 있어도 업신여길 수는 없다. 이 세 호수가 호수와 산 가운데 첫째가는 경치다.

그 다음으로 간성의 화담花潭은 달이 맑은 샘에 빠진 것 같고, 영랑호永郎湖는 구슬이 큰 못에 감춰진 것 같으며, 양양의 청초호靑草湖는 거울을 열어 놓은 경대 같다. 이 세 호수의 기이한 경치는 위에서 말한 세 호수 다음간다.

우리나라 팔도에 다 호수가 있는 것은 아닌데, 특히 (위에서 말한) 영동의 여섯 호수는 거의 인간 세상에 있는 것 같지가 않다. 삼일포에는 호수 가운데 사선정四仙亭이 있다. 바로 신라 때 영랑永郎·술랑述郎·남석랑南石郎·안상랑安詳郎이 놀던 곳이다. 이 네 사람이 벗이 되어 벼슬하지 않고 산수에서 놀았는데, 세상에서는 그들이 도를 깨쳐 신선이 되어 갔다고 한다. 호수 남쪽 석벽에 있는 붉은 글씨는 네 선인이 이름을 쓴 것이다. 붉은 흔적이 벽에 스며 1000년이 넘었는데도 비바람에 닳지 않았으니, 참으로 이상한 일이다.

읍의 객관 동쪽에 있는 해산정海山亭은 서쪽으로 돌아보면 금강산이 천 겹이고, 동쪽으로 바라보면 창해가 만 리다. 남쪽에는 긴 강 한 줄기가 넓고도 웅장해, 크고 작은 경치와 그윽하고 훤한 경치를 겸했다.

남강 상류에는 발연사鉢淵寺가 있고, 그 곁에는 감호鑑湖가 있다. 옛날에 봉래 양사언이 이 호수 위에 정자를 짓고 비래정飛來亭이라는 세 글자를 크게 써서 벽에다 걸어 두었는데, 하루는 '비' 자가 갑자기 바람에 휘말려 하늘로 올라가 버려 간 곳을 알지 못하게 되었다. 그 날〔日〕과 시時를 알아보았더니, 바로 양봉래가 세상을 떠난 날과 시였다. 어떤 사람이 '양봉래의 한평생 정신이 이 비 자에 있었는데, (봉래의) 정기가 흩어지자 (비 자도) 함께 흩어졌다'고 했다. 이는 참으로 이상한 일이다.

작은 산기슭 하나가 동쪽을 향해 우뚝 서 있는데, 경포대는 그 산 위에 있다. 앞에 있는 호수는 둘레가 20리며 물 깊이는 사람의 배꼽을 넘지 않지만, 작은 배는 다닐 수 있다. 동쪽에 강문교江門橋가 있고, 다리 너머에는 흰 모래둑이 겹겹이 막혀 있다. 호수가 바다와 통해 둑 너머에는 푸른 바다가 하

늘과 잇닿아 있다. 옛날에 최전崔澱이 스무 살 때 경포대 위에
올라가 시를 지었다.

> 선경에 한번 드니 3000년이라
> 은빛 바다 아득한데 물은 맑고도 얕구나.
> 오늘 난鸞새*를 타고 젓대 불며 홀로 날아 왔지만
> 벽도화* 아래에 사람도 뵈지 않네.

이 시는 고금의 절창이 되었지만, 뒤를 이어 짓는 자가 없
었다. 어떤 사람은 '이 시에는 속기俗氣가 한 점도 없으니, 신
선의 말'이라 했고, 또 어떤 사람은 '이 시는 너무 허하면서도
으슥하니 귀신의 말'이라 했는데, 그는 돌아가서 곧 죽었다.

세상에는 이 호수가 옛날 어느 부자가 살던 곳이라고 전한
다. 어느 날 중이 와서 쌀을 구걸하자 이 부자가 똥을 주었는
데, 살던 곳이 갑자기 꺼져 내려 호수가 되고, 쌓여 있던 곡식
은 모두 자잘한 조개로 변했다고 한다. 해마다 흉년이 들면
조개가 많이 나고, 풍년이 들면 조개가 적게 난다. 맛이 달고
도 향긋해 요기할 만한데, 고장 사람들은 적곡積穀 조개라고
한다. 봄여름이면 사방에서 남녀가 모여들어 캐낸 조개를 이
고 지느라 길에 늘어선다. 호수 밑바닥에는 아직도 기와 조각
과 그릇붙이가 있어, 자맥질하는 자들이 가끔 줍는다.

호수 남쪽 언덕은 옛 판서 심언광沈彥光이 살던 곳이다. 심
언광이 조정에 벼슬할 때 앉은 자리 옆에 늘 이 호수의 경치
그림을 두고 "내가 이런 호수와 산을 가지고 있으니, 내 자손
이 떨치지 못하고 반드시 쇠할 것이다."라고 했다.

난새 중국 전설에 나오
는 상상의 새다.

벽도화 신선이 사는 곳
에 있다는 전설 속의 복
사꽃이다.

호수 남쪽으로 몇 리 떨어진 곳에 한송정寒松亭이 있고, 돌
솥과 돌절구 따위가 있는데, 바로 사선四仙*이 놀던 곳이다.

시중호에는 정자가 없지만 모래언덕이 겹겹이 쌓여 있고,
호수가 이리저리 굽이치며 휘돌아 괴어서, 맑고 깨끗한 경치
가 뛰어나게 훌륭하다. 옛날에 한명회韓明澮가 감사로 있을 때
여기서 잔치를 벌이고 놀았는데, 마침 재상으로 임명되었다
는 기별이 왔다. 그래서 고을 사람들이 시중호라는 이름을 지
었다.

통천의 총석정叢石亭은 금강산의 큰 기슭이 바로 큰 바다
가운데 들어가 섬처럼 된 곳이다. 기슭 북쪽 바다 가운데 있
는 커다란 돌기둥들은 기슭을 따라 한 줄로 벌려 서서, 뿌리
는 바다로 들어갔지만 위쪽은 산기슭 높이와 같다. 산기슭과
는 100보도 안 떨어졌는데, 기둥 높이는 100길쯤 된다. 대개
돌봉우리는 위가 날카롭고 밑둥은 굵은 법인데, 이것들은 위
와 아래가 똑같으니, 이는 (돌)기둥이지 봉우리는 아니다. 기
둥 몸둥이는 둥근데, 둥근 가운데 쪼고 깎은 흔적이 있다. 밑
에서 위에 이르기까지 목공이 칼로 다듬은 것 같고, 기둥 위
에는 늙은 소나무가 점점이 이어져 있다. 기둥 밑 바다 물결
가운데도 작은 돌기둥이 수없이 많은데, 어떤 것은 서 있고,
어떤 것은 넘어져 있다. 파도와 더불어 씹히고 먹히면서 마치
사람이 만든 것처럼 되었으니, 조물주가 물건을 만든 솜씨는
참으로 기이하고도 공교롭다. 이곳은 천하에 기이한 경치니,
반드시 천하에 둘도 없을 것이다.

삼척 죽서루竹西樓는 오십천五十川에 자리해 명승지가 되었
다. 절벽 밑에는 보이지 않는 구멍이 있는데, 냇물이 그 위에

사선 앞에도 나온 신라
때 네 화랑, 즉 영랑·
술랑·안상랑·남석랑
을 가리킨다.

죽서루
관동팔경 가운데 하나로 꼽히는 누각이다. 고려 충렬왕忠烈王 때 이승휴李承休가 창건했으며, 조선 태종 때 중창重創한 바 있다. 삼척부에서 접대 장소로 쓰기도 했으며 빼어난 경치 때문에 묵객들이 즐겨 찾는 곳이 되었다.

이르면 (일부가) 새어서 낙숫물처럼 떨어지고, 남은 물은 죽서루 앞에 있는 석벽을 지나 고을 앞쪽으로 가로질러 흐른다. 예전에 어떤 사람이 뱃놀이를 하다가 잘못해 그 구멍 속으로 들어갔는데, 간 곳을 모른다고 한다. 사람들은 "고을이 공망혈空亡穴●에 자리해 인재가 나지 않는다." 한다.

그 밖에도 양양 낙산사 · 간성 청간정淸澗亭 · 울진 망양정望洋亭 · 평해 월송정越松亭이 모두 바닷가에 집을 지었다. 바닷물이 아주 푸르러서 하늘과 하나가 되었으며, 앞에 가린 것이 없다. 바닷가에는 강가나 시냇가처럼 조약돌과 기이한 바위가 언덕 위에 섞여 있어, 푸른 물결 사이에 은은히 비친다. 바닷가는 모두 반짝이는 눈빛 모래로 깔려 있는데, 밟으면 사각사각 소리가 나서 마치 구슬 위를 걸어가는 듯하다. 모래에는 해당화가 빨갛게 피었고, 이따금 축 늘어진 소나무 숲이 하늘에 솟아 있다. 그 가운데 들어가면 사람의 마음이 문득 변해, 인간 세상의 경계도, 자신의 형체도 모르게 된다. 황홀해져서 공중에 올라 하늘을 날아가는 듯해진다. 이곳을 한번 지나간 사람은 저절로 다른 사람이 되고, (한번) 지나간 자는 10년 뒤에도 얼굴에 연하烟霞 산수의 기상이 나타난다.

영동의 아홉 고을 너머 흡곡 북쪽은 함경도 안변부다. 철령

공망혈 묘터나 집터를 잡을 때 피하는 곳 가운데 하나다. 이 자리에 터를 잡으면 글자 그대로 사람 또는 시신이나 재물이 저절로 없어지고, 되는 일이 없다고 한다.

鐵嶺의 한 가지가 동쪽 바닷가로 뻗어서 층층이 펼쳐졌는데, 마치 높다란 일산日傘과 병풍을 벌린 듯해 그림같이 아득하다. 좌우의 가지는 고리처럼 해협을 감돌아, 마치 사람이 팔짱을 낀 듯한 모습이다. 그 빈틈으로 작은 암벽이 벌려 서서 아궁이 만 개가 들판에 있는 것 같으며, 나란히 이어지면서 서로 막아 바다가 보이지 않는다.

그 안에는 학포鶴浦라는 큰 호수가 있는데, 주위가 30리며 물이 깊고도 맑다. 사면이 모두 흰 모래 언덕인데, 모래 속에서 해당화가 뚫고 나와 빨갛게 핀 모습이 비단을 헤쳐 놓은 것 같다. 미풍이 살짝 불 때마다 가는 모래가 날아서 작게는 무더기가 되고, 크게는 봉우리가 된다. 아침저녁으로 자리가 바뀌어 하루 사이에도 변화하는 것을 예측할 수가 없다. 서해의 금모래 같아서 매우 기이하다.

뒤에는 빼어난 봉우리와 고운 둔덕이 아늑하고도 아름다워서 멀게도 보이고 가깝게도 보인다. 앞에는 맑은 물과 잔잔한 물결이 넘치면서 펑퍼짐해져, 움직이는 듯하면서도 고요한 듯하게 보인다. 중국 사람이 절강 서호西湖를 곱게 단장한 미인에 비했는데, 우리나라에서 서호와 아름다움을 견줄 만한 곳으로는 오직 이 호수가 있을 뿐이다. 이 호수는 영동의 여섯 호수와도 비교할 바가 아니다.

예전에는 호수가 (강원도) 흡곡현에 속했는데, 중간에 (함경도) 안변부 소속이 되었다. 흡곡 백성이 안변 백성을 상대로 조정에 소송했지만, 이기지 못했다. 그래서 호수는 북도에 편입되고 말았다. 북도는 사대부가 살 만한 곳이 못 되므로 명승지가 멀리 떨어진 바다 구석에 헛되게 버려져 있어, 지나가는 나그네의 구경거리로만 쓰이게 되었다. 대우받고 못 받는 차이가 이와 같으니, 참으로 아까운 일이다.

바다로 1000리를 넘게 가면 국도國島가 있다. 뒤에는 둘기 둥이 버티고 일어나 한데 모였고 위에는 돌봉우리를 이루어, 사면이 모두 돌인데 잔디가 붙어 있다. 그 안에서 대화살을 산출하는데 질이 아주 좋다. 사람은 살지 않는다. 사람들이 이곳에 놀러 와서 나팔이나 피리를 불면, 밑에 있는 용추에서 문득 우렛소리가 나고 비바람이 치는 괴이한 일이 일어난다.

사군산수四郡山水

영춘永春 · 단양 · 청풍 · 제천, 네 군은 비록 충청도 지역이지 만 실제로는 한강 상류에 있다. 두메 가운데 강을 따라 석벽 과 반석이 많다. 그 가운데 단양이 첫째인데, 고을이 모두 첩 첩산중에 있다. 10리 되는 들판은 없지만, 강과 시내와 바위 와 골의 경치가 훌륭하다.

세상에서 이담二潭 삼석三石이라고 하는데, 이담 가운데 도 담島潭은 영춘에 있다. 강물이 휘돌면서 고여, 깊고도 넓다. 물속에 돌봉우리 세 개가 솟아 있는데, 각각 떨어져 있으면서 도 활줄같이 한 줄로 곧게 서 있다. (하늘이) 쪼아서 아로새긴 솜씨가 기이하고도 공교로워, 마치 인가人家에서 쌓은 석가산 石假山 같다. 다만 낮고도 작아서, 우뚝하거나 깎아지른 모습 이 없으니 한스럽다.

청풍에 있는 귀담龜潭은 양쪽 언덕에 석벽이 하늘 높이 솟아 해를 가렸고, 그 사이로 강물이 쏟아져 내린다. 석벽이 서로 겹겹이 막혀 문같이 되었는데, 좌우로 강선대降仙臺ㆍ채운봉彩雲峰ㆍ옥순봉玉筍峰이 있다. 강가에 높은 바위가 펑퍼짐하게 따로 서 있는 강선대는 그 위에 100명이 앉을 만하다. 두 봉우리는 만 길이나 되는데, 순전히 돌 하나로 되었다. 옥순봉이 더욱 곧게 솟아, 마치 거인이 팔짱을 끼고 서 있는 듯하다. 무자년(1708) 여름에 내가 안동에서 서울로 올라가다가 단양읍 앞에서 배를 타고 옥순봉을 지나게 되었는데, 연구聯句 하나를 지었다.

땅 위에 높은 형상은 단아한 선비가 서 있는 듯하고
물결 속에 움직이는 그림자는 늙은 용이 꿈틀거리는 것 같네.

정신이 강산의 물색을 빼어나게 하고
기세는 우주의 형상을 높이 버티었네.

강 가운데에도 반석이 많은데, 물이 줄어들면 나타나고, 물이 깊어지면 잠긴다.

삼암三巖은 군 서남쪽 두메 가운데 있다. 산속의 큰 시냇물이 돌로 된 골을 따라 흘러내리는데, 시내 바닥과 양쪽 언덕이 모두 돌이다. 언덕 위에 있는 기이한 바위 가운데 어떤 것은 작은 봉우리이고, 어떤 것은 평상을 펼친 모습이며, 어떤 것은 성에 벽돌을 쌓은 것 같다. 위에 있는 오래된 소나무와 늙은 나무 중에는 누운 것도 있고 엎어진 채로 얽힌 것도 있었다. 시냇물이 흐르다 길게 파인 돌에 이르면 돌구유에 물을 담은 것처럼 되며, 둥글게 파인 돌에 이르면 돌가마에 물을 담은 것처럼 된다. 물과 돌이 서로 부딪치며 밤낮으로 시끄러워서, 물가에서는 사람의 말소리가 들리지 않는다. 좌우의 산등성이에는 높은 숲이 우거져 빽빽하고 온갖 새들이 지저귀는데, 참으로 인간 세상의 경계가 아니다. 이와 같은 바위가 셋인데, 위에 있는 바위를 상선암上仙巖, 가운데 있는 바위를 중선암中仙巖, 아래에 있는 바위를 하선암下仙巖이라고 한다. 내가 무자년에 단양을 지날 때 군수 김중우金重禹·도사 이덕운李德運과 함께 여기서 놀다 연구를 지었다.

첩첩 두메가 황홀하니 봄꿈 속에 왔는가 의심스럽네.
천추에 길이 신선놀음을 생각하게 하네.

뒷날 과연 신선놀음 하자던 빚을 갚을 수 있을지 모르겠다.

동남쪽의 운암雲巖은 작은 산기슭 하나가 산에서 들로 내려와 오똑하게 솟아오른 모습이다. 밑에는 석벽이 있는데, 동남쪽 산골 물이 시냇물로 커지면서 석벽 밑을 감돌아 둘렀다.

그 위에 있는 서애西厓의 옛 정자 터에서 보는 시내와 산의 경치가 아주 아름답다. 옛날에 서애가 임금께서 하사하신 표범 가죽으로 이 정자 터를 사고, 두어 칸 집을 지었다. 그런데 무술년(1598)에 남이공南以恭이 이경전李慶全을 위해 서애를 탄핵하면서, 이 정자를 미오郿塢*에 견주었다. 서애의 글 가운데 '붉은 벼랑과 푸른 석벽도 탄핵하는 글 속에 들었다'고 한 것이 바로 이곳이다.

서애가 파직되어 돌아간 뒤에 선조께서 정승 이항복에게

미오 한나라 말엽에 역신逆臣 동탁董卓이 섬서성 미현 북쪽에다 대臺를 쌓고 만세오萬歲塢라고 했는데, 미현에 있으므로 '미오'라고도 했다.

조정 신하 가운데 청백리를 뽑게 하자, 이 정승이 곧 서애를 뽑아서 올렸다. 남이공이 (서애를) 무고한 것을 (이 정승이) 원통하게 여겼기 때문이다. 서애는 서울을 떠날 때 광나루에 이르러 이런 시를 지었다.

> 전원으로 돌아가는 길은 삼천리인데
> 임금님의 깊은 은혜는 40년일세.

그가 나라를 생각하면서 차마 이별하지 못하던 뜻을 생각해 볼 수 있다. 서애가 세상을 떠난 뒤에 정자도 곧 허물어졌다. 그러나 영동은 땅이 외진 데다 바다에 너무 가까이 있고, 단양은 험하고도 좁아서, 모두 살 만한 곳이 못 된다.

강거江居

높은 산과 급한 물, 험준한 산과 빠른 여울은 한때 구경할 만한 운치가 있긴 하다. 그러나 절이나 도관道觀*을 세우기에 합당할 뿐이지, 오래오래 대를 이어 살 곳을 만들기에는 좋지 못하다.

우선 들판에 있는 고을이라야 (살기 좋은 곳이) 된다. 시내와 산, 강과 산의 풍치가 있어, 혹 넓으면서도 명랑하고, 혹 깨끗하면서도 아늑해야 한다. 혹 산이 높지 않으면서도 빼어나고, 혹 물이 크지 않으면서도 맑으며, 기이한 바위나 이상한 돌이 있어도 음울하거나 험준한 모습이 전혀 없는 곳이라

도관 도교에서 도사들이 도를 닦는 곳을 가리킨다. 우리나라에는 도관이 남아 있지 않다.

야 영기靈氣가 모이게 된다. (이런 곳이) 읍에 있으면 이름난 성이 되고, 시골에 있으면 이름난 마을이 된다.

강기에 살 만한 곳[江居]으로는 평양 외성外城을 팔도에서 으뜸으로 친다. 대개 평양은 앞뒤에 100리나 되는 들판이 넓게 트여서 명랑하므로, 기상이 넓고도 크다. 산빛은 수려하며, 강물도 급하게 쏟아지지 않고 천천히 출렁거리며 앞쪽으로 흘러간다. 산과 들이 어울리고, 들과 물도 어울려서, 평탄하고도 수려하다. 강물이 넓고 커서 크고 작은 장삿배들이 물결 속으로 드나들고, 아름다운 층층 바위들이 강 언덕을 둘러 있다. 서북쪽은 좋은 밭과 평평한 두렁이 눈 닿는 데까지 펼쳐졌으니, 이곳은 하나의 별천지다.

내성에는 관아와 관속들의 집이 있고, 평민들은 모두 외성에 모여 산다. 외성이라고 하는 것은 위만衛滿과 주몽朱蒙 때 토성을 쌓아서 성곽으로 삼던 곳이다. 지금은 뭉개졌지만 아직도 모습과 터는 남아 있는데, 여염집들이 많다. 남쪽으로는 큰 강에 닿아 있어, 봄여름이면 빨래하는 여인들이 말리는 빨래가 10리나 눈부시게 널려 있고, 빨랫방망이 소리에 갈매기와 오리가 놀라서 날아간다. 집들이 빗살처럼 늘어섰고, 저자와 가게가 번화하다. 기자箕子 때부터 지금까지 더 성해지거나 쇠해진 적이 없으니, 지리가 얼마나 아름다운지 상상할 수 있다. 전해 오는 말로는 "평양의 지세는 (물 위에) 배가 지나가는 형국이므로, 우물 파는 것을 꺼린다. 예전에 우물을 팠더니 읍에 화재가 많이 일어났다. 그래서 드디어 메워 버렸다." 한다. 온 읍 사람들이 공사公私 막론하고 모두 강물을 길어다 일상생활에 쓴다. 땔나무를 운반하는 길이 멀어서 땔나무가 아주 귀한 것이 흠이다.

그 다음은 춘천 우두촌牛頭村인데, 소양강 상류의 두 가닥 물이 옷깃처럼 합쳐지는 자리 안쪽에 있다. 물가에 돌이 있고, 돌 아래 강이 있으며, 강 너머에 산이 있다. 비록 두메 속이지 만 멀리까지 펼쳐져서 시원하고 상쾌하다. 또 강 하류에 배가 통해, 생선과 소금의 이익이 있다. 주민 가운데 장사로 부유해 진 자가 많고, 맥국 때부터 지금까지 인가가 줄지 않았다.

그 다음은 여주읍인데, 한강 상류 남쪽 언덕에 있다. 강 언 덕 남쪽 들판이 40여 리나 곧바로 통했으므로, 기상이 맑고도 멀다. 강은 웅장하지도 급하지도 않게 동쪽에서 서북쪽으로 흘러가는데, 위쪽에 마암馬巖과 벽사躄寺의 바위들이 있어 수 세水勢를 약하게 한다. 서북쪽이 평탄해서 읍이 된 지 수천 년 이나 되었다.

강 마을 가운데는 농사짓는 이로움을 겸한 곳이 드물다. 혹 마을이 양쪽 산 사이에 있고 앞에 강물이 막혀 있으면 땅이 모 래와 자갈이어서, 경작할 만한 밭이 없다. 비록 있다 해도 멀 어서, 갈거나 거둘 수가 없다. 혹 지세가 낮으면 물에 잠겨 거 둘 수가 없게 되며, 그렇지 않은 땅이 있어도 모두 메마른 땅 뿐이다. 물이 깊고 크면 (그 물을) 논밭에 댈 수가 없다. 가뭄과 홍수가 쉽게 들기 때문에, 강가에 사는 것은 한갓 강과 산의 경치만 좋을 뿐이지 의식衣食의 이로움은 적다. (위에서 말한) 세 곳이 훌륭한 까닭은 들판이 펼쳐져 있기 때문이다.

풍덕의 승천포昇天浦와 개성의 후서강은 조수가 혼탁한 데 다 장기까지 띠었고, 한양의 여러 강마을들은 앞산이 너무 가 깝다. 충주는 금천金遷 · 목계木溪를 뺀 강마을이 모두 적막하고도 외롭다. 공주는 금강 석벽이 뛰어나게 훌륭하지만 좁은 구석 궁벽한 마을이며, 상주의 낙동洛東은 양쪽 언덕이 거친 골짜기다. 나주의 목포와 광양의 섬진강, 진주의 영강灣江은 너무 멀리 있다.

부여에서 남쪽으로 은진까지, 서쪽으로 임피臨陂까지는 물가에 자리 잡은 마을들이 많은데, (이 마을들은) 삼남의 한가운데 있으면서도 서울과 멀리 떨어져 있지 않다. 들이 가까우면서도 땅이 아주 기름져서, 농사를 지을 만하다. 벼·모시·삼·생선·소금·게의 이로움이 있고, 이것들을 남북으로 운송해, 강과 바다의 배가 모여드는 곳이 되었다. 한강 말고는 오직 이곳이 살 만하다. 압록강과 두만강은 논하지 않는다.

계거溪居

전해 오는 말로는 "시냇가에 사는 것이 강가에 사는 것보다 못하고, 강가에 사는 것이 바닷가에 사는 것보다 못하다." 했다. 이 말은 물자를 운송하거나 생선과 소금을 얻는 이로움만 논한 것이다. 실제로는 바닷가에 바람이 많아서 사람의 얼굴이 검어지기 쉽고, 각기脚氣·수종水腫·장학瘴瘧 등 병이 많다. 샘물이 모자라서 땅도 갯벌이며, 혼탁한 조수가 들어와 맑은 운치가 아주 적다.

우리나라 지세는 동쪽이 높고 서쪽은 낮다. 강은 산골에서 나오는데 유유하거나 평온한 기상이 없으며, 늘 거꾸로 말려들고 급하게 쏟아지는 형세다. 그러므로 강가에 정자를 지으면 지세의 변동이 많아서 홍하고 스러짐이 일정치 않다. 오직 시냇가에 사는 것만이 평온한 아름다움과 시원스러운 운치가 있으며, 물을 대어 농사를 짓는 이로움이 있다. 그러므로 '바닷가에 사는 것이 강가에 사는 것보다 못하고, 강가에 사는 것이 시냇가에 사는 것보다 못하다'고 말해야 한다.

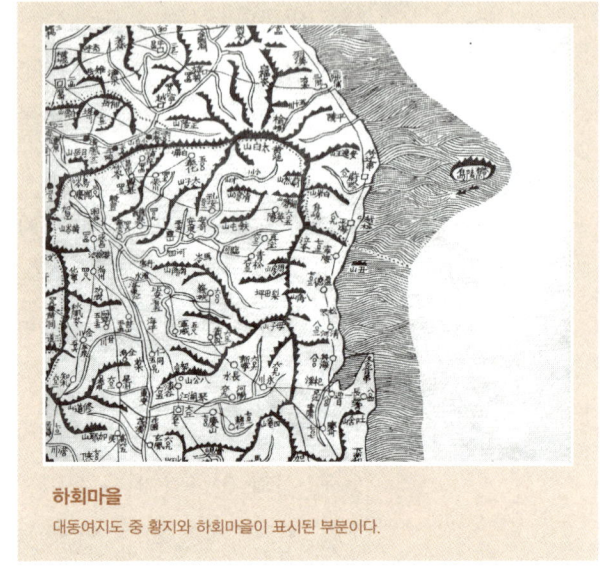

하회마을
대동여지도 중 황지와 하회마을이 표시된 부분이다.

　무릇 시냇가에 살 때는 반드시 영嶺에서 멀리 떨어지지 않은 곳을 골라야 한다. 그래야만 평시건 난세건 오래 살기에 알맞다. 그러므로 시냇가에 살 만한 곳으로는 영남 예안의 도산陶山과 안동의 하회河回를 첫째로 삼는다.

　도산은 양쪽 산이 만나 긴 골짜기를 이루었는데, 산은 별로 높지 않다. 황지潢池의 물이 이곳에 와서 비로소 커지고, 골짜기 어귀에 이르러 큰 시냇물이 되었다. 양쪽 산발치는 모두 석벽인데, 물가에 자리해 경치가 좋다. 물은 거룻배를 이용하기에 넉넉하고, 골 가운데 오래된 나무가 매우 많아서 조용하고도 한가로우며 시원하고도 고요하다. 산 뒤쪽과 시내 남쪽은 모두 좋은 밭과 평평한 고랑이다. 퇴계가 머물던 두 칸 옛집 암서헌巖栖軒이 아직도 있는데, 그 안에 퇴계가 쓰던 벼룻집·지팡이·신과 함께 종이로 만든 선기옥형璿璣玉衡●

선기옥형 천체를 관측하던 기계다.

242

이 있다.

하회는 평평한 언덕 하나가 황강 남쪽에서 서북쪽을 향해 있는 마을인데, 서애西厓의 옛집이 있다. 황강 물이 감돌며 출렁이고, 마을 앞에 모여들어 깊어진다. 수북산水北山이 학가산에서 갈라져 강가에 둘러 있는데, 모두 석벽이다. 돌빛이 차분하면서도 수려해, 험준한 모양이 전혀 없다. 그 위에 옥연정玉淵亭과 작은 암자가 바위 사이에 점점이 이어지고, 소나무와 전나무까지 뒤덮여 참으로 절경이다.

도산 하류에는 분강汾江*이 있다. 이곳은 농암聾巖 이현보李賢輔가 살던 곳이고, 강 남쪽은 좨주祭酒 우탁禹倬이 살던 곳인데, 모두 경치가 그윽하고도 아름답다. 하회 위아래에는 삼귀정三歸亭·수동繡洞·가일佳逸 같은 마을이 있는데, 모두 강가에 있는 이름난 마을이다.

하류에는 여울이 많아 낙동강의 장삿배들이 통하지 못하지만, 마을 앞에서는 거룻배를 이용할 만하다. 또 논밭이 멀지 않아서 평시에 농사를 지을 만하고, 소백산이 아주 가까우므로 어지러운 세상에 숨어 살 만하다. 그러므로 시냇가에 살 만한 곳으로는 오직 이 두 곳이 온 나라에서 첫째다. 땅이 사람 때문에 귀해지는 것만은 아니다.

이 밖에도 안동 동남쪽에 임하천臨河川이 있는데, 청송읍 시냇물 하류가 황강 물과 만나는 곳이다. 임천에는 학봉鶴峰 김성일金誠一의 옛집이 있는데, 지금도 집안이 번성해 이름난 마을이 되었다. 그 옆에 몽선각夢仙閣이나 도연선찰陶淵仙刹* 같이 경치 좋은 곳이 있다.

고을 북쪽의 내성촌柰城村에는 이상貳相* 권발權撥의 옛집

분강 부내(汾川)라고도 하는, 도산서원 서쪽에 있는 마을이다.

도연선찰 안동에서 남쪽으로 80리 되는 길안면에 있다. 폭포가 흘러서 천둥소리가 진동하며 물보라가 아름다운데, 주위 경치와 어울려 더욱 훌륭하다. 폭포 건너편에 있던 절이 6·25 전쟁 전에 공비들이 활동하면서 타 버렸다가 지금은 작게 복원됐다.

이상 둘째 재상이라는 뜻으로, 조선 시대 의정부에서 정1품 3의정 다음가는 종1품 찬성贊成 벼슬을 가리킨다. 좌찬성과 우찬성이 있었다.

과 청암정青巖亭이 있다. 정자는 마치 섬처럼 연못 가운데 큰 돌 위에 있다. 사방으로 냇물이 고리처럼 돌면서 흐르는 운치가 아주 그윽하다. 또 북쪽은 춘양촌春陽村인데, 바로 태백산 남쪽이다. 정언正言 권두기權斗紀의 한수정寒水亭이 대대로 전해 오는데, 역시 시냇가에 날아갈 듯이 서 있어 아늑하고도 묘한 운치가 있다.

임하천 상류인 청송은 큰 냇물 두 줄기가 고을 앞에서 합쳐졌으며, 들판이 툭 트여 있다. 흰 모래와 푸른 물이 벼와 기장을 심은 밭고랑 사이에 비쳐 어울린다. 사방 산에는 모두 잣나무가 우거졌다. 시원하고도 아늑해서, 거의 속세의 풍경 같지가 않다.

주세붕

1495~1554. 조선 중기의 문신·학자다. 서원의 시초가 된 백운동서원을 세워 풍속을 교화하고 사림의 자제들을 가르쳤다. 이황이 풍기군수로 있을 때 조정에 건의해 명종이 이 서원에 소수서원紹修書院이라고 쓴 편액을 내렸으며, 조선 말기에 대원군이 서원 철폐를 명했을 때도 철폐 대상에서 제외돼 오늘날까지 옛 모습이 그대로 있다.

영천 서북쪽 순흥부順興府에 있는 죽계竹溪는 소백산에서 흘러나오는 시냇물이다. 들이 넓고 산은 낮으며, 물과 돌이 맑고도 밝다. 상류에 있는 백운동서원白雲洞書院은 문성공文成公 안유安裕의 제사를 지내는 곳이다. 명종 때 부제학을 지낸 주세붕周世鵬이 풍기 군수로 있을 때 창건했는데, 이것이 우리나라 서원의 시초다. 서원 앞 시냇가에 있는 누각이 밝고도 넓어, 온 고을의 경치를 모두 차지했다.

이 두 고을 시내와 산의 물색과 토지의 생리生利가 안동의 이름난 여러 마을들과 비슷하다. 그러므로 '소백산·태백산 아래와 황강 상류는 참으로 사대부가 살 만한 곳'이라고 하는 것이다.

그 다음으로는 적등산 남쪽 용담에 주줄천珠崒川이 있으며, 금산에 잠원천潛原川이 있다. 장수에는 장계長溪가 있고, 무주에는 주계朱溪가 있다. 이 네 곳의 시내와 산은 뛰어나게 아름답고 땅도 아주 기름져서, 목화와 벼를 심기에 알맞다. 들판에도 물을 댈 수가 있어서 풍년과 흉년을 모르니, 이는 태백산·소백산 아래와 황강 상류에 비할 바가 아니다.

또 네 고을 사이에 경치가 좋은 세 섬, 전도前島·후도後島·죽도竹島가 있다. 그런데 시내와 산의 경치가 좋기는 해도 농사지을 땅이 조금 멀어서 유감이다. 그러나 네 고을의 동쪽과 서쪽이 모두 큰 산과 깊은 골짜기라서, 난리를 피할 곳이 아주 많다. 여기서 북쪽으로 흘러내려간 시냇물이 다시 동쪽으로 꺾어져, 옥천 땅으로 들어가 양산의 채하계彩霞溪와 이산의 구룡계九龍溪가 된다. 지역에 따라 시내의 이름은 달라지지만 실제로는 한 줄기로, 모두 적등강의 상류다.

시내를 따라 내려가면 층층 바위와 높은 절벽이 많은데, 서북쪽은 높게 막히고 동남쪽은 넓게 트여, 맑고도 그윽하며 아늑하고도 넓다. 높이 솟은 산이 있지만 추하거나 험한 모습은 없으며, 배가 하류 쪽까지 통하지는 않지만 (물이) 가끔 휘돌며 깊게 괴어서 거룻배를 이용할 수는 있다. 아름다움을 도산·하회와 비할 만하고, 동쪽으로는 황악산이나 덕유산과도 가까워 난리를 피할 만하다. 다만 논이 적어서 주민들이 목화 기르는 것을 생업으로 삼아, 목화를 파는 이익이 기름진 논의 소출과 맞먹는다. 그러므로 생리生利가 위의 네 고을보다 적지 않으니, 참으로 고결한 사람이나 숨은 선비가 살 만한 곳이다.

그 다음으로는 화령火嶺과 추풍령秋風嶺 사이에 안평계安平溪 · 금계錦溪 · 용화계龍華溪가 있다. 이 세 시내는 상주 · 영동 · 황간 (세 고을의) 경계에 있는데, 시내와 산의 경치가 뛰어나게 아름답다. (이 시내에서) 물을 대는 이로움이 있어, 논이 매우 기름지고 목화를 심는 밭도 많다. 호남과 영남 사이에 끼어 있으므로 지역이 몹시 외지지는 않아, 장사꾼들이 모여들어 있는 것과 없는 것을 서로 바꾼다. 그래서 이 지역에 부유한 자들이 많다. 이 지역의 생리는 다른 곳들에 비해 으뜸이다. 그러나 들판이 트이지 않아, 맑고 밝은 기상은 황강 북쪽이나 양산陽山 · 이산利山보다 못하다. 그러나 북쪽으로 속리산에 잇닿아 시루목〔甑項〕과 도장산道莊山이 있고, 남쪽으로는 황악산과 이웃해 상 · 하 궁곡弓谷이 있다. 모두 난리를 피할 수 있는 곳이니, 참으로 복지福地다.

그 다음은 문경의 병천甁川이다. 가은加恩 · 봉생鳳笙 · 청화靑華 · 용유龍游 등 훌륭한 곳이 있고, 북쪽으로는 선유동학仙遊洞壑과 잇닿아서, 시내와 산과 샘과 돌 들이 기이하게 아름답다. 논이 기름지고, 땅이 감이나 밤을 가꾸기에도 알맞다. 주위 100리가 모두 병란을 피할 만한 복지니, 참으로 은자가 살 만한 곳이다. 그러나 외진 곳에 자리 잡은 데다 산도 살기를 벗어나지 못했으니, 세상을 피해 도를 닦기에는 알맞지만 평시에 살 곳은 아니다.

그 다음은 속리산 북쪽, 달천達川 상류인 괴산의 괴탄槐灘이다. 그 위에 있는 고산정孤山亭이 옛 판서 서경西坰 유근柳根의 별장이다. 주지번朱之蕃이 (명나라에서 우리나라에) 사신으로 왔을 때 화공을 보내 (이곳의 경치를) 그리게 해 보고는 시를 지어 액자를 걸었다. 비록 두메 가운데 있어 비좁기는 하지만, 시내와 산이 밝고도 깨끗하다. 또 논밭에 갈고 심는 즐거움이 있고, 동쪽에 희양산曦陽山이 있어 병란을 피할 만하다.

시내를 따라 남쪽으로 청천靑川 · 귀만龜灣 · 용화龍華 · 송면松面 같은 마을들이 있다. 속리산 북쪽에서 남으로 율치栗峙를 넘으면 문경의 병천甁川이 된다. 율치 북쪽은 지세가 아주 높아서, 여러 마을이 모두 산을 등지고 냇가에 있다. 들판이 푸르고 풀과 나무가 향기로워, 여기도 또 하나의 별천지다. 비록 첩첩산중에 있지만 추하거나 험한 봉우리가 없으니, 참으로 은자가 살 곳이다. 다만 밭은 많아도 논은 적고 땅이 메말라 소출이 적으니, 병천이나 괴탄보다는 못하다.

그 다음은 원주의 주천酒泉인데, 두메 속에 있지만 들판이 탁 트였다. 산이 그리 높지도 않고, 물이 매우 맑고 푸르다. 다만 논이 없어 한스러운데, 주민들은 기장과 조를 심어 생활한다. 서쪽에는 적악산이 하늘에 솟아 인간 세상과 단절시켰다. 병란을 피하거나 세상을 피해서 살기에는 알맞지만, 청천이나 병천에 비하면 가난하고 험하다.

영嶺을 떠나 들판에 내려온 시냇가 마을은 손가락으로 이루 다 꼽을 수가 없다. 이러한 마을 중 공주의 갑천甲川을 첫째로, 전주의 율담栗潭을 둘째로, 청주의 작천鵲川을 셋째로, 선산의 감천甘川을 넷째로, 구례의 구만九灣을 다섯째로 치는 것이 마땅하다.

갑천은 들판이 아주 넓으며, 사방의 산이 맑고도 곱다. 세 줄기 큰 냇물이 들 가운데서 합쳐져, 이 물들을 모두 (논밭에) 댈 수가 있다. 땅은 모두 1묘에서 1종을 거둬들이며, 목화를 심기에도 알맞다. 강경이 멀지 않고 앞에 큰 시장이 있어서 해협의 이로운 점도 있으니, 대를 이어 영원히 살 만한 곳이다.

율담은 동쪽에 높은 산을 끼고 서쪽으로 좋은 밭과 이웃했으며 남쪽에 큰 시냇물이 있는데, 논은 모두 1묘에서 1종을 거둬들인다. 물고기를 잡는 즐거움과 농사짓는 이로움이 갑천보다 못하지 않다. 전주와 아주 가까워, 이용과 후생이 아울러 갖춰졌다.

작천은 서쪽에 장명長命·금성金城·자적紫的·정좌鼎坐 마을이 있다. 골짜기가 아주 많으며 (논밭에) 물을 댈 수 있는 이로움이 있어서, 예부터 부유한 집이 많았다.

황악산에서 발원한 감천은 시내를 따라 모두 기름진 논에 물을 댈 수 있어서, 사람들이 풍년과 흉년을 모른다. 대대로 부유한 자들이 많아, 풍속이 매우 순박하고도 두텁다.

지리산은 동쪽으로 가지가 있지만 서쪽으로는 가지가 없는데, 오직 한 줄기가 서쪽으로 뻗었다가 크게 끊어진 곳이 있으니, 이곳이 바로 구만이다. 졸졸 흐르는 물이 (구만을) 감돌며 안았고, 강 너머 남쪽에는 오봉산이 보인다. 두 도 사이에 끼어서 물자를 옮겨 주는 곳이 되었는데, 넓은 들판이 모두 기름지다. 별이 드물고 달이 밝은 밤에도 강가에 작은 배가 사람도 없이 이따금 양쪽 언덕 사이를 왔다 갔다 한다. 세상에 전해 오는 말로는 "오봉산에 있는 신선이 지리산에 왕래하기 때문에 그렇다." 한다. 구만 마을만 두고 시냇가의 여러 마을들과 비교해 보면 생리가 더욱 풍족하다. 다만 남해가 가까워, 물이나 흙이 북쪽의 고을들보다는 못하다.

이 다섯 곳은 지세와 생리가 모두 아주 아름다워 도산이나 하회보다 더 좋다. 하지만 영嶺과 좀 멀리 떨어져 있기 때문에, 평시에 대대로 살 만한 곳이긴 해도 병란을 피할 수 있는 곳은 아니다. 이것이 황강 북쪽의 여러 마을보다 못한 점이다. 그러나 구만은 동쪽에 지리산이 있어, 평시에나 난시에나 모두 살 만한 곳이다.

이 밖에도 충청도는 보령의 청라동靑蘿洞, 홍주의 광천廣川, 해미의 무릉동武陵洞, 남포의 화계花溪에 모두 대대로 이어 사는 부유한 집들이 많다. 또 여러 고을과 이웃한 데다 뱃길이 가깝고 편리해, 서울 사대부들이 모두 이곳을 통해 물자를 운송한다. 비록 깊은 산이나 큰 골짜기는 없지만 바다 구석에 외진 곳이므로, 병란이 애초부터 들지 않아 가장 복지라고 불린다.

전라도는 남원의 요천蓼川·홍덕의 장연長淵·장성의 봉연鳳淵이 모두 땅이 기름지고 이름난 마을이어서, 대대로 이어 사는 토호土豪가 많다.

경상도는 대구의 금호琴湖, 성주의 가천伽川, 금산의 봉계鳳溪가 모두 들이 크고 땅이 기름져, 신라 때부터 지금까지 인가가 줄지 않았다. 지세와 생리가 모두 대대로 이어 살 만한 곳이지만, 병란을 피하기에는 적당치 않다. 오직 가천이나 봉계는 영에 가까워, 평시에나 난시에나 모두 살 만하다.

경기도는 용인의 어비촌魚肥川과 음죽의 청미천淸美川이 삼남처럼 땅이 기름져 살 만하다.

강원도는 원주의 안창계安昌溪 일대와 횡성읍 냇물 좌우편이 모두 시내와 산의 경치가 뛰어나다. 다만 땅이 메말라, 삼남보다는 훨씬 못하다.

황해도는 오직 해주의 죽천竹川과 송화의 수회촌水回村이 시내와 산의 경치가 아주 좋다. 땅도 메마르지 않고 서쪽에 바다가 있어 생선과 소금의 이로움이 있으니, 참으로 살 만한 곳이다.

황해도와 강원도의 경계인 평강에 정자연亭子淵이 있는데, 황씨가 대대로 사는 곳이다. 철원 북쪽에 있으며, 큰 들판 가운데 평평한 산등성이가 둘러 있고, 큰 시내가 안변 삼방치三方峙에서 서남쪽으로 흘러 내려오다가 마을 앞에서 더욱 깊고 커지니, 거룻배를 이용할 만하다. 강 언덕 석벽이 병풍 같으며, 정자와 수목의 경치가 그윽하다.

서쪽은 이천 북쪽인데, 광복촌廣福村이 있다. 안변 영풍에서 내려온 물이 광복촌에 이르러 웅덩이처럼 깊고 고리처럼 감돌아, 배를 이용할 수 있다. 땅은 모두 흰 돌과 맑은 모래로 되어 환하게 밝으며 기이한 기운이 있다. 온 읍에 논은 적지만, 광복촌만은 물을 끌어 (논밭에) 대므로 땅이 매우 기름지다.

북쪽에는 깊은 고미탄古美灘과 험한 검산劍山이 있어, 평시에나 난시에나 모두 살 만하다. 다만 위치가 너무 외져서 한스럽다. 주민은 부유한 평민뿐이고 사대부는 없다.

광복촌의 물이 이천읍 앞에서는 더 커져 강이 되는데, 봄여름에 물이 불면 세곡稅穀을 실은 배를 바로 띄워 서울로 실어 나른다. 강물이 안협安峽에 이르러 고미탄 물과 만난 뒤 토산兎山을 지나 삭녕 징파도澄波渡에 이르면 강과 산이 맑고도 멀찍해지는데, 비로소 서울 사대부들의 정자와 누각이 나타난다.

산수는 정신을 즐겁게 하고 감정을 화창하게 한다. 사는 곳에 산수가 없으면 사람을 촌스럽게 만든다. 그러나 산수가 좋은 곳 가운데는 생리가 박한 곳이 많다. 사람은 자라처럼 (모래 속에) 살지 못하고, 지렁이처럼 (흙만) 먹을 수 없다. 그래서 오직 산수만 보고 삶을 누릴 수는 없다. 그러므로 (산수만 보고 사는 것보다는) 기름진 땅과 넓은 들에 지세가 아름다운 곳을 골라 집을 짓고 사는 것이 좋다. 그리고 10리 밖이나 반나절 거리 안에 산수가 아름다운 곳을 사 두었다가 생각이 날 때마다 때때로 오가며 시름을 풀고 머물러 자다가 돌아온다면, 이야말로 계속할 수 있는 방법이 될 것이다.

옛날에 주자朱子도 무이산武夷山의 산수를 좋아해, 냇물 굽이와 봉우리 꼭대기마다 글을 짓고 그림을 그려서 빛나게 꾸미지 않은 곳이 없었다. 그러나 그곳에 살 집을 짓지는 않는다. 그가 일찍이 "봄 동안 그곳에 가면 붉은 꽃과 푸른 잎이 서로 비치는 것이 또한 싫지 않았다." 했다. 후세에 산수를 좋아하는 자들이 이 말을 본받아야 할 것이다.

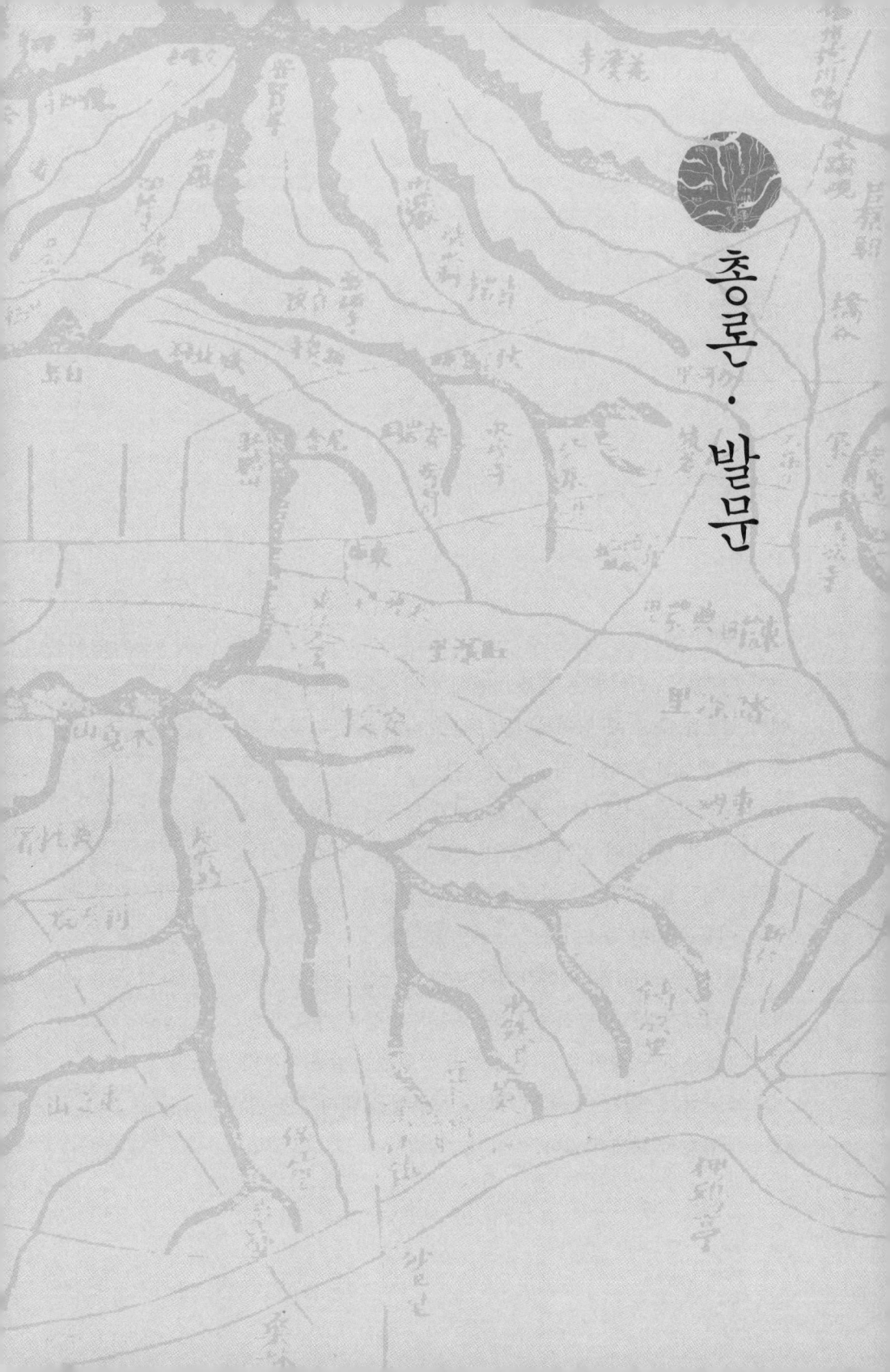

총론·발문

총론

이자李子*는 "우리나라는 중국 바깥에 있어, 이미 〈우공禹貢〉*에서 성姓을 주던 때 참여하지를 못했으니, (우리는) 한갓 동쪽 나라 백성일 뿐이다."라고 생각한다.

다만 기자箕子의 후손이 선우鮮于씨가 되고, 고구려는 고씨가 되었으며, 신라의 여러 임금인 박·석·김, 세 가지 성과 가락국 임금인 김씨만은 임금으로서 자기 성을 스스로 정했으니, 이들은 귀한 종족이다.

(임금이 아닌 사람들은) 신라 말엽부터 중국을 통해 성씨를 정하게 되었지만*, 벼슬하는 사족士族들이나 성을 가졌지, 일반 백성들은 모두 성이 없었다. 고려가 삼한을 통일한 때부터 비로소 중국의 씨족을 본떠서 팔로八路에 성을 내려**, 사람들이 모두 성을 갖게 되었다.

이자 이중환 자신을 가리키는 말이다.

〈우공〉 《서경》 〈하서夏書〉의 첫 번째 편 이름으로, 중국 9주의 지리와 산물을 기록한 고대의 지리서다. 우禹가 순 임금의 명을 받아 중국의 홍수를 다스리고 9주를 정리한 뒤에 제후들에게 땅과 성씨를 내려주었다.

* 신라가 삼국을 통일하면서 백제와 고구려 귀족들의 성씨는 다 없어졌다. 신라 말엽에 지방이 다시 후삼국으로 나뉘면서, 세력을 지닌 지방 호족들이 중국식 성씨를 적극적으로 갖기 시작했다.

** 지방 호족 대부분
이 고려를 세우는 과정
에서 왕건에게 도움을
주었으며, 왕건은 이들
과 연합하기 위해 두 가
지 정책을 썼다. 즉 여
러 지방 호족의 딸들과
혼인을 맺어 사돈 관계
를 유지하고, 각 지역의
호족들에게 그 지역을
근거로 하는 성씨를 나
누어 줌으로써 성씨와
본관을 바탕으로 하는
성씨 제도를 정착시켰
다. 성씨와 본관을 주는
것은 그 지역의 기득권
을 인정한다는 뜻이기
도 했다. 그래서 우리나
라의 족보에 나오는 시
조들은 대부분 고려의
개국공신들이다.

관향 시조始祖가 난 곳
이다.

품관 지방에 있는 낮은
벼슬로, 풍헌 · 좌수 따
위다.

중정 중국 위나라 때
주군州郡에 설치한 하급
관직으로, 이 관직을 통
해 인재를 시험한 뒤 중
앙 관직에 등용했다.

공조 사공司功이라고도
하며, 역시 중국의 관직
이다. 주군에 설치했던
관직으로, 제사 · 예악禮
樂 · 학교 · 선거 · 고시
따위의 잡다한 사무를
맡았다.

그러나 성을 받기 전에는 친족의 갈래가 각기 달랐으므로, 다만 같은 관향貫鄕만 가려서 같은 성씨라고 했다. 만약 (관향이) 다른 고을이라면, 성이 비록 같아도 친족이라고 하지 않고, 혼인하는 것도 금하지 않았다. 조상이 같지 않기 때문이었다. 그렇다면 고려 왕조가 성을 내려 줄 때 무슨 존귀한 차이가 있었겠는가. 그런데도 지금 사대부들이 이것을 가지고 망령되게도 네니 내니 하는 것은 어리석은 일이다.

우리 조선이 시작될 때 유학을 높인다는 명분으로 나라를 세웠다. 그래서 지금 사대부라는 명칭이 매우 성하고도 많으며, 사람을 등용할 때도 오로지 문벌을 따졌다. 그러므로 인품의 계층이 매우 많아졌다. 종실과 사대부는 조정에서 벼슬하는 집안이 되고, 사대부보다 못한 계층은 시골의 품관品官 · 중정中正 · 공조功曹 따위가 되었다. 이보다 못한 계층은 사서士庶 및 장교 · 역관譯官 · 산원算員 · 의관醫官과 방외方外의 한산인閑散人이 되었다. 더 못한 계층은 아전 · 군호軍戶 · 양민良民 따위가 되었으며, 이보다 더 못한 계층은 공사천公私賤 노비가 되었다.

노비에서 지방 아전까지가 하인下人 한 계층이고, 서얼과 잡색雜色이 중인中人 한 계층이며, 품관과 사대부를 함께 양반이라고 한다. 그러나 품관이 한 계층이며, 사대부도 (따로) 한 계층이다. 사대부 가운데 또 대가大家와 명가名家라는 구분이 있어, 명목이 매우 많고 서로 교유하지도 않는다. 거리끼고 걸리는 것이 이와 같으므로, 성쇠盛衰 · 존망存亡의 변화가 없을 수 없었다. 그러므로 사대부가 혹 (신분이) 낮아져 평민이 되기도 하고, 평민이 오래되면 혹 (신분이) 높아져 차츰 사대부가 되기도 했다. 그러므로 선우씨는 평양의 품관이었는데도 이제는 사대부인 자가 없고, (신라 왕실의) 석씨와 (고구려 왕실의) 고씨는 집안이 끊어졌다. 오직 신라 (왕실의) 박씨·김씨와 가락국 (왕실의) 김씨는 왕실의 후예로서 지금까지도 귀한 신분으로 번성한데, 이 두 성씨는 우리나라에서 첫째가는 성씨다.

또 중국 사람으로서 우리나라에 자손을 남긴 자도 많다. 기자와 위만을 따라온 자도 있으며, (원나라에서) 고려의 왕비와 공주를 따라온 자들도 있다. 고려와 원나라가 한 나라로 섞여 있을 때 백성들이 오가는 것을 금하지 않았는데, (그때) 옮겨 왔다가 그대로 살게 된 자들도 있다. 이들에게는 고려에서 성을 주지 않았다. 그래서 이들의 파계派系가 자세하지 않고, 높은 벼슬을 한 자도 적다.

중국에서 들어와 높은 벼슬을 한 집안인 온양 맹씨·연안 이씨·여주 이씨·남양 홍씨·원주 원씨·해주 오씨·의령 남씨·거창 신씨愼氏·창원 황씨는 그 가운데 들어가지 않으며, 이들을 뺀 성씨들은 모두 고려에서 준 성씨다. 그러므로 지금 사대부의 족보를 살펴보면 그들의 시조가 고려 때 성씨를 받은 사람 가운데 많이 나왔다.

그러나 사물이 오래되면 변하기가 어렵다. 고려부터 지금까지 800여 년이나 되었는데, (그동안) 비천한 신분에서 존귀한 신분이 되기도 했고, 존귀한 신분이 대대로 전해 내려오기도 했다. 그들의 덕행德行과 공업功業이 역사에 빛나고 간책簡策●에 전하기에 넉넉하다. 이런 성씨들이 어찌 (중국의) 최씨·노씨·왕씨·사씨謝氏●의 후손보다 못하겠는가.

간책 역사책을 가리키는 말이다. 종이를 발명하기 전에는 대나무를 쪼개 흰 쪽에 글을 썼다. 그런데 대껍질이 푸른색이었으므로, 역사를 청사靑史라고도 한 것이다.

최씨·노씨·왕씨·사씨 최씨와 노씨는 중국 육조六朝시대부터 당나라 때까지 명문 귀족이었으므로, 당시 사람들이 그들과 혼인하는 것을 영광스럽게 여겼다. 왕씨와 사씨는 진晉나라 때 귀족으로, 대대로 높은 벼슬을 했다. 이 네 집안은 중국에서 귀족의 대명사로 불린다.

우리 조선은 고려에 비해 더욱 문명이 발전했다. 예전에 세종대왕께서는 성인의 자질을 지녀, 임금이자 스승인 지위에 올라 예법과 명교名教로서 세상을 다스렸다. 이에 사대부들은 집집마다 문장이 훌륭하고, 도덕이 빛났다. 그러므로 재주가 없거나 학문이 서투르면 창초倡楚*라 했고, 조금이라도 잘못 혼인하면 오랑캐로 대우했으며, 행실에 조그만 흠이라도 있으면 동등하게 사귀지 않았다. 무사나 장사꾼은 비록 사대부 출신이라도 천하게 여겼다. 그러므로 사대부가 되는 것도 저절로 어려워져서, 반드시 문학을 익히고 행실에 힘쓰며 자신을 수양하고 집안을 잘 다스린 다음에야 비로소 행세할 수 있었다. 그러므로 출처出處 · 은현隱顯*의 사이나 동정動靜 · 어묵語默의 절차도 모두 남에게 지목받게 되었다.

세종대왕부터 선조까지 200년 동안 때때로 (사대부가) 더러워진 적도 있고 융성해진 적도 있어, 사람마다 다 잘할 수는 없었다. 그래서 치우친 논의가 크게 일어났다. 치우친 논의가 나온 뒤부터는 어진 자라도 남을 심복시키지는 못했고, 어질지 못한 자도 몸을 쉽게 감출 수 있어서, 사대부로서 행세하기와 이름을 세우기가 더욱 어렵게 되었다.

나라의 제도가 비록 사대부를 우대했지만, 죽이는 것도 가볍게 했다. 그러므로 어질지 못한 자가 제때를 만나면 문득 나라의 형법을 빌려 사사로운 원수를 갚아, 사화士禍가 여러 번 일어났다. 명망이 없으면 (선비들에게) 버림을 받으며, 명망이 있으면 (어질지 못한 자들에게) 꺼림을 받았다. 꺼리게 되면 반드시 죽인 뒤에야 그만두었으니, 참으로 벼슬하기도 어

창초 비천한 사람이다.

출처 · 은현 세상에 나가고 물러나가는 것과 숨고 드러나는 것을 가리킨다. 세상이 어지러운가 태평스러운가에 따라 선비의 몸가짐이 달라지기 때문이다.

려운 나라였다. (사대부의 기강이) 쇠하면서 시비를 크게 다투게 되었고, 다툼이 커지면서 원수도 깊어졌다. 원수가 깊어지자 서로 죽이게까지 되었다.

아아, 사대부가 조정에서 쓰이지 않으면 (돌아갈 곳은) 산림뿐이다. 이것은 예나 지금이나 마찬가지여야 마땅한데, 지금은 그렇지가 않다. 무신년(1728)에 여러 역적들이 사대부 신분으로서 시골에서 일을 일으켰다.* 그러므로 그들을 다 잡아 죽인 뒤에도 조정에서는 산림 으슥한 곳에서 큰 도적이 남몰래 일어나지 않을까 하고 늘 의심했다. 도적이 아니란 것을 알게 된 뒤에는 또 그 마음씨를 의심해 괴벽하다는 이름을 덮어씌웠다.

조정에 나아가 벼슬하려면, 칼·톱·솥·가마 따위로 (정적을 죽이려는) 당쟁이 그치지 않고 시끄러웠다. 초야에 물러나 살려고 하면, 만 첩 푸른 산과 천 겹 푸른 물이 없는 것은 아니지만 끝내 쉽게 돌아가지도 못한다.

그러면 사대부는 장차 어디로 돌아갈 것인가? 산림으로만 돌아갈 수 없는 것이 아니다. 말 한 마디나 몸가짐 하나에도 의심을 받는 것은 품관·중인·하인이 아니라 언제나 사대부 계층이다. 등용되거나 버림받거나, 높이 오르거나 벼슬이 막히거나, 초야에 있거나 조정에 있거나, 거의 몸을 용납할 곳이 없는 것이다.

이렇게 되고 나서야 모두 글을 읽고 행실을 닦아 사대부가 된 것을 후회하고, 도리어 농·공·상의 신분을 부러워하게 된다. 그러면 지난날 사대부가 자신을 농·공·상보다 높게 여긴 것을 이제 와서는 참으로 그들보다 못하다고 여기는 것

* 소론 이인좌·정희량 등이 억울하게 죽은 경종의 원수를 갚는다면서 밀풍군을 추대하여 반란을 일으켰다. 경상도와 충청도 일부가 반군에게 함락되었는데, 도순무사 오명항이 토벌했다. 이 역난을 계기로 소론은 한동안 정계에 진출하지 못했다.

인가. 만물이 극에 달하면 되돌아오는 법이니, 참으로 이치가 그렇다. 그러므로 온 천하에 한번 사대부라는 이름을 얻으면 갈 곳이 없다.

장차 사대부라는 이름을 버리고 농·공·상이 되면, 혹 자신을 편안하게 하고 이름을 세울 수 있을 것인가. 아니다. 오늘날 치우친 논의의 피해는 오직 사대부에게만 있는 것은 아니다. 품관이나 중인에서 가마를 메는 천한 하인까지도, 저마다 좋게 지내는 사람으로서 남의 지목을 면치 못하고 있다. 농·공·상이라 해 어찌 서로 좋게 여기는 사람이 없겠는가. 사람이 이미 목석이나 금수가 아니고 사람과 더불어 이 세상에 살고 있으니, 머리를 들고 눈을 뜨면 곧 남과 접촉하게 된다.

남과 접촉하면 친하거나 멀어지는 것이 생기고, 친하거나 멀어지면 좋아하거나 미워하는 마음도 생긴다. 친하고 좋아하면 어울리고 합치게 되며, 멀어지고 미워하면 떨어지고 배반하게 된다. 한번 어울리거나 배반했다는 지목을 받거나 떨어지거나 합쳤다는 말을 듣게 되면 문득 한계가 생겨, 저쪽에서도 (이쪽으로) 들어올 수가 없고 이쪽에서도 역시 (저쪽으로) 들어갈 수 없다. 비록 중간에서 이해를 헤아려 방향을 정하려고 해도, 어찌할 수가 없다. 오직 이 한계가 사람을 우리에 크게 가두어, 산하山河도 아닌 것이 쇠나 돌보다도 더 굳고, 방향도 없는 것이 정해진 위치만 확실해진다. 한 사람도 이 우리에서 벗어날 수 없으니, 이것이 지금 세상에서 치우치게 논의한 결과다.

이 치우친 논의가 처음에는 사대부에게서 생겨났지만, 결국에는 사람을 서로 용납될 곳이 없게 하는 폐단을 낳았다. 옛말에 "불이 나무에서 생겼으니, 불이 일어나면 반드시 (나무를) 이긴다." 했다. 그러므로 동쪽에서도 살 수 없고, 서쪽에서도 살 수 없으며, 남쪽에서도 살 수 없고, 북쪽에서도 살 수 없다. 이렇게 되면 장차 살 곳이 없게 되는 것이니, 살 곳이 없으면 동서남북도 없게 된다. 동서남북이 없다는 것은 곧 사물의 구별이 확실치 않은 하나의 태극도太極圖다. 이렇게 되면 사대부도 없고, 농·공·상도 없으며, 또한 살 만한 곳도 없게 되는 것이

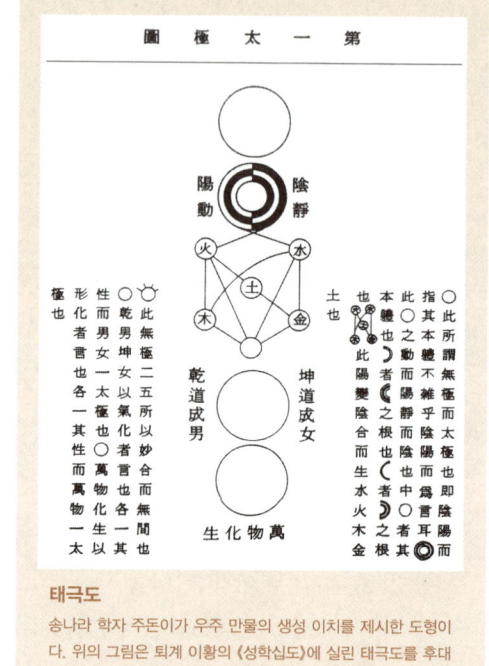

태극도
송나라 학자 주돈이가 우주 만물의 생성 이치를 제시한 도형이다. 위의 그림은 퇴계 이황의 《성학십도》에 실린 태극도를 후대에 그대로 다시 그린 것이다.

다. 이것을 일러 땅 아닌 땅이라고 한다. 그래서 사대부가 살 만한 곳을 기록한 것이다.

발문

* 《춘추春秋》를 엄정한 필법으로 기록했음을 가리킨다.

** 《장자》의 내편 7편과 외편 15편, 잡편 11편을 가리킨다. 학자들의 연구로는, 외편과 잡편 가운데 몇 편은 다른 사람의 글이 잘못 끼어들었다고 한다.

*** 《장자》의 문장을 흔히 우언寓言이라고 한다.

황산강 《대동여지도》를 보면 충청도 강경에 '황산촌'이 있다. 그 일대를 흐르는 금강이 바로 황산강이다. 팔괘정 옆에 있는 임리정의 옛 이름이 황산정이고, 그 비문에 '황산강 가의 강학 장소黃山江上講學之所'라고 했다.

팔괘정 충청남도 논산시 강경읍 황산리동 86에 있는 정자로, 송시열이 이곳에서 제자들을 가르쳤다.

옛날에 도道가 행해지지 않자, 공자께서 노나라 역사에 의탁해 왕도를 행하면서 선善을 기리고 악을 깎아내렸다.* 이것은 실제로 뜻을 나타낸 것이다.

장자莊子는 세상에 나서려 하지 않으면서 글을 여러 편 지어,** 굉장히 넓고 아주 위대한 말을 했다. 만물은 한 가지며, 오래 사는 것이나 어려서 죽는 것이나 마찬가지고, 보통 사람이나 성인이나 같다는 것이다. 이것은 실제가 아닌 것으로 자기 뜻을 나타낸 것이다.*** 실제가 아닌 것과 실제인 것은 비록 다르지만, 뜻을 나타낸 것은 같았다.

예전에 내가 황산강黃山江* 가에 있을 때 여름날 할 일이 없었다. 그래서 팔괘정八卦亭*에 올라 더위를 식히면서 우연히 논한 글이 있다. 이 글은 우리나라의 산천·인물·풍속·

정치와 교화의 연혁·치란治亂 득실得失의 잘잘못에 대해 차례를 엮어 기록한 것이다.

옛사람이 "예악禮樂이 어찌 옥백玉帛*이나 종고鍾鼓*만을 말한 것이랴." 했다.* 나의 이 글도 살 만한 곳을 고르려고 해도 살 만한 곳이 없음을 탄식한 것이다. 그러니 이 글을 넓게 보는 사람은 문자 밖에서 (참뜻을) 구하는 것이 좋을 것이다.

아아, 실제라면 석石과 균鈞을 통일하는 것**이고, 실제가 아닌 것이라면 (자잘한) 겨자씨와 (크나큰) 수미산과 같다고 하겠으니, 뒷날 반드시 분별하는 사람이 있을 것이다.

백양白羊* 초여름 상순에
청화산인靑華山人*이 쓰다.

옥백 제후가 조회하거나 회맹會盟할 때에 예물로 가지고 가던 옥과 비단이다.

종고 종과 북, 즉 예악의 중요한 악기를 가리킨다.

* 이 말은 예악의 참다운 뜻은 모르고 형식만 찾는 사람들을 깨우친 것이다.

** 《서경》〈오자지가五子之歌〉에서 나온 말이다. "석石과 균鈞으로 도량형을 통일해 임금의 창고를 가득 채웠네〔關石和鈞 王府則有〕." 라고 했는데, 균은 30근이고, 석은 120근이다. 이 제도를 통일해, 조세를 바칠 때 임금이나 백성이 모두 손해 보지 않게 했다.

백양 오행설에 따르면, 오색 가운데 백색은 오미五味 가운데 매운맛〔辛〕과 통한다. 따라서 백白은 신辛이고 양羊은 미未이니, 백양은 신미년(1751)이다.

청화산인 이 책을 지은 이중환의 호다.

1690년	12월 15일 출생.
1703년	부친 강릉부사 이진휴를 따라 강릉에 감.
1710년	부친 사망.
1713년	병과 합격, 승문원 정자正字(정9품)에 임명됨.
1716년	묘지를 구하기 위해 목호룡과 함께 황해도 · 충청도를 답사.
1718년	김천찰방(종6품)에 임명됨.
1719년	승정원 주서注書(정7품)에 임명됨.
1720년	숙종에게 활[弓]을 받음. 약 3개월 뒤 숙종 승하. (경종 즉위한 뒤) 성균관 전적典籍(정6품)에 임명됨.
1721년	연잉군(영조)이 왕세제가 됨.
1722년	목호룡이 상소로 노론을 무고.
1723년	병조정랑(정5품)에 임명됨.
1724년	신임무옥이 폭로됨. 목호룡과 김일경 주살됨.
1725년	국문 당함.
1726년	먼 섬에 정배됨.
1727년	정배에서 방면되었다가 이수익의 청에 따라 먼 곳으로 다시 정배됨.
1732년	처 사천 목씨 사망.
1751년	《택리지》 서문 씀.
1752년	이익李瀷이 《택리지》 서문 씀.
1753년	선조의 공적에 따라 통정계에 오름.
1756년	1월 2일 사망. 황해도 금천 설라산에 묻힘.